高等学校宝石及材料工艺学系列教材

珠宝玉石优化处理技术

沈才卿　编著

ZHUBAO YUSHI YOUHUA CHULI JISHU

内容提要

本书是为大中专院校珠宝专业学生编写的教材。全面介绍了目前我国珠宝玉石优化处理的技术，详细介绍了珠宝玉石产生颜色的成因，为珠宝玉石进行优化处理提供理论依据。书中收录了200多幅精美照片和示意图，特别是那些优化处理前后珠宝玉石的对比照片，让人一目了然。本书还有很多珠宝玉石优化处理的实验举例，介绍了珠宝玉石优化处理技术的具体操作流程、实验条件，以及优化处理后的鉴定特征等。本书通俗易懂、图文并茂、结构严谨、条理清楚，不仅适用于大中专院校珠宝专业的学生，也适用于珠宝专业的老师和珠宝鉴定工作者及珠宝玉石优化处理的科技工作者，还适用于广大珠宝爱好者和收藏者。

图书在版编目(CIP)数据

珠宝玉石优化处理技术/沈才卿编著．—武汉：中国地质大学出版社，2018.7
(2021.8重印)

ISBN 978-7-5625-4320-6

高等学校宝石及材料工艺学系列教材

Ⅰ.①珠…
Ⅱ.①沈…
Ⅲ.①宝石-鉴定-职业教育-教材 ②玉石-鉴定-职业教育-教材
Ⅳ.①TS933

中国版本图书馆CIP数据核字(2018)第162363号

珠宝玉石优化处理技术 沈才卿 **编著**

责任编辑：龙昭月 张 琰 选题策划：张 琰 责任校对：周 旭

出版发行：中国地质大学出版社(武汉市洪山区鲁磨路388号) 邮政编码：430074
电 话：(027)67883511 传 真：67883580 E-mail：cbb @ cug.edu.cn
经 销：全国新华书店 http://cugp.cug.edu.cn

开本：787毫米×960毫米 1/16 字数：328千字 印张：16.75
版次：2018年7月第1版 印次：2021年8月第2次印刷
印刷：湖北睿智印务有限公司

ISBN 978-7-5625-4320-6 定价：68.00元

作者简介

沈才卿，男，1942年3月生，江苏无锡人。1960年，被中国科学技术大学同位素化学系（毕业时改称近代化学系）录取；1965年，毕业并分配到核工业北京地质研究院工作，直至退休。1989年，获高级工程师职称。现任中国珠宝玉石首饰行业协会常务理事、中宝协人工宝石专业委员会常务副主任委员兼秘书长、亚洲宝玉石文化研究会副会长、亚洲珠宝联合会常务理事兼副秘书长、北京宝艺石协会常务理事及《中国宝玉石》杂志编委。曾被聘为北京珠宝首饰研修学院客座教授和北京大学资源美术学院传统工艺系客座教授。中国轻工珠宝首饰中心与亚洲珠宝联合会2005年联合授予“中国宝玉石专家”荣誉称号。曾获原中国宝玉石协会“宝石鉴定师”、中国轻工“珠宝鉴定师”称号。

1990年起，先后在中国地质大学（北京）、北京城市学院（原北京海淀走读大学）、河南南阳大学、西安矿业学院、北京珠宝首饰研修学院、北京大学资源美术学院等院校及几所职业高中，开设并讲授“人造宝石学”“宝石的人工合成与鉴定”“宝石的人工合成技术”“珠宝玉石的优化处理与鉴定”“珠宝玉石的优化处理技术”等多门课程。

获奖情况：部级“科技进步奖”二等奖1次、三等奖2次，北京市人民政府颁发的“科学技术（科技专著）进步奖”三等奖1次，“南阳宝玉石学会”优秀论文奖1次，“亚洲宝玉石文化千岛论坛”优秀论文奖1次。

内部出版了《人造宝石学》，已公开出版了《宝石的人工合成与鉴定》（获科技进步三等奖）、《宝石人工合成技术》和《中国人工宝石》。参编了《系统宝石学》中的“人工宝石”章节。参与科教片(珠宝类)拍摄2部(写了其中一部的脚本),电视台和广播电台演讲(珠宝类)4次,为珠宝教育和普及做出了一定的贡献。

获得的部分荣誉:1996年入编《无锡名人辞典:四编暨通讯录(四编)》,2000年8月入编《中国专家人才库7》,2000年10月入编《世界人物辞海:中华卷四》,2005年4月入编《中国专家大辞典》(第十五卷),2012年10月入编《新版〈世界名人录〉:第一卷》。

序

人们在购买珠宝时通常最关心5个问题:品种、真假、品质、产地及是否经过优化处理。这种观念源于人们对美和高品质的追求,但天然优质的珠宝玉石非常稀少且珍贵,市场上的珠宝玉石大多都经过了优化处理。珠宝玉石的优化处理历史可以追溯到公元前的数千年,十分悠久。古埃及人及古印度人用火烧的方法对玛瑙、玉髓进行改色,并使用油浸增色、染剂染料染色、贴反射率高的箔及夹层拼合等优化处理技术。20世纪,随着放射性辐照源的发现和利用、高温高压装置的研制成功,以及人们对珠宝玉石颜色理论的逐渐理解,珠宝玉石的优化处理技术进入了大发展时期。近几十年,在珠宝界最具影响力和冲击力的珠宝玉石人工优化处理技术有:托帕石的辐照致色,红宝石、蓝宝石的热处理改色、增色及高温铍扩散改色,祖母绿的注油、注胶处理,钻石的高温高压褪色及改色、裂隙充填,翡翠的酸洗、染色,琥珀的再造烤色,绿松石的电化学处理等。

翻开经典的《系统宝石学》,我们可以发现大多数珠宝玉石品种有各种各样的优化处理方法及产品。有些主要品种,如钻石、翡翠、红宝石、蓝宝石等,都有多种优化处理方法,且市场上还见到多次处理、复合处理及局部处理等的珠宝商品。国外经常将优化和处理混为一谈,我国在制定珠宝玉石鉴定的国家标准时,明确给出了优化和处理的定义。优化通常指传统的、被人们广泛接受的、能使珠宝玉石潜在美显示出来的方法,主要工艺有漂白、加热处理、浸蜡、浸无色油,这些优化工艺是自然过程的延续,或珠宝业公认的传统工艺。处理通常指非传统的、尚不被人们接受的方法,主要工艺有浸有色油、染色、充填、辐照、扩散、覆膜、高温高压改色、激光打孔等。随着科技进步,以及检测方法、指标探索的相对落后和不对称性,部分新出现的或鉴定起来仍有难度的方法究竟应该划分为"优化"还是"处理",在业内仍有争议。我想,这在今后的相关国家标准修订时会考虑到,让消费者明明白白消费,且对珠宝行业的发展有益。

我国是珠宝玉石优化处理技术开发应用及产品多样化的大国。然而由于利益的驱使及优化处理厂商保护"商业机密"和知识产权等原因,人们对优化处理的细节,如使用哪种设备、优化处理的条件控制和过程等一直都处于一知半解的状态,充满了好奇与惊讶。珠宝院校及主要检测机构感兴趣的主要是如何正确进行检测。由于验证优化处理方法有技术难度,且较少自己做实验等原因,有关珠宝玉石优化处理课程的教材大多雷同，缺乏基础性和系统性。

沈才卿老师是我国珠宝界的老一辈专家学者，是我国人工宝石和珠宝玉石优化处理方面德高望重的专家，有些市场上见到的优化处理方法及相关技术的开发来自于他本人及其弟子们的不断探索。如近年来作为市场热点之一的绿松石电化学优化处理技术的开发，使我国绿松石的优化处理技术有了创新，让绿松石资源得到了更好的应用。作者以自身参与的部分实际经验为基础，对珠宝玉石的颜色成因作了系统的回顾总结，对各种优化处理方法及其检测作了系统的阐述，由浅入深，图文并茂，是一本难得的论述珠宝玉石优化处理的教材。本书的问世归功于作者几十年的执着和努力，内容充实，资料丰富，结构严谨，条例清晰，值得宝石界、矿物界，以及广大珠宝爱好者、收藏者们认真阅读，以获茅塞顿开或精益求精之裨益。

理学博士

国土资源部珠宝玉石首饰管理中心珠宝首饰研究所首席研究员

陈太璽

2016年12月19日于北京

目录

第一章　概　论

第一节　研究珠宝玉石优化处理技术的必要性

一、新的珠宝玉石优化处理技术不断出现

让我们先说一个绿松石的例子：2013 年以来，大量美国产绿松石在我国珠宝展销会上亮相，其诱人的颜色吸引了大量的消费者，销售柜台前挤满了人。但这些绿松石是天然的还是经过优化处理的？人们难以辨别。但是切开它以后，诱人的颜色只留于表面，内部的颜色要浅很多，几乎为原色(图 1－1、图 1－2)，可见是经过优化处理的绿松石。据林晓冬①讲，他将我国安徽省马鞍山产的绿松石交给美国人处理加工，加工费按质量不同而稍有差别，平均为 7000 元/kg。经过处理后的绿松石与展销会上的绿松石几乎一样。

图 1－1　经优化处理的马鞍山绿松石正面
（林晓冬　提供）

图 1－2　图 1－1 样品切开后的剖面
（林晓冬　提供）

国内对这些绿松石进行鉴定或检测时，测定数据与天然绿松石差不多，只是钾含量稍高，所以并不能确定它是否是经过优化处理的。但大部分人认为它们是优化处理过的，然而，到底用了什么方法，又是怎样做的，谁也不知道。这引起了大家的关注。

---

①林晓冬，笔者学生，国内首批毕业于宝石学专业的大学生，长期从事绿松石的优化处理研究工作，国内电化学优化处理绿松石的创始人，深圳福缘达工艺品有限公司总经理。

2014 年，林晓冬用电化学法对国产绿松石进行优化处理的实验取得了成功，其成品与经美国产绿松石相比，不仅颜色漂亮了很多，而且切开后，整体的颜色都是蓝绿色。与笔者保存的马鞍山绿松石原石比较，除了牢固性得到改善以外，颜色也有了明显的改善，并且在检测时，与天然绿松石的鉴定特征基本一致（图 1－3、图 1－4）。

图 1－3　经电化学法优化处理后的马鞍山绿松石

图 1－4　经电化学法优化处理后的绿松石（中间 4 粒）与原石

2015 年 5 月，通过进一步实验，林晓冬对技术参数进行不断改进，优化处理后的马鞍山绿松石产品质量已经超过了美国的（图 1－5、图 1－6）。

图 1－5　2015 年经电化学法批量处理的绿松石
（林晓冬　提供）

图 1－6　2015 年经电化学法处理的绿松石（两种颜色）
（林晓冬　提供）

客观事实是，新的优化处理技术在不断更新，将电化学法引进到珠宝玉石优化处理中来就是一种新技术的成功应用。同时也说明，所有新技术，都是能够被认识、被突破的。所以，我们要加紧进行珠宝玉石优化处理技术的学习与研究，敢于追赶世界前进的脚步。

二、开采的珠宝玉石原生矿需要进行优化处理

自改革开放以来，随着人民生活水平的不断提高，购买珠宝首饰的顾客越来越多，极大地促进了中国珠宝玉石首饰市场的繁荣。2014年左右，在我国珠宝玉石首饰市场繁荣的情况下，不少人投资国外珠宝玉石矿山，以为矿石开采出来就能上市场卖钱，其实不然。据笔者朋友到非洲马达加斯加和莫桑比克投资珠宝玉石矿并将矿石运到广州销售的情况来看，只有不到20%的珠宝玉石开采出来后能出售，其余80%以上都需要进行优化处理。许多原生矿出产的珠宝玉石，大部分是通过打孔后炸药爆破技术开采的，大量优质的珠宝玉石内部因此出现裂纹，加上用凿子从原生矿上凿取出珠宝玉石，又进一步增加了珠宝玉石内部的裂纹，使这些原本优质的资源受到了严重破坏。例如，某公司有109ct(1ct=0.2g)的克什米尔红宝石，颜色很漂亮，非常罕见，可惜内部有很多裂纹，刻磨成39.98ct的戒面，其内部也有很多裂纹(图1-7、图1-8)。

图1-7　109ct的红宝石原石
(杨莉　提供)

图1-8　39.98ct的红宝石戒面
(杨莉　提供)

类似的问题，在祖母绿、海蓝宝石、碧玺等珠宝玉石原石中也存在，例如，朋友送笔者的标本——非洲产130ct的海蓝宝石，其内部也有很严重的裂纹，影响了它的刻磨和使用(图1-9、图1-10)。所以，要解决上述问题，除了改进珠宝玉石矿山开采的技术外，急需研究高档珠宝玉石的内部裂纹消除技术。

图1-9　非洲产130ct的海蓝宝石原石

图1-10　非洲产130ct的海蓝宝石原石内部裂纹很多

三、珠宝玉石的透明度亟待提高

除了珠宝玉石的内部裂纹之外，还有一个令人不满意的地方是珠宝玉石的透明度，这是高档珠宝玉石的主要指标之一。但是，从珠宝玉石矿山开采出来的原石，很多是不透明的，我国山东产的蓝宝石，大部分用手电透射时呈很漂亮的、似纯蓝墨水的蓝色，不用手电透射时几乎呈黑色。2014 年，有朋友从非洲带来"牛血红"碧玺赠予笔者当标本，用手电透射时呈现出很漂亮的颜色，不用手电透射时为几乎不透明的状态(图 1－11)。

图 1－11　非洲产"牛血红"碧玺

由此可见，许多从矿山开采出来的珠宝玉石原石，必须经过优化处理，使不透明或半透明的珠宝玉石变得更透明一些，才能使珠宝玉石的潜在美充分显现出来。产在不同国家或不同地区的同一种珠宝玉石，由于其围岩成分和成矿条件不一样，往往需要采用不同的优化处理技术才能产生令人满意的效果。

四、珠宝玉石的颜色改善

大部分珠宝玉石的颜色需要进行改色或染色，也就是说，必须进行优化处理后才能满足人们的需要。例如无色托帕石经辐照处理成蓝色，白色珍珠必须经过漂白，玛瑙可染色成不同漂亮的颜色，等等。

然而，我国目前对珠宝玉石优化处理的技术并不能满足客观需要，因此，要大力加强对珠宝玉石优化处理技术的开发与研究。

第二节　我国国家标准对珠宝玉石优化处理的定义及定名规则

一、我国的国家标准

根据我国国家标准《珠宝玉石　名称》(GB/T 16552—2010)[①]中对珠宝玉石的优化处理定义及定名规则如下。

3.4

优化处理　enhancement

除切磨和抛光以外，用于改善珠宝玉石的颜色、净度、透明度、光泽或特殊光学效应等外观及耐久性或可用性的所有方法。分为优化与处理两类。

3.4.1

优化　enhancing

传统的、被人们广泛接受的、能使珠宝玉石潜在的美显现出来的优化处理方法。

3.4.2

处理　treating

非传统的、尚不被人们广泛接受的优化处理方法。

4　定名规则和表示方法

4.4　优化处理

4.4.1　优化

直接使用珠宝玉石名称，可在相关质量文件中附注说明具体优化方法。

4.4.2　处理

a）在珠宝玉石基本名称处注明：

——名称前加具体处理方法，如：扩散蓝宝石，漂白、充填翡翠；

——名称后加括号注明处理方法，如：蓝宝石(扩散)、翡翠(漂白、充填)；

——名称后加括号注明“处理”二字，如：蓝宝石(处理)、翡翠(处理)；应尽量在相关文件中附注说明具体处理方法，如：扩散处理，漂白、充填处理。

b）不能确定是否经过处理的珠宝玉石，在名称中可不予表示。但应在相关质量文件中附注说明“可能经××处理”或“未能确定是否经××处理”。

---

①本书稿定稿时，最新的《珠宝玉石　名称》(GB/T 16552—2017)尚未颁布，故本书采用2010年的版本。

c）经多种方法处理的珠宝玉石按a或b进行定名。也可在相关质量文件中附注说明“××经人工处理”，如钻石（处理），附注说明“钻石颜色经人工处理”。

d）经处理的人工宝石可直接使用人工宝石基本名称定名。

二、珠宝玉石优化处理定义中值得注意的几个问题

（一）辩证地理解优化与处理

珠宝玉石经过优化处理后，确定所用方法是优化还是处理很重要，因为优化与处理在定名、写鉴定报告及确定销售标签时的要求不同，价格也会相差很大。目前的国家标准以所用方法是否“传统”和是否“被人们广泛接受”为区分标准。因此，随着科学技术的发展、科学知识的普及，随着时间的推移、人们对某些方法的习惯和认同，可以预料，目前被认为是“处理”的，以后可能成为优化范畴。所以，我们要辩证地理解“优化”与“处理”。

（二）玉髓和玛瑙的染色定为优化

染色处理的玉髓和玛瑙价格低，装饰性强，历史悠久，已被人们广泛接受，所以定为优化范畴；国外的相关珠宝组织（CIBJO、ICA和AGTA）均将它们定为优化范畴，可见国内外一致。

（三）绿松石的浸蜡充胶定为“处理”

绿松石的结构较松，细小颗粒间的孔隙较多，浸蜡或充胶时，蜡或胶会进入这些细小的孔隙，充填孔隙的同时还加深了绿松石的颜色，与国际规则相一致，所以，将绿松石的浸蜡归入“处理”。

（四）祖母绿浸无色油定为优化，浸有色油为处理

祖母绿因为脆性大，故裂隙发育，在加工过程中，常需浸无色油。无色油在此起到改善外观、掩盖裂纹、增加透明度的作用，是一种非常传统并被人们广泛接受的方法，属优化；而浸绿色的有色油是为了加深祖母绿的颜色，其性质与染色处理相同，故定为处理。

第三节 珠宝玉石优化处理的目的和目标

一、珠宝玉石优化处理的目的

对影响珠宝玉石外观美的各种缺陷和不足进行人为的技术处理，使珠宝玉石更加完美；或者把珠宝玉石本身所具有的潜在美质充分挖掘和发挥出来，从而提高珠宝玉石的美学价值和商品价值，使珠宝玉石资源得到最大限度的利用：这就是珠宝玉石优化处理的目的。

二、珠宝玉石优化处理的具体目标

珠宝玉石优化处理有4个具体目标：

(1)把颜色不好的珠宝玉石优化处理成颜色漂亮的珠宝玉石；

(2)把透明度不高的珠宝玉石优化处理成透明度高的珠宝玉石；

(3)把档次较低的珠宝玉石优化处理成档次较高的珠宝玉石；

(4)把非珠宝玉石级的珠宝玉石优化处理成珠宝玉石级的珠宝玉石。

在具体操作时，往往一次优化处理能同时达到几个目标，甚至同时达到上述4个目标。例如，产于斯里兰卡的“究打(Geuda)”原石，是一种半透明、乳白色、有丝娟光泽的刚玉，这种刚玉不能用作珠宝玉石，人们把它用于铺垫花园小径、装点花床或作为一般的观赏石，此时“究打”属于非珠宝玉石级。后来，有人用高温热处理的方法对“究打”进行优化处理，使它变成了透明的、颜色漂亮的蓝色蓝宝石，并顺利地打入了国际市场。我国珠宝首饰市场上把这种热处理后的蓝色蓝宝石叫作“卡蓝”。有的“究打”原石经热处理后在外观上非常接近有名的克什米尔蓝宝石，价值可上升百倍以上，使珠宝玉石资源得到了充分的利用(参见“第四章 珠宝玉石的热处理优化技术”)。

第四节 珠宝玉石优化处理的意义

天然产出的珠宝玉石矿产资源有限，其中高档珠宝玉石及优质品很少，难以满足市场需求。据统计，在钻石采矿中，平均每开采4t矿石才能获得总质量约1ct的钻石原石，且其中的80%只能作为工业用钻石，剩下的20%(0.2ct)也未必是较好的宝石级钻石。换言之，开采4t矿石至多能产出0.2ct称得上是宝石的钻石，并且这些钻石绝大多数是小粒晶体，而把钻石原石加工成标准型钻石又要损失70%左右的质量，所以，要达到琢磨后重1ct以上的钻石原石是非常稀少的。又如祖母绿宝石，据统计，世界上祖母绿宝石产量最高、品质最好的哥伦比亚穆佐矿，平均要开采3t以上矿石才能得到总质量约1ct的祖母绿宝石原石，且这些原石中大部分还是不很透明或绿色过淡的祖母绿原石，而采掘到列入高档祖母绿优质品的机会非常小。由此可见，天然产出的高档珠宝玉石及其优质品非常稀少！在我国，山东省昌乐地区的蓝宝石产量很大，但能达到优质品的很少；云南省出产的祖母绿宝石大部分透明度不高，颜色越往晶体内部越浅，质量好的不多；内蒙古自治区和新疆维吾尔自治区出产的海蓝宝石颜色太浅；黑龙江省双鸭山地区产的红色石榴石颜色太深……这些例子都说明了天然产出的珠宝玉石质地有好有坏，档次有高有低，但高档而又优质的不多，远远满足不了市场的需求。为了解决这种供求矛盾，人们一方面人工合成珠宝玉石，另一方面利用优化处理工艺改善和提高低档珠宝玉石的品质。

事实上，在我国的珠宝首饰市场上，珠宝玉石优化处理品确实很多。例如，优质的红宝石和蓝色蓝宝石95%以上都是经过热处理优化过的；几乎全部的蓝色黄玉都经过辐照处理；漂亮的翡翠B货全部是经过优化处理的；白色珍珠大都是经过漂白优化处理的；黑色珍珠有天然的，也有的是经过辐照或染色处理的，如此等等，不胜枚举。

进入21世纪后，人们在“珠宝玉石之王”——钻石上下了不少工夫，创造了不少钻石优化处理的新工艺，钻石的辐照改色处理，钻石的激光净化处理，钻石的高温超高压漂白处理，钻石的高温超高压改色处理等（参见“第十章　珠宝玉石优化处理的高温高压技术”），人们对珠宝玉石优化处理的潜力也越来越重视。随着科学技术的不断发展和工业生产水平的不断提高，我们相信，新的优化处理工艺还会不断出现，这无疑可以更加充分地利用天然资源，最大限度地满足珠宝首饰市场的需要。

第五节　珠宝玉石优化处理的工艺要求和主要方法

一、珠宝玉石优化处理的工艺要求

珠宝玉石优化处理的工艺要求主要体现在3个方面。

（1）美丽。既要尽可能地保存珠宝玉石优化处理前的外观美，又要尽可能地把潜在美挖掘或发挥出来，使它尽量接近高档天然品，成为最优异、最美丽者。

(2)耐久。主要指珠宝玉石优化处理后的稳定性，包括物理性质的稳定性和化学性质的稳定性。前者主要指珠宝玉石优化处理后的硬度和韧度基本不降低，颜色对光的稳定性好。后者主要指耐热、耐化学腐蚀，在日照、水浸汗蚀等条件下都不变质，也不变色。

(3)无害。主要指对人体不产生伤害，包括化学伤害和人工放射性伤害。在化学方面，严禁用有毒化学药品或容易引起皮肤过敏反应的化学药品作为优化处理的原料(参见“第六章　珠宝玉石化学处理技术”)。在人工放射性方面，对于珠宝玉石用钴(60)和低能加速器(能量小于10MeV)进行辐照改色时，改色后的珠宝玉石没有放射性；用高能加速器(能量大于10MeV)和反应堆进行改色时，改色后的珠宝玉石带有人工放射性，必须放置一段时间，让放射性降低到国家规定的放射防护安全标准以下方能使用。我国国家环保局发布的国家标准《辐射防护规定》(GB 8703—1988)中规定：天然固体放射性物质豁免限值为350Bq/g(1Bq表示放射性核素在1s内发生1次衰变，放出1条放射线，仪器测到1个记数)；人工放射性豁免限值为70Bq/g。这里的“豁免限值”专指低于此值是安全的，对人体无害的。也就是说，若辐照改色的珠宝玉石产生了人工放射性，必须放置在专门的地方，让放射性降低至70Bq/g以下方能使用(参见“第五章　珠宝玉石的辐照处理技术”)。

二、珠宝玉石优化处理的主要方法

珠宝玉石优化处理的主要方法有热处理优化技术、辐照改色处理技术、化学处理技术、充填注入处理技术、表面处理技术、激光处理技术、高温高压处理技术、古玉的优化处理、电化学优化处理技术等。

1. 热处理优化技术

热处理优化技术是把珠宝玉石放在可以控制温度的加热设备中，通过不同条件的热处理，使珠宝玉石的颜色、透明度及净度等外观特征得到改善，从而提高珠宝玉石美学价值和商品价值的技术。这是一种把珠宝玉石潜在美显示出来的方法，也是一个容易操作且优化后的珠宝玉石被人们广泛接受的方法，属于优化。

2. 辐照改色处理技术

辐照改色处理技术是让带有一定能量的放射线或粒子辐照珠宝玉石，使珠宝玉石的离子电荷或晶体结构发生变化，从而产生各种类型的色心，然后再进行加热处理，使珠宝玉石的颜色得到改善的技术。此法的特点主要有2个：①可能出现的放射性问题；②不能接触高温，高温可能会破坏色心，使颜色褪去，甚至变成无色。

3. 化学处理技术

化学处理技术是通过化学反应、化学元素扩散及化学沉淀等方法，把某种致色化学元素渗入到珠宝玉石的晶体中，或把化学着色剂沉淀于珠宝玉石的裂隙、孔隙中，使珠宝玉石的外观（主要是颜色）得到改善的技术。其特点：①在化学处理过程中都要向珠宝玉石中加入一定量的外来物质；②在出售这些产品时，必须声明经过人工处理。

具体操作时有 4 种技术：①化学热扩散处理技术，如扩散法获得蓝色蓝宝石；②化学净化处理技术，如翡翠 B 货的制备；③漂白处理技术，如珍珠漂白；④化学沉淀处理技术，如玛瑙染色。玛瑙染色是被大众认可的传统优化处理技术，按国家标准属于优化。

4. 充填注入处理技术

充填注入处理技术是通过一定的工艺（如加压力）把无色透明或有色物质填充注入到珠宝玉石的裂隙、孔洞或孔隙中，用以改善珠宝玉石的颜色、透明度和牢固度的技术。如祖母绿的注油，绿松石的注蜡、注胶、注黏结剂或注树脂，翡翠 B 货的注环氧树脂等。

5. 表面处理技术

表面处理技术是用一些无色或有色的薄膜状物质均匀附着于珠宝玉石表面，以改善其颜色状态和表面光洁度，增强表面光泽及掩盖表面缺陷（如坑、裂及擦痕）等的技术。如涂“808 翠绿色油漆”的“穿衣”翡翠、真空镀膜的托帕石、合成立方氧化锆及“虹彩”水晶等。

6. 激光处理技术

激光处理技术是 1970 年才开始采用的技术，主要用于钻石中有色包裹体的消除。其方法是用激光的高能量在钻石上打一个非常微小的孔，直达有色包裹体，并使包裹体在激光聚焦能量下被熔化或汽化掉，然后将钻石投入强酸中加热处理，清洗钻石，最后用玻璃充填激光孔，达到净化的目的。20 世纪末，又出现了一种新型激光净化钻石技术，是把上述容易被发现的激光孔通过另一种技术，变成连续裂隙状，看似钻石原有的裂隙，不容易被发现。

7. 高温高压处理技术

高温高压处理技术有两种：①六面顶金刚石压机处理钻石；②水热法高温高压处理珠宝玉石。

（1）钻石的高温高压处理技术主要有两种：①钻石的高温高压漂白技术。

1999 年 3 月 1 日，美国 GE 公司（General Electric Company，通用电气公司）和美国 LKI 公司（Laxare Kaplan International）联合发布可将低价位的、不同色相的浅色钻石通过高温高压处理将颜色改白的技术。据有关资料报道，其技术参数如下：温度 1900℃，压力 7×10^9 Pa，保持时间 10h。②钻石的高温高压改色处理技术。2000 年，美国的诺瓦钻石公司宣布，可将褐色相的Ⅰa 型钻石用高温高压技术处理，改成黄绿色钻石。有关报道的技术参数是：温度（1900±70）℃，压力 7×10^9 Pa，处理时间为数分钟到数小时。

（2）水热法高温高压对珠宝玉石进行优化处理。原理是在高温高压水溶液中，珠宝玉石中多余的杂质元素作为高浓度物质向低浓度的水中进行扩散，起到抽滤珠宝玉石中杂质元素的作用，从而改变珠宝玉石的颜色。

8. 古玉的优化处理技术

古玉的优化处理主要是仿古玉的各种方法，其目的是将现代玉制品经过优化处理后使它看上去仿佛是古玉。

9. 电化学优化处理技术

电化学优化处理技术是在通电的电解液中，电解产生的阳离子和阴离子分别向阴极和阳极迁移，使处于电解液中的珠宝玉石得到所需要的离子，从而改善珠宝玉石颜色的方法，如电解液中改善山东蓝色蓝宝石的颜色和电化学法改变绿松石的颜色等。

第六节　国际上对优化处理珠宝玉石常用标记或符号的含义

国际上对优化处理珠宝玉石的常用标记或符号如下：

（1）A（alone）　指没有经过优化处理或到目前还不能进行优化处理的珠宝玉石。

（2）B（bleaching）　表示珠宝玉石经过漂白、脱色处理。

（3）C（coating）　表示珠宝玉石经过表面覆盖、涂层或镀膜处理。

（4）D（dyeing）　表示珠宝玉石经过染色或着色处理。

（5）E（enhance）　表示珠宝玉石仅用了常见的优化处理方法，通常属于优化。

（6）F（filling）　表示珠宝玉石经过有色或无色充填处理。

（7）H（heating）　表示珠宝玉石经过加热优化处理。

（8）I（impregnation）　表示珠宝玉石经过浸泡或注入处理，常指注入蜡或注入塑料处理。

(9)L(lasering)　表示珠宝玉石经过激光处理，一般指激光钻孔，用以消除包裹体或裂隙。

(10)O(oilling)　表示珠宝玉石用油浸过，用以消除裂隙或裂缝的影响。

(11)P(stabilization)　表示珠宝玉石经过稳定化处理，如用树脂、塑料等材料加压充填等。

(12)R(irradiating)　表示珠宝玉石经过放射性辐照处理。

(13)U(surface diffussion)　表示珠宝玉石表层是经过表面扩散处理的。

第七节　珠宝玉石优化处理的历史及发展趋势

一、古代(15世纪以前)的珠宝玉石优化处理

古代的珠宝玉石优化处理比较原始、简单，主要采用不控温的加热方法和就地取材的染色、涂油、加薄箔底衬等。据报道，早在公元前2000年，印度已出现加热的红玛瑙和肉红玉髓；公元前1300年，埃及出现了染过色的肉红色玛瑙；4世纪时，埃及就有文字记载：先加热石英或其他珠宝玉石使之产生裂隙，而后渗透不同的染料可获得不同颜色的珠宝玉石。据资料记载，染黑色玛瑙的方法：先将玛瑙加热冷却产生裂隙，然后放入蜂蜜中煮数天，待裂隙中填满蜂蜜后取出，再加热使蜂蜜变焦炭而出现黑色。

在我国先秦和秦朝(公元前200年)，也有关于珠宝玉石加热处理的文字记载。到唐、宋时期，我国对珠宝玉石优化处理的技术就比较成熟了，尤其对中国特有的玉器仿旧处理，可说是世界一绝。将新做的玉器用虹光草浸泡，再用火烘烤，则红如鸡血；将新做的玉器稍加热后涂上蜡，再在火上烤，蜡先进入玉器表面裂隙，然后变焦会呈黑色如古玉。可见，珠宝玉石的优化处理历史源远流长。

二、近代(15—19世纪)的珠宝玉石优化处理

时代的变迁意味着社会的发展和进步，到15世纪下半叶，手工业相当发达，以手工为主的珠宝首饰业得到了发展；同时，工业和科学技术的发展影响了珠宝玉石优化处理技术的发展，这时期出现了彩色玻璃仿珍珠、仿祖母绿等；化学工业和染料工业的发展，促使了珠宝玉石的染色、夹层黏接、表面涂层和填充等的出现或新发展；由于冶金技术的提升，珠宝玉石优化处理的控温精度有了很大的提高，使珠宝玉石的热处理效果更好。

三、20 世纪是珠宝玉石优化处理大发展的时代

20 世纪工业水平的提高和军事工业发展的需要，促使科学技术得到迅猛的发展。对矿物结构的研究，对原子和原子核的研究，使人们看问题从宏观现象进入到微观现象，从而对珠宝玉石颜色、透明度及其他一些物理性质的认识有了新的、质的飞跃，这就使珠宝玉石优化处理方法由盲目、偶然获得，变成有科学理论依据和目的性很明确的行动。这时期最明显的成果有：①工业水平的提高和电子工业的发展使控温精度提高，加上设备的精密及控温自动化，使珠宝玉石热处理方法得到进一步的发展，应用领域大大拓宽，成果非常突出；②放射性的发现和放射源设备的发展产生了辐照改色处理珠宝玉石的新方法；③激光的发现和应用，又产生了一种新的珠宝玉石优化处理的方法；④高温高压设备的制备，不仅使人工合成金刚石成为可能，最近又使钻石漂白和改色成为可能。

四、21 世纪是高科技快速发展的时代

21 世纪，科学技术快速发展，市场上已见到新型效果的膜技术，复合处理及多过程优化处理等技术。

由此可见，珠宝玉石优化处理的发展是与社会的进步、工业水平的提高、军事工业的需要和科学技术的发展分不开的。我们可以预测，随着时间的推移和上述各种因素的发展和进步，珠宝玉石优化处理的方法一定会更多，水平会更高，珠宝玉石会更加漂亮。

五、珠宝玉石优化处理的发展趋势

随着现代科学技术的迅猛发展，其成果一定会被应用到珠宝玉石的优化处理工艺中来，从而促进珠宝玉石优化处理工艺的深入研究和进一步发展。到那时将会有更多、更好的方法出现，优化处理的对象和范围将大大扩展，几乎包括所有的珠宝玉石品种，这样就能更充分地利用自然资源，解决高档珠宝玉石的供需矛盾。

另外，多种优化处理技术和工艺将联合运用，使珠宝玉石优化处理的产品外观更漂亮，性能更稳定，耐久性更好，同时使鉴定更加困难。相信到那时，国家相关部门将会为珠宝玉石优化处理品进入市场制定明确的规则和标准。

第二章 矿物的颜色与颜色的测量

研究珠宝玉石的优化处理技术，主要考虑如何把珠宝玉石的潜在美充分挖掘出来，其中，如何让珠宝玉石的颜色更加美丽最为重要。因此，若想对珠宝玉石进行优化处理，必须先弄清楚珠宝玉石颜色的成因机理。例如：珠宝玉石的颜色是怎样产生的？颜色与光波有什么关系？颜色是通过什么途径被人们看到？有哪些因素会影响珠宝玉石的颜色？颜色可以测量吗？等等。有些现象是宏观的，比较容易弄清楚；有些现象则是微观的。本书将用两个章节的内容来阐述一些在宏观和微观上与颜色有关的问题，以帮助读者更加清晰地了解珠宝玉石优化处理，同时也为相关人员自己设计新方法进行珠宝玉石优化处理方案制订时提供一定的参考。

第一节 研究珠宝玉石矿物颜色的意义

一、珠宝玉石矿物的颜色是评定珠宝玉石价值的重要依据

珠宝玉石之所以被人们欣赏，一个主要原因就是它们具有艳丽美妙的颜色。颜色的纯与杂、浓与淡，是判断珠宝玉石价值的重要因素，也是决定珠宝玉石档次、品级的主要标准。对于颜色的质量标准分类，经常能看到一些公司发表的图表，在贸易双方都接受的前提下，这些图表常作为贸易中价格谈判的依据。例如：1995 年，Yasukazu Suwa 公司（以下简称 Suwa 公司）发表的《珠宝玉石质量和价值图册》就对红宝石和蓝宝石的质量评价体系讲得很清楚，不同颜色处于不同的等级，价格也相差很大（图 2－1、图 2－2）。对于红宝石来说，图 2－1 中的左图为红宝石颜色质量标准体系，其纵坐标表示颜色的色相，可分为 7 等，横坐标表示根据颜色饱和度划分的等级；右图为红宝石质量评价图，不同的颜色表示不同的等级：蓝色区的红宝石为珠宝玉石级，灰色区的红宝石是首饰级，黄色区的红宝石是普通级。蓝色区的红宝石最贵重，为一级品，价格最贵；灰色区的红宝石质量次之，为二级品，价格中等；黄色区的红宝石质量相对来说最次，为三级品，价格最低。通过此图，红宝石购买者对其价值就一目了然。对于蓝宝石来

说，也有类似的图表，以供贸易双方交易时参考(图 2－2)。总之，色彩饱和度越高，质量级别越高，价格也就越高。由此可见，颜色是评定珠宝玉石价值的重要依据。

等级 色调	S	A	B	C	D
7					
6					
5					
4					
3					
2					
1					

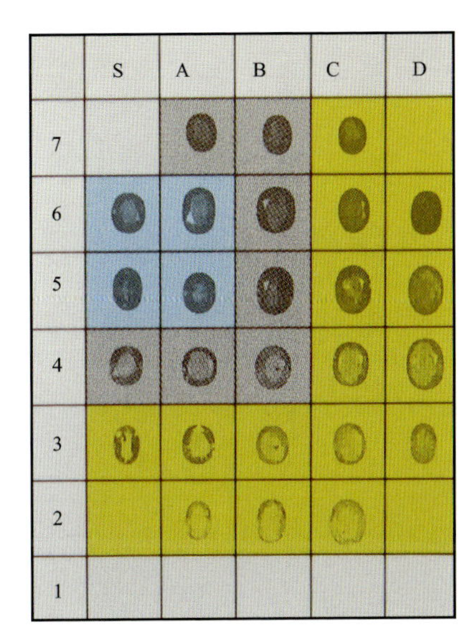

图 2－1　Suwa 公司的红宝石颜色质量标准体系(左)和红宝石质量评价图(右)

深圳市兴中泰宝石有限公司(以下简称兴中泰公司)是以经营红宝石和蓝宝石为主的著名企业，为了营销的方便，他们申请了商标“兴中泰”，并制定了以内部使用为主的透明度、颜色、净度、切工及质量等方面的标准，主要用于方便与客户进行贸易。在它 2006 年发布的标准中，颜色标准分 5 级(图 2－3)，一级最贵，五级最便宜。而兴中泰公司采用一级和二级颜色标准的红宝石与蓝宝石作为公司产品的标准，对首饰产品的质量要求很高。

21 世纪初，在中国国际珠宝展期间，专业切割坦桑石的 Royal Touch 公司，散发的资料中也有坦桑石颜色等级表，表示颜色和色彩饱和度的不同，坦桑石的质量等级就不一样，价格也不一样。我们将图中的坐标文字改成中文后，就成了图 2－4。

若某种珠宝玉石已经有世界标准或国家标准，则该种珠宝玉石的企业标准应当服从相应的世界标准或国家标准。彩色珠宝玉石的颜色是其价值评定的重要依据，颜色的美与不美，对决定珠宝玉石的价值起很大的作用。例如，翡翠一般都是素面弧形，包裹体等常用指标对翡翠价值影响不大，但颜色的好坏可使两

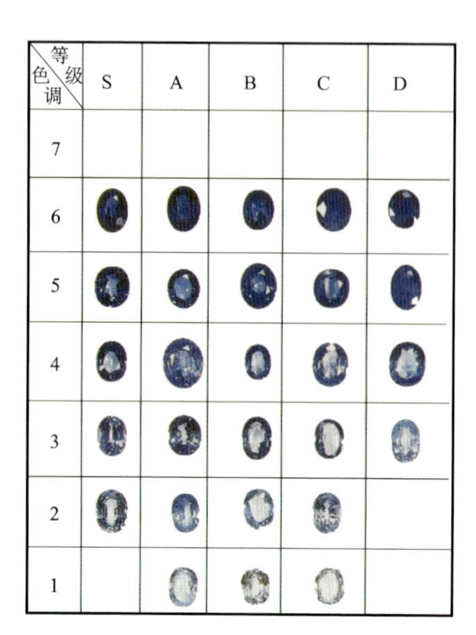

图 2－2　Suwa 公司的蓝宝石颜色质量标准体系（左）和蓝宝石质量评价图（右）

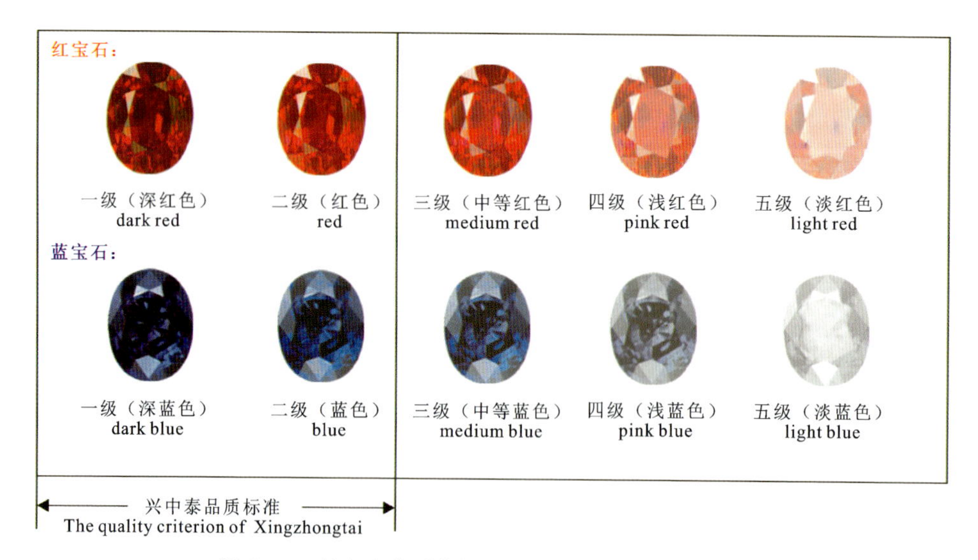

图 2－3　兴中泰公司的红宝石和蓝宝石颜色分级标准

（康立琪　提供）

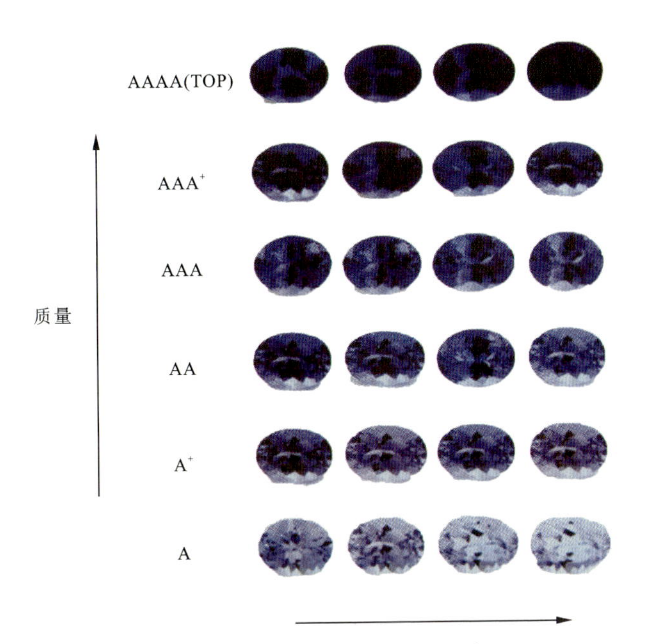

图 2-4　Royal Touch 公司的坦桑石颜色等级表

粒同样大小翡翠戒面的价值相差几十倍，甚至更大。我国已在 2015 年出台了翡翠的国家标准，在国内进行翡翠交易时应当遵循此标准。颜色对钻石的价值影响也很大。在钻石的国家标准中，钻石的颜色分级很细，按 D、E、F、G、H……等级区分。纯白钻石的价格最高，带黄色相钻石的价格猛跌，但天然彩色钻石的价格猛增。

2016 年，《红宝石分级》和《蓝宝石分级》获得国家标准化管理委员会的批准，从色相、彩度、明度 3 个色度学的基本方面对红宝石和蓝宝石的颜色分级进行了科学划分，将商业中常用的俗称，如“鸽血红”“皇家蓝”等分别归入了相对应的科学分级名称中。但本书截稿时尚未发布，故本书没有引用。

二、珠宝玉石的优化处理主要是颜色的改善

珠宝玉石的优化处理虽然涉及到透明度、硬度和牢固度等要素的改善，但最主要的还是颜色的改善，所以也有人把对珠宝玉石的优化处理称为珠宝玉石改色。为了改善珠宝玉石的颜色，首先要了解珠宝玉石矿物颜色的成因，这是进行珠宝玉石优化处理的前提。

三、珠宝玉石颜色成因的研究

珠宝玉石颜色成因的研究为人工合成珠宝玉石和对珠宝玉石进行优化处理提供了理论依据。

珠宝玉石仅靠矿物本身所含化学成分产生颜色(即自色)的很少,大部分是由珠宝玉石矿物中含有的杂质元素或结构缺陷而产生的颜色(即他色)。因此,如果知道珠宝玉石颜色的成因,并在人工合成珠宝玉石时有意识地调整这些杂质元素的含量、价态,则可以合成出理想颜色的珠宝玉石。例如,天然红宝石的色相分8级,是由于红宝石中含杂质铬离子的浓度不一样,因此,在使用焰熔法合成红宝石时,在原料中加入不同浓度的含铬试剂,可以得到不同颜色的合成红宝石。同样,在珠宝玉石优化处理时,也可以改变某些杂质的含量与价态,以改善珠宝玉石的颜色。另外,对由结构缺陷引起的颜色,可以人为地增加或减少珠宝玉石的结构缺陷,引起珠宝玉石的颜色变化。

第二节　颜色的物理学

一、颜色与光波

1. 眼睛看到颜色的过程和范围

珠宝玉石的颜色是人的眼睛对一定能量光波照射到珠宝玉石后,视觉感受到的是珠宝玉石选择性地吸收光波中某些波长所对应颜色的补色,其过程模拟如图2-5所示。但人的眼睛能看到的颜色范围是有限的,其可识别的光波波长范围为380～760nm,即红色—紫色;大于760nm的光波为红外区,小于380nm的光波为紫外区,人眼都看不见。

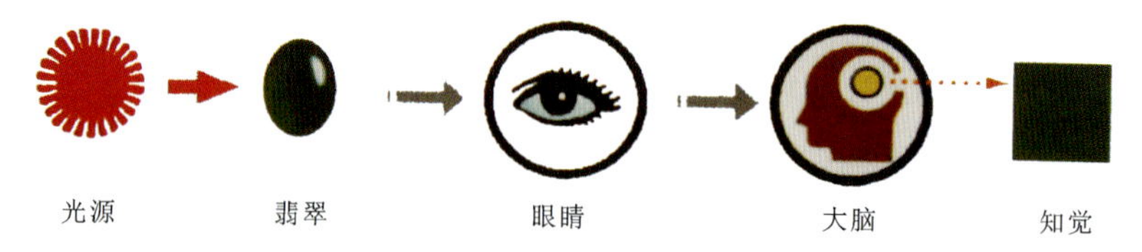

图2-5　眼睛看到珠宝玉石颜色的过程示意图
(张蓓莉,2006①)

①凡引自《系统宝石学》(第二版)(张蓓莉,2006)的图片均由其副主编之一的李宝军老师提供。

2. 光与光波

从光源发射出来的光都是具有能量的，光的能量被一种称为光子的微粒携带着，光子携带着一定的能量传导到人的眼睛里，如果光子的能量在可见光范围内，就可以在人的眼睛中形成感觉上的颜色。

光子具有两重性，它既具有粒子的行为，又具有波的行为。这种波的行为就像石子投入沉静的池塘中所产生的水波一样，会产生一定频率的振动，同时又有相应的波长。

(1)波长：光波在完成1个整周振动期间所走过的距离。波长越短，能量越大。

(2)频率：在1s内振动的次数。频率越高，能量越大。

(3)光了的能量：光了的能量范围相当大，它可以从非常长的无线电波光子变化到非常短的γ射线光子，其能量变化范围从不到10^{-11} eV(1eV＝1.602 189×10^{-19}J)延伸到10^{8}eV以上。

3. 可见光与颜色

在电磁辐射的整个光谱中，人的眼睛只能感觉到非常狭窄的一小段(图2-6)。这一小段光谱的波长为380～760nm，能量约为1.7～3.1eV，称为可见光谱。不同波长的可见光谱，具有不同的能量与不同的颜色。

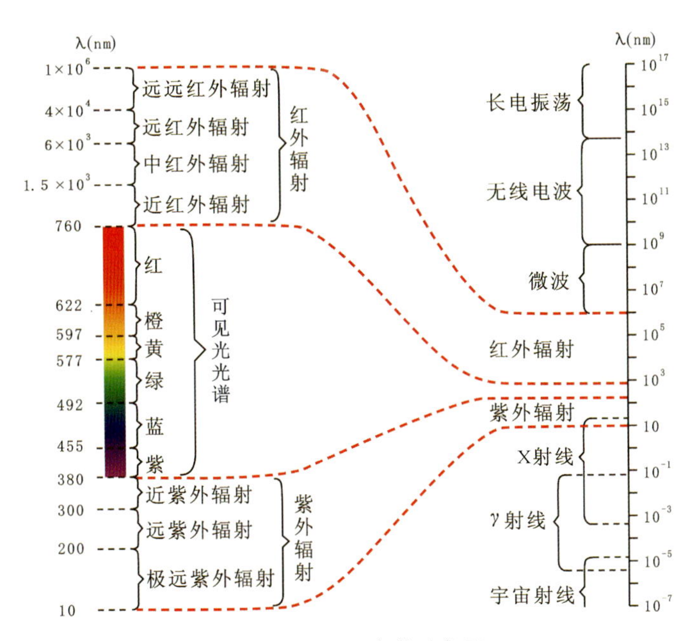

图2-6　电磁波谱示意图

(张蓓莉，2006)

不同波长可见光的颜色、能量以及与颜色的补色之间的相互关系可以总结为下列波长-颜色-能量-补色关系表(表 2-1)。

表 2-1 波长-光谱色-补色-能量关系表

波长(nm)	光谱色	补色	能量(eV)
760～622	红色	绿色	1.8
622～597	橙色	青色	2.1
597～577	黄色	蓝色	2.2
577～530	黄绿色	紫色	2.3
530～500	绿色	红色	2.4
500～470	青色	橙色	2.5
470～455	蓝色	黄色	2.6
455～380	紫色	黄绿色	2.8～3.1

4. 白光含 7 种单色光的实验验证以及颜色的特点与表述

牛顿是第一位阐明白光由 7 种单色光组成的科学家,并用 7 种颜色(红、橙、黄、绿、蓝、青、紫)来表达这 7 种单色光。他的实验是用一块三角棱分光镜让白光通过,白光分解为 7 种肉眼可见的单色光;如果让这 7 种单色光再通过另一块三角棱分光镜,它们会聚合到一起又形成白光(图 2-7)。由此证明,白光确实是多种单色光的混合物。为了说明白光的光谱色以及它们之间的关系,牛顿用彩轮圆盘来加以形象表示(图 2-8):白色位于彩轮的中心,相互成对角的颜色可以称为互补色[①],简称补色。

二、矿物颜色的本质

1. 一般物体颜色的本质

自然界中各种物体颜色的本质,是物体对不同波长的可见光选择性吸收的结果。人眼所见的颜色是被吸收颜色的补色。

---

①互补色的特点:a. 当对角两种颜色等量混合时会形成白色;b. 当白光通过珠宝玉石时,某一颜色被吸收后,看到的颜色为被吸收颜色对角的颜色。

补充说明:a. 牛顿对颜色的划分只是粗略的,实际上单色光的颜色是连续渐变的,不存在严格的界线;b. 单色光的颜色随光的强度的变化而略有变化。实验表明,光谱上除了 3 个点(572nm、503nm、478nm)的颜色不受光的强度变化的影响外,其他波长的颜色都会略有变化。

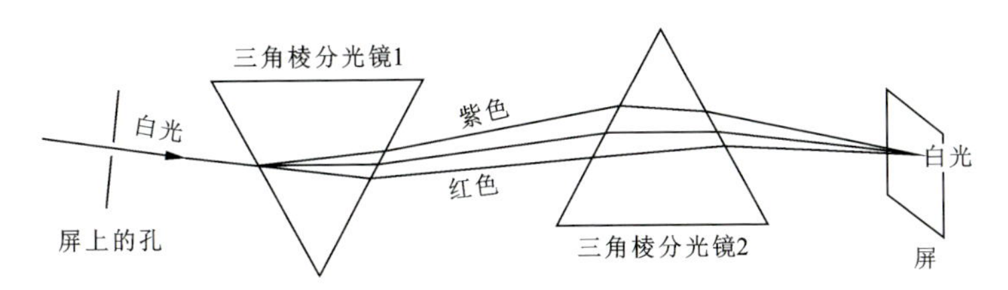

图 2-7　白光被三角棱分光镜分解成 7 种单色光又聚合成白光的过程示意简图

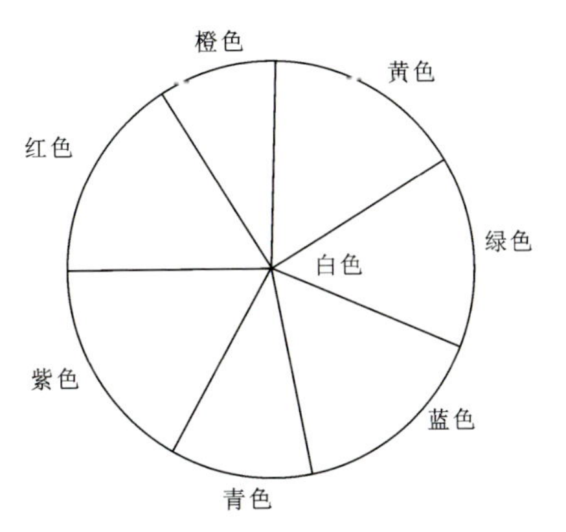

图 2-8　牛顿的圆盘彩轮示意图

光具有一定的能量，不同单色光的波长不同，不同波长的光子能量也不同。白光通过物体时，物体会对白光中某种或某几种单色光产生选择性吸收，实质是对不同能量可见光光子的吸收，选择性吸收后，其他能量的光波通过物体的透射或反射，到达人的眼睛，我们就看到了该物体的颜色。所以，这部分未被吸收光子的能量，决定了该物体的颜色。

事实上，物体对不同能量波长的吸收，不可能刚好是某种单色光的全部能量(也可能只吸收掉了该种单色光的一部分能量)，因此，反射或透射出来的色光也不一定是单色光。大部分情况是多种颜色的混合能量被物体吸收，反射或透射出来的也是多种能量混合的光子。因此，大部分物体的颜色并不是鲜艳的单色光，而是不太鲜艳的混合光。在这种情况下，该物体的主色相由被反射或透射光子能量占比最大的单色光决定(如黄绿色橄榄石)。如果被反射或透射的光子在混合光中所占的比重差不多，没有能量比重特别突出的光子，那么，这个物体看起来可能就是白色的。

2. 珠宝玉石颜色的本质

与一般物体颜色的本质一样，珠宝玉石的颜色也是由于对不同波长可见光光子选择性吸收的结果。例如：当来自外界的光源(如白光)照射红宝石时，红宝石中所含铬离子的电子吸收全部紫色和绿色的光子以及大多数蓝色光子的能量，以红色为主色相的补色被透射，珠宝玉石呈现出红色。此外，那些吸收了能量、从基态跃迁到激发态的电子，最终还要返回到基态能级，但不是全体同时返回，其中一部分会通过发射红色光子把能量释放出来，也就是产生红色荧光(进一步增加了红宝石的色彩)，还有一部分以红外热辐射的形式释放。当这些红色光子穿过红宝石晶体而进入人眼时，人们就会感觉到这颗珠宝玉石是红色的(图2－9)。同理，祖母绿宝石是吸收了白光中的橙黄光和蓝紫光能量，残余的能量组合成了祖母绿的颜色(图2－10，详细解释请看下一章节的“晶体场理论”)。事实上，所有带颜色的物体，它们的颜色都来源于被选择性吸收后的补色。

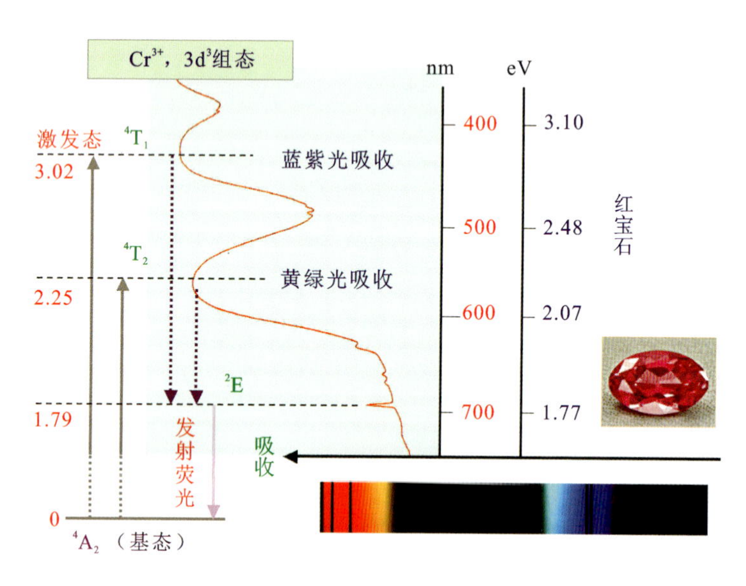

图2－9 红宝石的UV吸收光谱

(张蓓莉，2006)

3. 光源的种类和性质对颜色的影响

人的眼睛所观察到的物体颜色，与照明的光源有密切关系，物体的颜色常会随着光源的改变而改变。日常生活中这样的例子很多，我们去百货大楼购买衣料或布匹时，所见的是在日光灯下的颜色，走出百货大楼，在太阳光下所见的颜色就会有差别，这就是因为不同的光源会对物体的颜色产生影响。

同理，在不同光源下观察珠宝玉石，其颜色也会有差别。因此，在观察珠宝玉石的颜色时，光源是必须考虑的因素。通常颜色以室外日光下所见到的为准，这种日光或白昼光通称为白光，一般被认为是不带任何色相的无色光。但是，理论上真正的白光或无色光，应当是在可见光范围内，每一波段都是具有相同辐射能的连续光谱组合，也应当是“等能光”(equal－energy light)。等能光的能量分

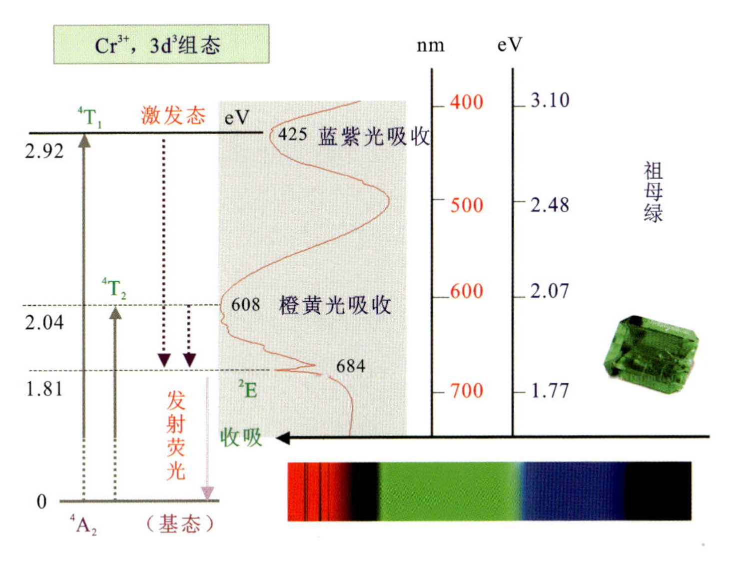

图 2-10 祖母绿宝石的 UV 吸收光谱

（张蓓莉，2006）

布曲线应为一水平线。事实上，日光或白昼光并非完全无色或白色，在不同纬度、天气，甚至一天内不同的时间点，光线的颜色都会有变化：早晨的日光略带红色；中午则以白和蓝光为主；下午 3 点以后，光中的黄色色相明显增多；傍晚时，橙红色色相大量增加。因此，为了看准珠宝玉石的颜色，珠宝玉石交易应当在特定的时间段里进行。例如，斯里兰卡宝石城中的宝石店铺多年以来的营业时间都是上午 10 点至中午 12 点，其他时间一般紧闭店门。

太阳光对地球的照射，以赤道为分界线，南北两半球的光线方向不一致。在南半球，钻石商人喜欢使用正北方向的光，这种光很少受太阳位置的影响，可以在对比中较准确地确定钻石颜色的等级。当然，北半球的情况应当与此相反才对。

可见日光或白昼光是人们确定珠宝玉石颜色的标准光源。在实际生活和工作中，有时不能采用日光或白昼光照明，如在夜间、镜下观察时，需要采用人工光源代替。国际照明委员会（CIF）在 1931 年规定了 3 种灯光作为颜色测量工作的标准光源：S_A、S_B、S_C。S_A 代表充气钨丝灯的平均人工照明，应用时调节色温至 2845K①；S_B 代表平均的日光，相当于中午的白光，色温为 4900K，是在 S_A 的光路中附加一种溶液滤光器而成；S_C 代表平均白昼光，色温为 6700K，是在 S_A 的光路中附加另一种溶液滤光器而成。

自 1931 年以来，这 3 种光源被广泛用作颜色测量的标准光源，在珠宝玉石学研究中，最常用的是 S_A 和 S_B 光源，有时也用 S_C 光源。由于在光路中附加溶液滤光器有困难，一般常用 30W 的钨丝白炽灯加日光滤光玻璃（蓝玻璃）的光线代替。据研究，这种光源与 S_C 光源极为相似，一般可以作为 S_C 光源应用。现代的宝石显微镜大多配有高功率钨丝灯和卤钨灯，色温 2400～3400K，外加适当蓝玻璃后也可作为 S_C 光源应用。近年来，高压氙灯也在镜下观察珠宝玉石中得到了应用。

4. 人眼对不同波长的感光效应和感色效应

1）人眼对不同波长的感光效应

如前所述，光是一种电磁波，具有辐射能，这种电磁波包括 γ 射线、X 射线、紫外线、可见光、红外线、微波、无线电波等。人的眼睛只能分辨可见光部分，这部分电磁波能刺激人眼视网膜的光化学物质，并得到视觉反应，如果加强光源的发光能量，并改善观察条件，那么，人眼的感光范围可以扩大到 350～780nm。

人眼对不同波长的光波具有不同的敏感度。不同波长的光波即使光的能量相等，视觉上产生的明亮程度也不相同。用三角棱分光镜将日光分解为七色光后，可发现黄色—绿色波段最为明亮，往两边逐渐变暗，两端的红色和紫色甚至看不清，说明人眼对黄色、绿色具有最大的敏感度。

实验表明，人眼在白天时对于波长 555nm 的绿光最敏感，而黄昏时对波长为 507nm、接近于绿蓝色色相的光最敏感。这就是平常在黄昏、静夜时，特别是在月光下，景物时常带有静谧蓝色相的原因。

2）人眼的感色效应

颜色和光的波长密切相关，光的波长是连续的，故颜色的变化也是渐进的，每种波长对应一种颜色。

人眼对相同的波长有相同的色感，波长不同则色感不同。人眼的辨色能力很强，正常人的眼睛可以分辨 150 多种色相。

光波与颜色有单一的对应关系，即一定的光波波长对应单一的颜色；反过

---

①日光或白昼光等光源的色相或其光谱能量分布曲线的特征，光学上常以绝对黑体的所谓色温（K）表示。直接日光的光谱能量分布曲线与绝对黑体温度为 5000K 的曲线相似，所以，直接日光的颜色特征，就以色温 5000K 表示。色温相同表示光源的颜色相似，可见，色温 5000K 的光源与日光的颜色相似。

来，颜色与光波不是单一的对应关系，即同一种颜色可以由两种及两种以上的不同波长叠加而成。例如，波长 580nm 的单色光必为黄色，而一束黄色的光可按一定比例由波长为 650nm 的红光与波长为 540nm 的绿光混合而成，而人眼并不能分辨出单色光的黄光与混合光的黄光。这一特点，人们可以用少数几种颜色混合出多种多样、丰富多彩的颜色。经大量实验证明：大多数颜色可以由基本独立的 3 种颜色混合而成。这 3 种颜色是红色（R）、绿色（G）和蓝色（B），称为三原色或三基色。利用三原色按不同比例合成出无数种颜色的原理，称为三原色原理，这也是彩色电视机中选用红、绿、蓝三原色进行配色和增减来制造出各种颜色的原理。

第三节　表示颜色的三要素

颜色给予人的感觉，可以因人的主观因素而发生差异。视觉的正常与否，会使人对同种颜色的认知产生差异（如红绿色盲者分不清红色与绿色）。但珠宝玉石的颜色是客观的，为了表示其客观存在的颜色特征，人们便使用颜色的三要素（即明度、色相和彩度）来表示它。三要素中的任何一个要素发生改变，都可以使人眼产生不同的色感。只有三要素都固定不变，才能使人得到对某种颜色的特定感觉。

（1）明度。也称亮度，是指珠宝玉石的透射、反射程度，即颜色明亮的程度。对光源来讲，它相当于光源的亮度，即光的强度。明度与颜色中某种色彩的光亮度呈线性关系，进入人眼的彩色光亮度越大，其明度则越高。

（2）色相。也称色彩，是颜色的主要标志量，也是各颜色之间相互区别的重要参数，红、橙、黄、绿、青、蓝、紫及其他的一些混合色均是根据其色相的不同而加以区分的。色相也是指颜色的种类，与光的波长有关。不同波长的光，具有不同的颜色。颜色的种类一般用颜色色散曲线主峰值的波长数或颜色指数的主波长表示。例如，主波长为 470nm 的颜色就称为 470nm 波长的蓝色，常为蓝宝石的蓝色；主波长为 590nm 的颜色就称为 590nm 波长的黄色。

（3）彩度。也称饱和度或刺激纯度，是指彩色的浓度或彩色光所呈现颜色的深浅和鲜艳程度，或者说是彩色的纯净度和鲜艳度。对于同一色相的彩色光，其彩度越高，颜色就越深或纯度就越高；反之，颜色就越浅或纯度就越低。可见光光谱中各种单色光的饱和度最高，也最鲜艳。通常将单色光的光谱色饱和度作为 1，颜色变淡时数值逐渐变小，纯白色的饱和度为 0。如以纯净的蓝墨水冲淡为例，纯净的蓝墨水的颜色饱和度为 1，逐渐冲淡后的颜色饱和度就随之降低（1→0），直至变成完全无色时,饱和度为0。

颜色的三要素可以用一个三维空间的双锥体直观地表示出来,如图2-11所示。锥体的中轴线代表明度的变化,从上锥顶到下锥底反映白→黑的明度变化,圆周上各点代表各种不同色相。从圆周到轴心表示饱和度的降低(1→0)。

如果把色相按太阳光谱中的波长顺序进行排列,可以构成一个色谱带,如图2-12所示。

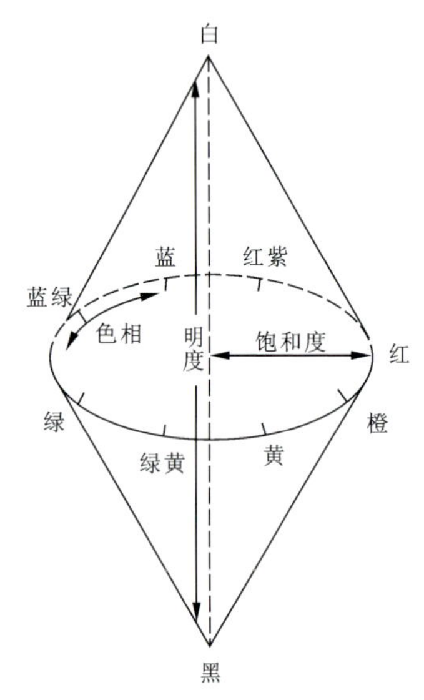

图2-11　颜色三要素双锥体示意图
(吕新彪等,1994)

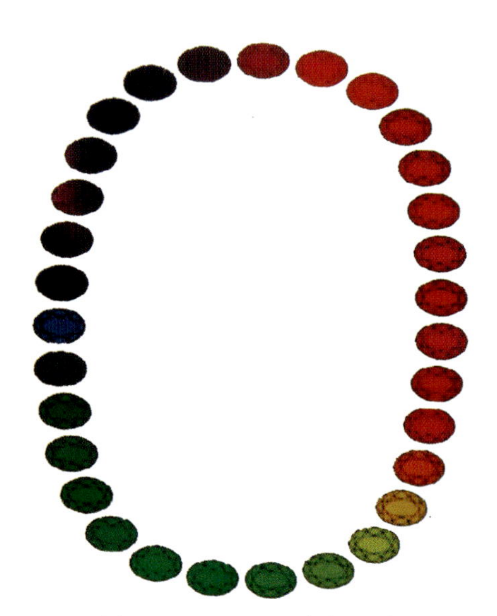

图2-12　GIA 31色相环图
(张蓓莉,2006)

第四节　颜色的测量

颜色对于珠宝玉石来说非常重要,是决定珠宝玉石价值的重要因素之一。无论是哪种珠宝玉石,颜色的差异都可以引起价格的明显波动。例如,同样大小的红宝石,因颜色不同,价格可以相差十几倍,甚至几十倍。因此,在贸易和学术交流等场合,我们需要准确地描述珠宝玉石的颜色,只用红、黄、蓝、绿等定性描述的术语已经不够,尤其是进入学术交流时,为了描述珠宝玉石优化处理前后的颜色变化,必须采用颜色定量描述或测量的方法。

定量表示颜色的体系称为表色系。对珠宝玉石进行颜色定量测量常用两类表色系：一类是用标准色样进行对比的表色系；另一类是用现代测色仪器测量颜色标准系统的表色系。

一、用标准色样进行对比的表色系

这类表色系是用纸片或塑料材料制成标准颜色的各种色卡（也叫样板），汇编成册。使用时，将珠宝玉石样品与色卡进行比较，选出与珠宝玉石颜色相同或最接近的色卡，色卡上注明的颜色就是珠宝玉石的颜色。色卡上还有相对应的颜色三要素数据供应用。

历史上这样的表色系有好几种，介绍如下。

1. 孟塞尔表色系

由 H. 孟塞尔于 1905 年创立、经美国光学学会（The Optical Society of America，OSA）修订出版的《孟塞尔颜色图册》，分有光泽版和无光泽版两种。有光泽版包括 1450 种颜色样品，附有一套由白到黑的 37 块非彩色样品；无光泽版包括 1150 种颜色样品，附有 32 块非彩色样品。

在《孟塞尔颜色图册》中，每种颜色都由一组符号表示。符号给出表征颜色的三要素：色相、明度和饱和度。其中，色相分为 25、5、75、10 四个等级，全图册共包括 40 种色相标样，明度分为 10 个等级，例如，“5YG 8/7”代表一种色相为 5、明度为 8、饱和度为 7 的黄绿色。

2. DIN 6164 表色系

《DIN 6164 手册》也是一种重要的表色系，许多欧洲国家与英国的珠宝玉石学家均使用这一体系来描述珠宝玉石的颜色。

《DIN 6164 手册》的色卡只有 24 种颜色，颜色表示法为色相：饱和度：明度。例如，色卡上的 6：6：2，表示色相为 6（红色）、饱和度为 6（鲜艳的）、明度为 2（浅色）。《DIN 6164 手册》上的 24 种颜色，许多是孟塞尔色卡 40 种色相之间的颜色，可在特殊需要时起到补充作用。

3. ISCC－NBS 表色系

ISCC－NBS 表色系于 1931 年完成，此表色系的特点是发展了一种色名体系。它收集了《孟塞尔颜色图册》和《DIN 6164 手册》中处于相同色相、明度位置的 18 种色相（共 276 种颜色），并为每种颜色起了描述性的名字，同时给出了相应的孟塞尔符号。例如，鲜艳的橙红色对应 34 号标样。

ISCC－NBS 表色系对颜色科学最主要的贡献是定义了颜色的名称，为交流提供了方便。

4. OSA 色标

1977 年，OSA 均匀颜色委员会制备了“丙烯光泽色卡”，共 558 种颜色，其中 428 种颜色组成一套，这套色卡称为 OSA 色标。

以上 4 种表色系的色卡，均是用纸或塑料制作的有色样板。优点是色卡价廉，使用方便；缺点是用纸与塑料制作的色卡，其质感与珠宝玉石有一定的差异，色卡的表面光泽与珠宝玉石经反射的光泽有所不同，并且色卡本身会褪色，一般使用 4～5a 就应当换新的。色卡对颜色的测量是对比法，也就是将珠宝玉石与色卡对比，用肉眼观察来确定珠宝玉石的颜色，这就可能产生因人而异的差别。这种差别除了色卡褪色造成的误差外，光源照在珠宝玉石上所反映的颜色与照在色卡上反映的颜色也会有一定的误差。所以，在对比时，必须注意照明光源的选择，选用 S_C 标准光源较好。

二、用现代测色仪器测量的 CIE 颜色标准系统表色系

用现代测色仪器测量的颜色标准系统表色系，是用色度坐标和色度图来表示的。它是以两组基本视觉实验数据为基础，建立的一套颜色表示和测量的方法，称为 CIE（国际照明委员会）标准色度学系统。它是现代色度学的核心组成部分，也是现代测色仪器的理论基础。这个系统是 1931 年提出来的，也叫 1931 CIE－XYZ 表色系统。这是将各单色光的色度坐标数据投在以 X 为横轴、Y 为纵轴构成的色度坐标图上，得到一条“马蹄”形的曲线。曲线范围内表示从 400nm（紫光）到 700nm（红光）之间的颜色序列。它可以把人眼能分辨出的 128 种颜色（从红色到紫色）定量地表示出来（图 2－13）。

色度图的含义如下（图 2－14）：

（1）本系统的 $X-Y$ 色度图，所有代表光谱色（单色光）的点都落在“马蹄”形曲线上（也称为舌形曲线），这条曲线称为“光谱色曲线”或“光谱色轨迹”。将曲线两端用直线连接，则所有实际的颜色都包含在“马蹄”形曲线和直线所包围的范围之内，即所有实际的颜色都可以用这个面积内的一个点来表示，它的色度由这个点的色度坐标 X 和 Y 来确定。

（2）W 点表示白色，其色度坐标为 $X=0.333$，$Y=0.333$。代表理论上的白色（等能光），也可以理解为红、绿、蓝三原色等量混合而成的点。

（3）颜色的色度坐标，越接近光谱色轨迹，饱和度越高，颜色越深（越浓）；越接近白色点 W，饱和度越低，颜色越淡。所以，光谱色曲线上各点的饱和度是最高的，其饱和度值为“1”；W 点上的饱和度最低，值为“0”。

（4）将任意一点 C_1 与白色点 W 连接，然后延长到“马蹄”形曲线上，相交于

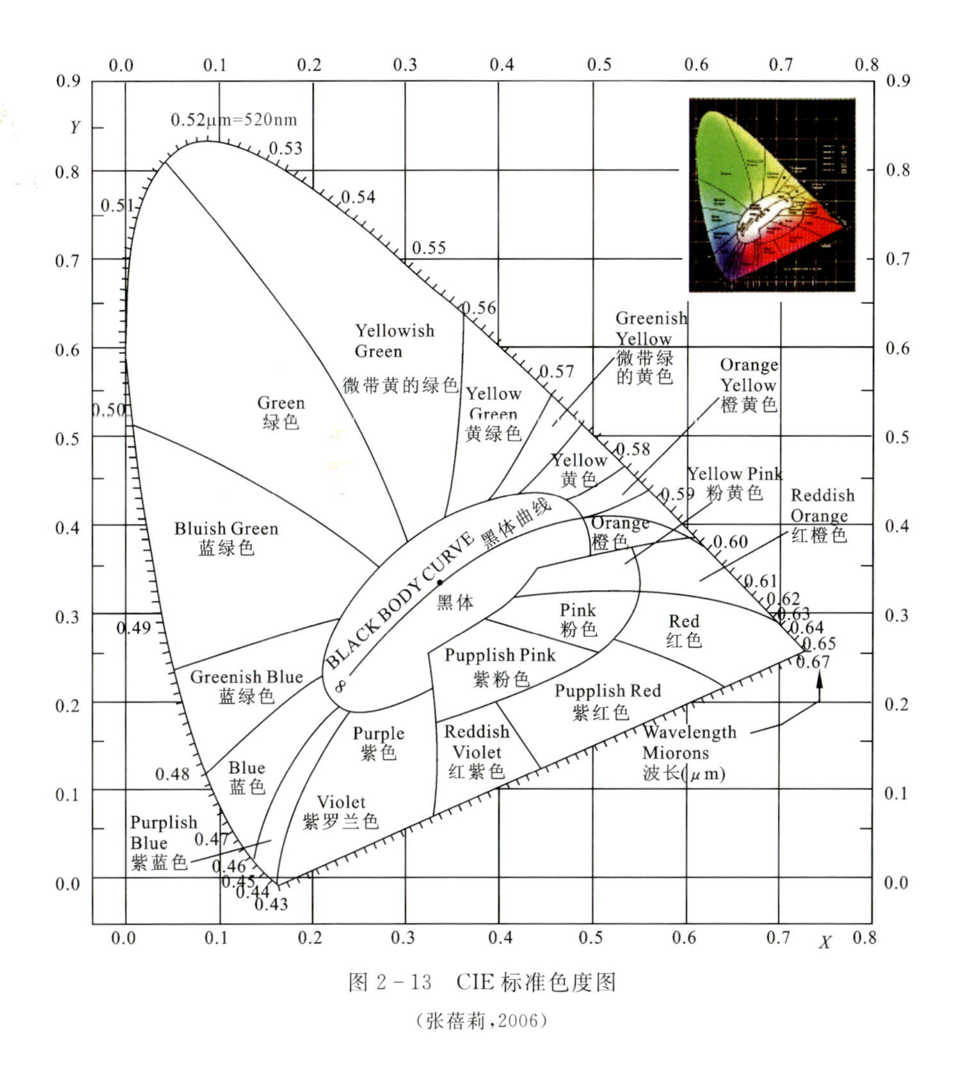

图 2-13　CIE 标准色度图

（张蓓莉，2006）

点 X'，则 C_1-W-X' 连线上的各点具有相同的色相，只有饱和度的区分（颜色深浅不一样）。

（5）在“马蹄”形曲线两端（400～700nm）连线上的各点并不代表光谱色，而是由 380nm（紫色）和 780nm（红色）按不同比例相混而得的各种混合色。接近紫色端的颜色，紫色较显；接近红色端的颜色，红色较显，我们平时说的紫红、品红等都是这条连线上的颜色。

（6）经过 W 点（白色点）任作一条直线，必然与马蹄形曲线相交，假设与马蹄形曲线相交于 A、B 两点，那么，这两点所代表的饱和单色光必定为互补色，也

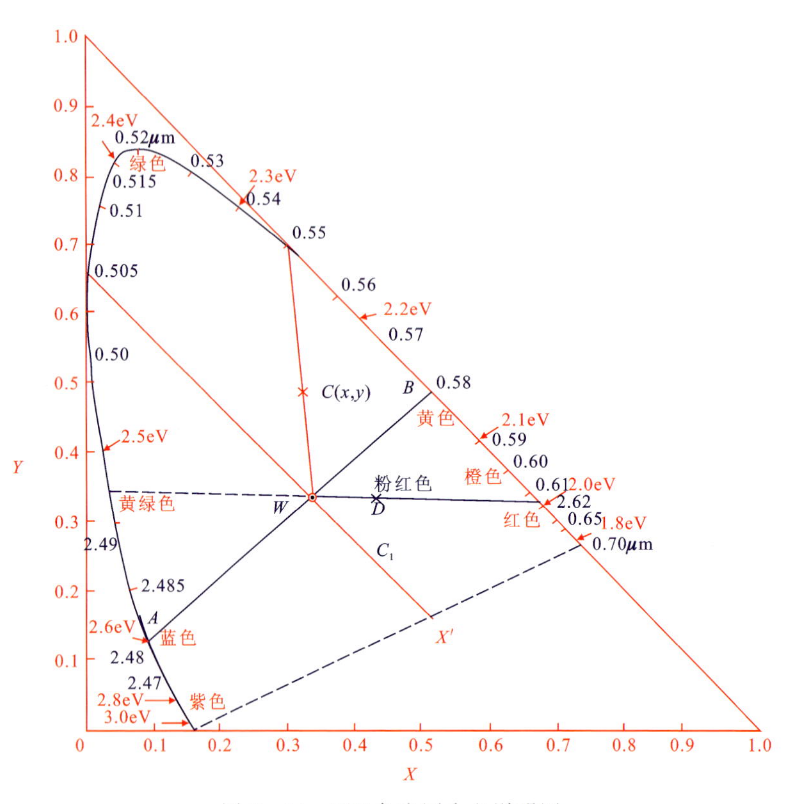

图 2－14　CIE 色度图含义说明图

称为互补色对，呈互补色对的色光经等量混合后可以产生白光。假设 A 点 470nm 代表蓝光，B 点 580nm 代表黄光，它们组成互补色。如果从白光中除去黄光，就可以得到蓝光，反之则得到黄光。当蓝光与黄光不等量混合时，就可以得到不同的色彩，这些色彩的坐标点均落在 A、B 连线上。

(7)两种不同色彩的混合，可以在色度坐标上投入两个不同色彩的坐标点，连接此两点，则按不同比例混合的两种颜色的坐标必定落在此条连线上。

(8)“马蹄”形曲线色度图内任何一点的颜色，都可以由 3 种形式组成，但肉眼不可分辨，只有借助分光光度计或分光镜才能有效区分。例如代表粉红色的光 D，它可以由中等亮度、明度和饱和度为 25％的 620nm 红光组成，也可以由红光和黄绿光混合而成，还可以由红、绿、蓝三色光混合而成。这叫“同色异构色光”，可以用仪器区分。

三、测量颜色的仪器

定量测定颜色的仪器叫光电测色仪。其基础原理是色度学，设计时严格遵守 CIE 关于样品、标准光源及照明、观察条件等的规定，可分为分光光度计和自动测色色差计（三刺激值色度计的国产仪器）两种。

1. 分光光度计 Gemcolor 2

由于仪器内标准光源的光谱能量分布是已知的，因此，只需测得不发光样品的光谱反射比就可得到样品的三刺激值，这就是分光光度计的原理。

分光光度计 Gemcolor 2 是日产仪器，为双光束分光光度计，由分光光度计单元.记录仪程序控制单元及真空机构组成。分光光度计单元内装有光源、积分球、反光镜、单色器、光电倍增管等。电光源发出的光，射入积分球中，经多次漫反射形成漫散射光并照到珠宝玉石上，珠宝玉石将部分光吸收，部分光反射出去，通过反光镜把由珠宝玉石反射的光线和参考白色面（积分球内壁）反射的光线分别反射进入分光器，分解成 360～700nm 的连续光谱，最后由光电倍增管接收转换成电信号。光源为卤钨灯，用滤色片校正为标准 S_C 光源，单色器由绕射光栅和一组狭缝组成。

程序控制单元将光电倍增管输出的信号放大输入计算机，计算机每隔 5nm 进行一次运算，获得珠宝玉石样品的光谱反射比曲线及三刺激值等。记录仪打印内容包括反射比曲线、三刺激值、色度坐标、主波长及刺激纯度等。

2. TC－P2 型自动测色色差计

TC－P2 型自动测色色差计是国产仪器，也是三刺激值色度计的一种。它是直接测量珠宝玉石样品三刺激值的光电积分型仪器，主要通过滤光片与光电转换器的适当组合来模拟标准测定者对颜色的 3 种响应。三刺激值表示用红、绿、蓝三原色匹配某种颜色的数值（是虚拟的）。TC－P2 型自动测色色差计由探测器单元、计测单元和工作台组成。探测器单元内部装有光源、光电探测元件、透镜、漫透射板和积分球。由光源发出的光，经透镜以平行光束照射于样品，经物体反射后的光束在积分球内多次漫反射，最后被探测器接收转变为电信号，光源为卤钨灯。探测器有 4 个，每个探测器由 1 组滤光片和硅光电池组成，经滤光片修正，该光电池模拟的是 D65 光源。计测单元由稳压电源、放大器、模拟转换器和微型计算机组成。整套仪器可以在计算机控制下自动调零、自动调标准并自动对测量结果进行运算，然后通过打印机打印出 CIE 表色系的三刺激值和色度坐标等。这种国产 TC－P2 型自动测色色差计的精度较日产分光光度计 Gemcolor 2 低一点，但价格便宜，且可满足大多数场合的精度要求。

第五节　珠宝玉石颜色的替代律

珠宝玉石颜色的替代律主要如下：

(1)两个颜色相同(光谱组成可能不同)的珠宝玉石，分别加上或减去相同的颜色，最终仍有相同的颜色。

(2)两个颜色一样的珠宝玉石，当它们的亮度(或明度)增加或减少的量一样时，它们的颜色仍然一样。

由此可知，只要人眼感觉两种颜色是相同的，便可以互相替代，所得视觉效果相同。这是使用珠宝玉石优化处理技术提高和改善天然珠宝玉石颜色的理论依据。

第六节　珠宝玉石颜色在珠宝首饰市场交易中的应用

交易市场的珠宝玉石颜色很多，为了在发货时不会弄错买家确定的颜色，通常卖家会将不同颜色的样品装在小塑料口袋中编上号，排成几排粘好后组成商品的样品色卡。当买家看中了某种颜色的珠宝玉石后，就可在订单中写上这种颜色的编号、规格和数量，这样，卖家在发货时就不会弄错。这种样品色卡在人工珠宝玉石和饰品交易中较多，天然珠宝玉石交易中较少。笔者在广西梧州参加国际宝石节活动时，获赠过不少此类样品色卡。为了让大家有一个比较直观的印象，现选择一部分给大家参考。但由于不好将单个样品从塑料袋中取出拍照，故照片效果不太好(塑料袋有点反光)，仅供参考(图 2－15～图 2－19)。

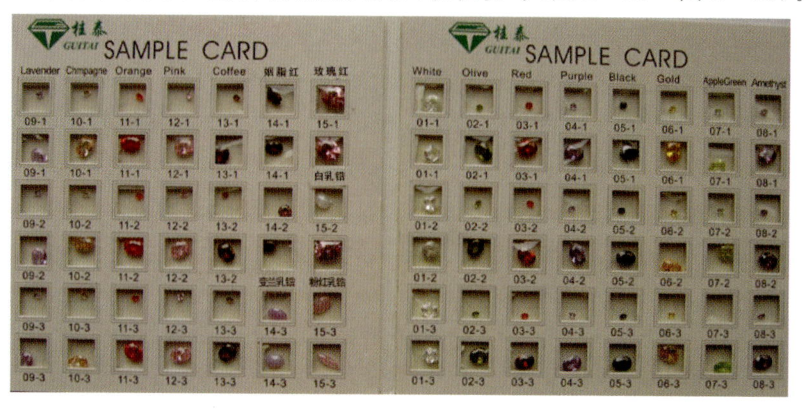

图 2－15　桂泰公司 18 种合成立方氧化锆色卡

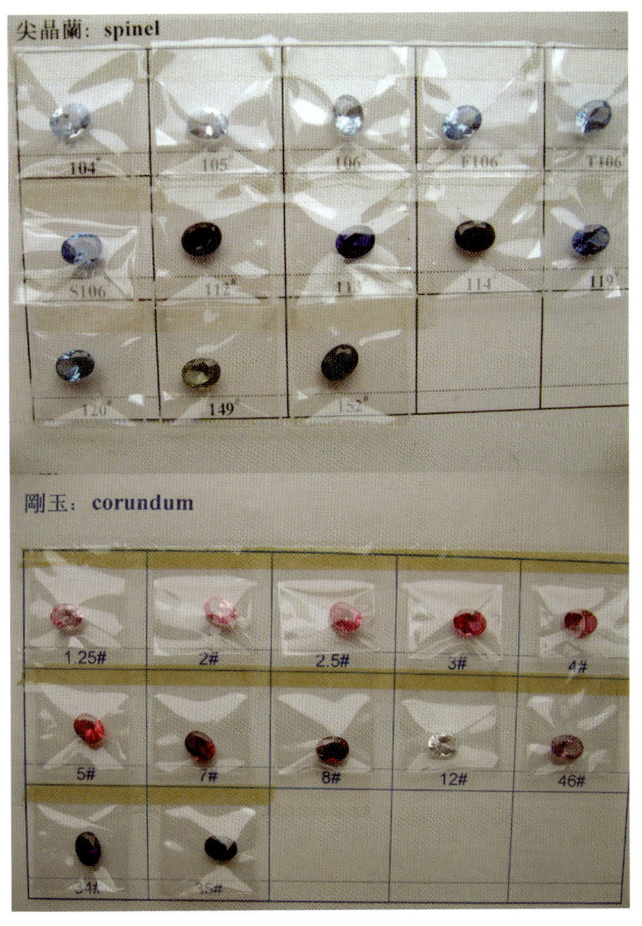

图 2-16 巨化公司焰熔法合成的13种尖晶石和12种红蓝宝石色卡

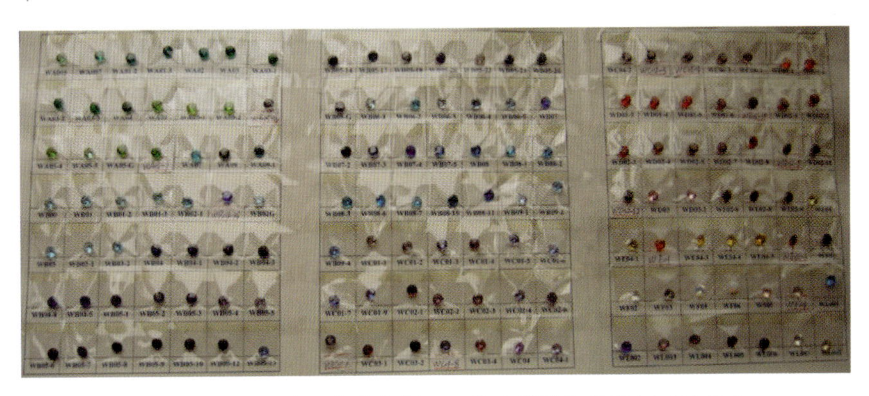

图 2-17 万宝达工艺美术厂147种玻璃质仿钻石(水钻)色卡

图 2-18　靖江东兴宝石厂 29 种玻璃质仿猫眼宝石色卡

图 2-19　香港永富企业 20 种合成立方氧化锆、11 种合成尖晶石和 9 种合成红蓝宝石色卡

第三章　珠宝玉石矿物的颜色成因理论

珠宝玉石矿物的颜色成因理论解释，与科学技术的不断发展有关。传统的矿物颜色成因理论被称为经典矿物学颜色成因理论。在近代原子核理论出现后，人们的视角由宏观世界进入到微观世界，对颜色成因的本质进行了更深入的观察和理解，得出了更具说服力的成因理论。本章将阐述宏观的与微观的珠宝玉石矿物颜色成因理论。

第一节　光与珠宝玉石的相互作用

当一束光照射到一块半透明或透明的珠宝玉石上时，入射光与珠宝玉石会发生各种各样的相互作用，如反射、折射、透射、散射、吸收等(图 3－1)。

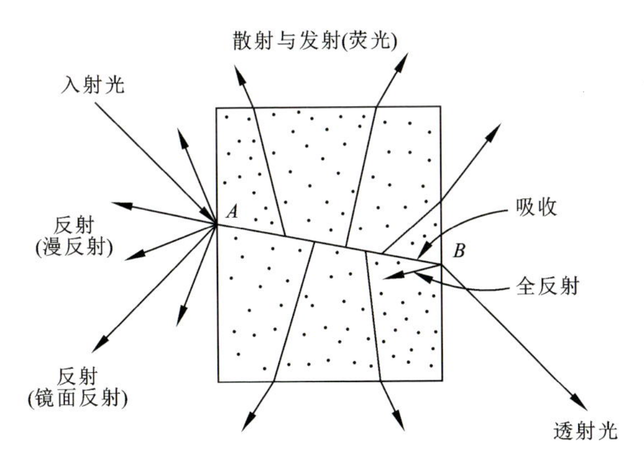

图 3－1　一束光通过部分透明(半透明)珠宝玉石时的路径

(吕新彪等，1995)

一、光的反射作用

光射到珠宝玉石表面时，一部分光被表面反射而重新回到空气中的现象，称为反射作用。当珠宝玉石表面平整光滑时，就发生镜面反射；如果珠宝玉石表面粗糙不平时，光就会发生漫反射。

二、光的透射作用

光的透射作用是指部分光在穿过珠宝玉石之后，又重新进入空气的过程。不同珠宝玉石的透射能力是不同的。珠宝玉石的透明度越高，光的透射能力就越强。另外，不同波长的光透过珠宝玉石的能力不一样，这与珠宝玉石对光的吸收特性有关。

三、光的吸收作用

珠宝玉石对光有不同程度的吸收作用，对不同波长的光的吸收程度也不同，称为选择性吸收。

（1）当入射光为全色光时，珠宝玉石吸收光的颜色与透射光的颜色互为补色。例如，当珠宝玉石吸收了红色光时，透射光就为绿色，珠宝玉石就呈绿色。

（2）当珠宝玉石对各色光吸收程度相等时，珠宝玉石就是灰色，吸收越强烈，色相越深。

（3）当珠宝玉石完全吸收所有光线时，珠宝玉石就呈黑色。

（4）当珠宝玉石对光没有吸收或吸收作用很弱时，绝大部分入射光透过了珠宝玉石或在珠宝玉石表面形成反射，宝石就接近无色透明状，玉石则呈（接近）白色。

四、光的全反射作用

当光线从珠宝玉石一面进入，到达珠宝玉石另一个界面时，如果光没有进入空气，而是被反射回珠宝玉石，这种现象称为全反射。光的全反射作用与两个因素有关，即珠宝玉石和空气的折射率之比及光线进入的临界角。全反射可以增强珠宝玉石总的反射效果，许多刻面宝石就是利用这一点来增强宝石的颜色亮度，如标准钻石。

五、光的内反射作用和散射作用

珠宝玉石内部的显微结构，如折射率不同的包裹体、裂纹面、解理面、双晶面等，使入射光在珠宝玉石内部发生反射的现象，称为内反射作用。如果显微结构使光在珠宝玉石内部发生折射，就称为散射作用。

六、光的折射作用与折射率

光线照射珠宝玉石时，光波由空气进入珠宝玉石后，会产生折射。每种珠宝玉石对光产生折射时，光与水平面产生的夹角都不一样，测定这个夹角就可以确定该珠宝玉石的折射率。不同的珠宝玉石由于组成成分及晶体结构不同，故光波在不同珠宝玉石中的传播速度也不一样，折射率也不一样。事实证明：光波在介质中的传播速度愈大，该介质的折射率愈小；反之，光波在介质中的传播速度愈小，则介质的折射率愈大。在珠宝玉石学中，珠宝玉石的折射率是反映珠宝玉石成分、晶体结构非常重要的常数之一，是珠宝玉石鉴定的重要依据(图 3－2)。

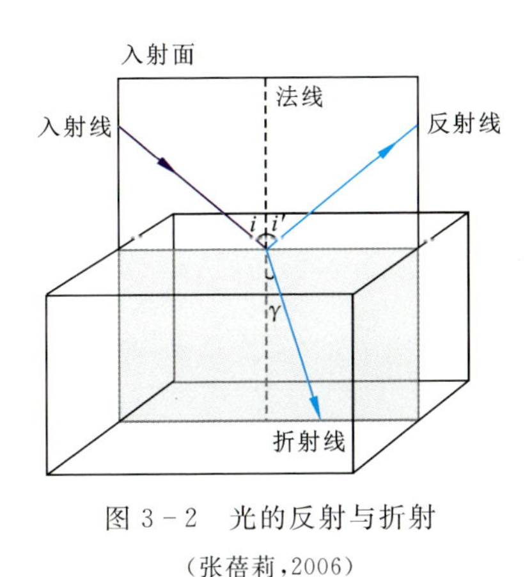

图 3－2　光的反射与折射

(张蓓莉，2006)

七、荧光

被珠宝玉石吸收的光，有的会转变成热能等能量形式，有的经一定的能量变化，又再次以光辐射的形式发射出来，如果光辐射的能量在可见光范围以内，则可被人眼看到，即为荧光，大多数荧光具有颜色。许多珠宝玉石都有荧光性质，这个特性也被作为珠宝玉石鉴定的内容之一。荧光的颜色除与入射光有关外，与珠宝玉石本身的成分也有着密切关系，如红宝石在紫外光下会发射红色荧光。

引起珠宝玉石产生颜色的因素，按能量守恒定律，入射光＝散射光＋反射光(表面反射＋内反射＋全反射)＋吸收光＋透射光。珠宝玉石的颜色是这 4 种类型光的综合视觉效果。

由于不同珠宝玉石对光的吸收、反射、散射及透射能力不同，珠宝玉石的颜色千差万别。

第二节　珠宝玉石矿物颜色的分类

珠宝玉石的颜色可以分为彩色和非彩色两大类。非彩色指白色、黑色和各种深浅不同的灰色所组成的系列，称为黑白系列。

一、无色和黑白系列

把一块珠宝玉石放在一张白纸上，如果珠宝玉石对所有波长可见光的反射比都一样，且没有光的吸收或对各波长光的吸收相同，则该珠宝玉石呈白色或灰色。总的来说：反射比在80%以上者呈白色；吸收比在80%以上者呈黑色，介于二者之间者呈灰色。

珠宝玉石对光的透射比越大，其透明度越高，若100%透射，则呈无色，如水晶和金刚石等。

现实生活中很少有纯黑、纯白、纯无色透明的珠宝玉石。珠宝玉石的非彩色变化，实际上是反射白光和透射白光的综合亮度变化。

二、彩色系列

彩色系列是指无色和黑白系列以外的各种颜色。彩色珠宝玉石的颜色具有色相、明度和彩度3个特征，也称颜色三要素。彩色珠宝的颜色及其替代律详见本书第二章。

第三节　经典矿物学的颜色成因理论

经典矿物学的颜色成因理论，将矿物颜色的成因分3类：自色、他色和假色。

一、自色

自色珠宝玉石的颜色主要由其化学成分和晶体结构特性决定。化学成分指珠宝玉石矿物所包含的化学元素，如果这些化学元素或离子带色（如Cu^{2+}带蓝色使绿松石呈蓝色），并使珠宝玉石呈现相应的色彩，这种化学元素或离子就称为致色元素或致色离子，这种颜色称为珠宝玉石自带的颜色，即自色。另外，珠宝玉石中所含的带色杂质和晶体缺陷也是产生颜色的重要因素，在本书中，也把它们归于自色的范畴。

可见，自色珠宝玉石的颜色成因比较复杂，按化学成分及晶体结构可分为以下3类。

(1)珠宝玉石矿物本身的主要化学成分中有致色离子。由于不同矿物含有不同的化学成分或致色离子，故呈现出不同的颜色。如橄榄石($MgFeSiO_4$)中的Fe^{2+}是致色离子，使它呈黄绿色(图3－3)。对于同一种类的珠宝玉石，由于所含化学成分的不同而呈现出不同颜色，如虽同属于石榴石{$A_2B_3[SiO_4]_3$}，(A代表Mg^{3+}、Ca^{2+}、Mn^{3+}和Fe^{2+}，B代表Al^{3+}、Fe^{3+}、Cr^{3+}、V^{3+}等)，钙铬石榴石因含Cr^{3+}而呈鲜绿色，铁铝榴石因含Fe^{3+}而呈红色，镁铝石榴石和锰铝石榴石也各有自己特殊的颜色(图3－4)。又如孔雀石{$Cu_2(CO_3)(OH)_2$}及绿松石{$CuAl_6(PO_4)_4(OH)_8·4H_2O$}都是因含铜而呈现蓝色—蓝绿色(图3－5、图3－6)。

图3－3　橄榄石刻面

(张蓓莉，2006)

图3－4　不同颜色的石榴石

(张蓓莉，2006)

图3－5　孔雀石剖面环纹

(张蓓莉，2006)

图3－6　绿松石素面制品

(张蓓莉，2006)

(2)珠宝玉石中微量致色杂质元素引起珠宝玉石呈色。这类自色珠宝玉石中的杂质元素是其主要致色元素。这些致色元素主要有8种：钛、钒、铬、锰、铁、钴、镍、铜，属于《元素周期表》中第四周期的过渡金属元素，其共同点是：①价电子依次充填在次外层的 d 轨道中，因此这些元素也称为 D 区元素；②次外层电子的 d 轨道和最外层的 s 轨道相连，且 d 轨道还未达到稳定的结构，这就使 s 电子和 d 轨道电子都可以部分或全部参加成键，从而出现了此类过渡金属的一系列可变氧化数；③不同价态的离子都有颜色，珠宝玉石的人工改色有相当大一部分是通过改变这 8 种元素的价态，从而使珠宝玉石的颜色发生改变。

随着科学技术的发展，人们发现，除常见的 8 种元素可对珠宝玉石着色以外，痕量的稀土元素对珠宝玉石颜色的影响也很大。并且由于稀土元素能使珠宝玉石所呈现的颜色更为鲜艳，该类元素被广泛地应用在人工合成珠宝玉石中，如合成彩色立方氧化锆和稀土硅酸盐玻璃（珠宝市场上俗称“高折射稀土玻璃”或简称“稀土玻璃”）等。

（3）色心呈色。色心实际上是一种珠宝玉石晶体缺陷，可引起珠宝玉石呈色。托帕石的黄色、蓝色，水晶的紫色、蓝色、烟灰色，金刚石的绿色，某些蓝宝石中的黄色，碧玺中的某些彩色等都是由不同色心引起的。

上述 3 类自色珠宝玉石的颜色都是由珠宝玉石本身所固有的性质（化学成分和晶体结构）所决定的，因此，颜色相对比较稳定，且有一定的鉴定意义。特别是前两类自色珠宝玉石，在通常条件下，其颜色不会随时间发生变化，所以在珠宝玉石鉴定中常利用这一点。

二、他色

由珠宝玉石矿物中的内含物，包括杂质（如机械混入物）或包裹体，引起的珠宝玉石呈色称为他色。例如，铁（Fe）、钛（Ti）、锰（Mn）等杂质的机械混入可使托帕石产生红色、粉红色、天蓝色等；长石中混入赤铁矿矿石薄片时可形成日光石（图 3－7）。

微细矿物包裹体和气-液包裹体也可使珠宝玉石呈色。如本来无色透明的水晶混入绿泥石包裹体可形成“绿幽灵”，混入金红石包裹体后呈金黄色、褐色—褐红色（图 3－8）。

珠宝玉石的他色并不能反映珠宝玉石的本质，故一般不能作为鉴定珠宝玉石的依据。通过染色方法而改变颜色的珠宝玉石，基本上也属于他色珠宝玉石。

三、假色

有些珠宝玉石的颜色既不是所含致色化学元素或致色离子形成的自色，也不是由于外来机械混入物、包裹体或晶格缺陷等导致的，而是由于某些几何光学和物理光学原因造成的，我们称之为假色。比较典型的有钻石的火彩、欧泊的变

图 3-7　日光石戒面

（张蓓莉，2006）

图 3-8　水晶中的褐红色金红石包裹体

彩、月光效应、金星效应、星光效应、猫眼效应、拉长石变彩、珍珠晕彩等。这些现象都是由于珠宝玉石对光线的反射、折射以及光的衍射、干涉等产生的，并不是珠宝玉石本身的颜色。

1. 色散与珠宝玉石的火彩

前面已经提到，当光线从空气向珠宝玉石传播时，光速会发生变化，珠宝玉石的密度比空气的大，所以，光在珠宝玉石中的传播速度比空气中的慢，光线在珠宝玉石中就会发生折射。不同珠宝玉石的密度不同，光在其中的折射程度也不同，所以，不同性质的珠宝玉石有不同的折射率。而对同种珠宝玉石来说，不同单色光通过珠宝玉石时产生的折射率也不同。我们把由于折射率不同，使单色光发生偏转分离的现象称为色散。在珠宝玉石学中，常用紫色光和红色光的折射率之差来表示色散值。不同的珠宝玉石的色散值不一样，如金刚石的色散值为 0.044，红宝石的色散值为 0.018。通常，珠宝玉石的折射率越大，其色散值也越大。

透明无色的宝石在被打磨成刻面型宝石时，实际上就相当于形成了多面棱镜。由于面的分割作用及从不同面上透射出来的色光不同（图 3-9），无色宝石好像变成了闪耀彩光的宝石，这样的彩光俗称"火彩"，宝石产生火彩现象俗称"出火"。宝石的色散值越大，越易产生火彩。色散大的宝石，如果刻面款式的面角比例打磨适当，可出现强火彩，如钻石、锆石、尖晶石等。

2. 散射与珠宝玉石的星彩

当阳光透过窗户射入室内时，可以看见一道道光柱。仔细观察，可以看到在光柱中存在无数做不规则运动的尘埃颗粒，尘埃越密，光柱越明显，通常这种现象被称为"散射"，散射后的光称为散射光。

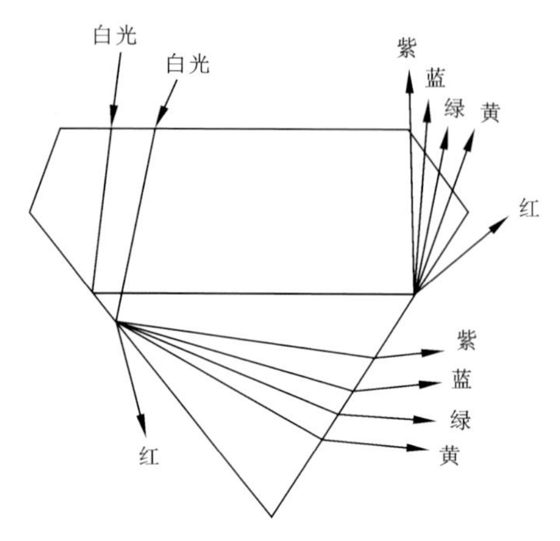

图 3－9　珠宝玉石的色散

英国科学家通过实验证明：微粒所产生的散射强度与波长有关，蓝光（波长短）的散射强度比红光（波长长）的要强得多。一般来说，若散射粒子的粒径在1～300nm之间，粒子都可以发生很好的蓝色—紫色散射，散射后的透射光会减弱，即部分光线被吸收，称为消光；被吸收的部分（蓝光—紫光）从其他方向被散射出来。

如果散射粒子的粒径大小接近或大于光波波长（400～700nm），此时所产生的散射称为米氏散射。米氏散射强度与波长的相关性不大，在大多数情况下，散射光呈白色，如一般不透明的白色石英。只有当散射粒子大小在 $\lambda \sim 2\lambda$（λ 为可见光波长）之间，且粒子大小分布均匀、呈圆球形时，散射光才呈现出各种颜色，主要是红色和绿色。目前这种结构的珠宝玉石很少见，黄色或米黄色月光石可能具有此结构。

（1）散射与月光效应。微细的固溶体结构、微包裹体（气液包裹体或固体包裹体）结构或均匀分布于珠宝玉石结构中的点缺陷（杂质原子、粒子、空穴）及晶体位错、孔隙等，都可以使珠宝玉石产生散射现象。当各种散射粒子（或缺陷）的大小小于 300nm（处于紫外区）时，就可以产生蓝色或青色散射光，散射光的强度与散射粒子的密度及散射层的厚度有关。比较典型具有这种散射特征的珠宝玉石就是优质月光石，其散射光呈蓝色，散射粒子为超微细的长石固溶体。当把月光石打磨成圆的“馒头”状时，由于聚光作用，蓝色散射光可以集中于宝石顶部的一小片区域内，并形成极强的蓝色散射光，称为月光效应（图 3－10）。

如果散射粒子的粒径大小大于 700nm（处于红外区），则产生白色米氏散射。具有这种散射粒子的月光石（“馒头”状）也可以产生明亮的乳光，如有些芙蓉石、刚玉、尖晶石、蛋白石等。但它们的月光效应比优质月光石的要差很多。

图 3-10 优质月光石
(张蓓莉,2006)

月光石一般是碱性长石,是由富钾和富钠的长石交替平行层形成的一种集合体。月光石的层间厚度通常为 50～1000nm,较薄的层可以发生散射现象。斜长石也可以形成同样的散射光,称为冰长石效应。

(2)散射与猫眼效应、星光效应。珠宝玉石中的猫眼效应和星光效应实际上都是米氏散射的结果,只是散射粒子不像月光石中的那样呈均匀随机分布着,而是按一定方向有规律地分布着,且散射粒子多为较大的针状包裹体(粒径大小≥1μm)。当散射粒子沿一个方向排列时,散射光经打磨成弧面形的珠宝玉石聚光而形成窄亮的猫眼光,有此种现象的珠宝玉石种类很多,如金绿猫眼(图 3-11)、碧玺猫眼、绿柱石猫眼、石英猫眼、磷灰石猫眼、透辉石猫眼等。当散射粒子沿两个方向(垂直)分布时,就形成 4 道星光或叫十字星光,如星光辉石、星光绿帘石等;当散射粒子沿 3 个方向排列(夹角为 120°),则可形成 6 道星光,最典型的是星光红宝石和星光蓝宝石(图 3-12)。

图 3-11 金绿猫眼宝石

图 3-12 斯里兰卡星光蓝宝石

不论是猫眼效应,还是星光效应,它们的散射粒子大多为针状或管状包裹体(有气-液包裹体,也有固体包裹体)。如碧玺猫眼的散射粒子是针管状气-液包裹体,而星光红宝石和星光蓝宝石的散射粒子是很细的金红石(TiO_2)针状固体包裹体或 Al_2TiO_3 固熔体。

3. 光的干涉、衍射与珠宝玉石的变彩、晕彩

(1)光的干涉(非光谱色)。指波长相同、传播方向一致的两束光在相遇时所产生的一种明暗相间的干涉条纹现象。如果两束单色光沿同一光路传播,当它们有完全同步的波峰时,就会产生光波相长,波振幅增加 1 倍,这个过程称为相长增强,产生亮光[图 3-13(a)];如果两束光波不同步,其波相位正好相差半个

波长，则会出现光波相消，波的振幅为 0，亮度衰暗，这个过程称为相消删除[图 3－13(b)]。由此，便产生明暗相间的条纹现象。

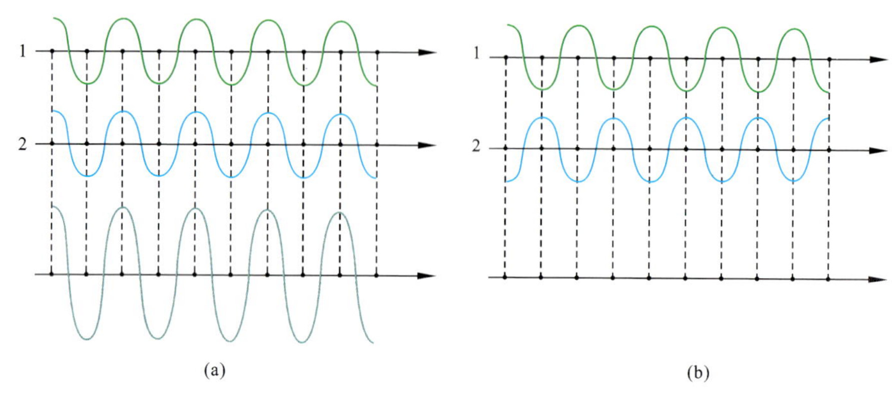

图 3－13　光波相长(a)和光波相消(b)示意图

(张蓓莉，2006)

(2)变彩效应。是由于光的干涉而产生的，如变彩拉长石是由拉长石的聚片双晶引起的。两种在成分上略有差异的类质同象系列的长石(钾长石和钠长石)在低温下发生不混熔而形成的。每种长石单晶片的厚度很薄，接近光波波长。同时，两种长石相间排列时，造成折射率的变化，使部分光在双晶面上选择性地反射，从而产生干涉现象(图 3－14)。

(3)晕彩效应。由于珠宝玉石中的裂纹、解理或裂纹中充填了空气或水分，构成一种类似于石英楔的结构，而石英楔的厚度在一定方向上具有大小的变化，因此产生干涉条纹(彩虹)。这种现象有时也可以用于判断裂纹、解理面和裂理面的存在。加热后快速冷却珠宝玉石时产生的裂隙常会引起干涉现象，产生干涉色，如炸裂石英。

珍珠的晕彩与碳酸钙的两种同质异构体(文石和方解石)呈同心层状交替叠加有关，入射光在交替层间表面被反射，反射光与入射光干涉而产生漂亮的干涉色，即珍珠光泽。

(4)光的衍射。衍射是干涉的一种特殊类型，当光线通过极小的孔(孔径＜10^{-4}m)后，出现一系列明暗条纹(单色光源)或彩色条纹(白光光源)，条纹的边缘没有明显的边界，这就是光的衍射现象。如果衍射光不是一条，而是许多条(每厘米上万条)，那么就会形成光栅衍射，形成光栅光谱(光谱色)衍射。衍射效应是散射与干涉共同作用的结果。白光经排列规则的光栅衍射时可形成连续光谱。

(5)欧泊变彩。欧泊由硅质球粒组成，球粒大小均匀，通常成立方紧密堆积。

衍射现象形成于球粒之间的空隙。球粒的大小、定向方式及空隙大小的不同，会产生不同的色彩，形成漂亮的彩斑(图3-15)。在一个斑点小区域里，欧泊是由一种大小相等的微球粒呈层状有规则排列而成的。这些微球体构成了三维光栅，光线在通过这些光栅后，发生干涉而产生变彩。

图3-14 拉长石的变彩
(张蓓莉，2006)

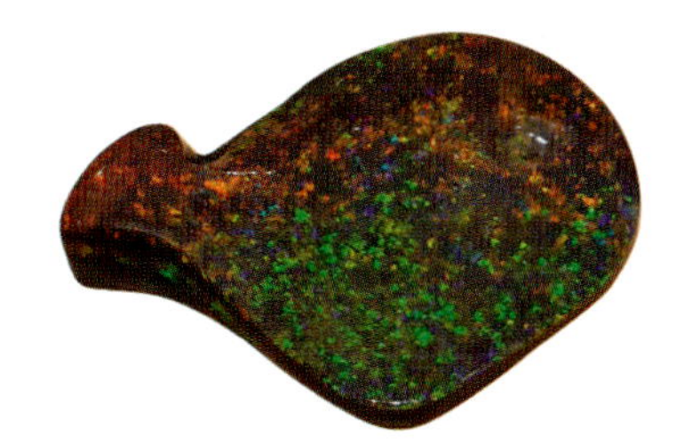

图3-15 澳大利亚黑欧泊原石

微球体的直径D不同时，第一级反射的光波波长则不同：当$D<138$nm时，只有紫外辐射被衍射；当$D=138$nm时，紫色出现于第一级反射中；当$D=241$nm时，出现一级红色到一级紫色的各种颜色，这是质量最好、变彩最丰富的欧泊；当$D>333$nm时，衍射仅限于红外光，此时欧泊不出现变彩。因此，当D在138～333nm之间时，会出现不同颜色的变化。当微球体大小不等或分布杂乱时，就会出现白色的米氏散射而无变彩现象。天然欧泊通常是不同大小颗粒的集合体，每种颗粒由许多球粒组成一个三维光栅，因此在一个欧泊抛光面上，可以看到一些由小片颜色区组成的彩图。

第四节 现代矿物学的颜色成因理论

一、珠宝玉石的现代矿物结构理论

1. 原子结构理论

珠宝玉石矿物大部分由两种以上的原子(元素)组成。现代物质结构理论证明，原子并不是组成物质的最小单元，原子由原子核和核外电子组成(图3-16)，原子的直径约为10^{-8}cm，电子的直径约为10^{-13}cm，原子核的直径约为10^{-14}～10^{-12}cm。原子核带正电荷，电子带负电荷，每个电子的质量很小，只有氢原子质量的1/1840，原子的质量主要集中在原子核上，而电子则绕着原子核不停地运转。整个原子在电性上是中和的，原子核的正电荷数等于核外电子的个数，原子核的正电荷数恰好等于该元素在周期表中的原子序数。原子核结构如图 3-16 所示。

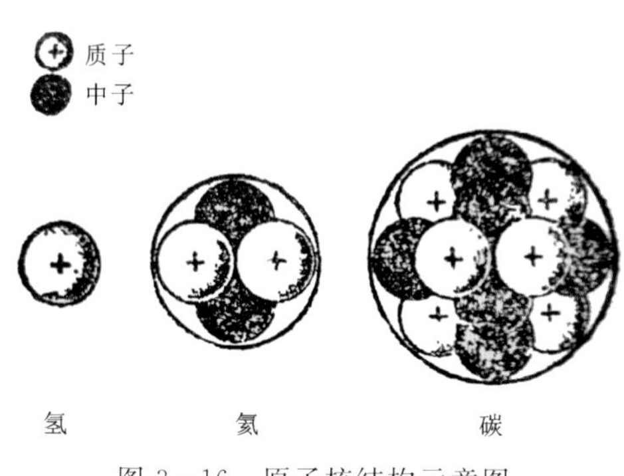

图 3-16 原子核结构示意图

1913 年，玻尔(N. Bohr)发表了原子结构理论，指出：原子中的电子在一定轨道上绕着原子核运转，电子是处在一定的能级上的(图 3-17)，电子轨道离原子核的远近不同，电子所处的能级高低就不同(图 3-18)。进一步的研究指出：电子所处的能级不仅与轨道离原子核的远近有关，而且还与轨道在空间的形状、轨道在空间的方向以及电子的自旋有关。

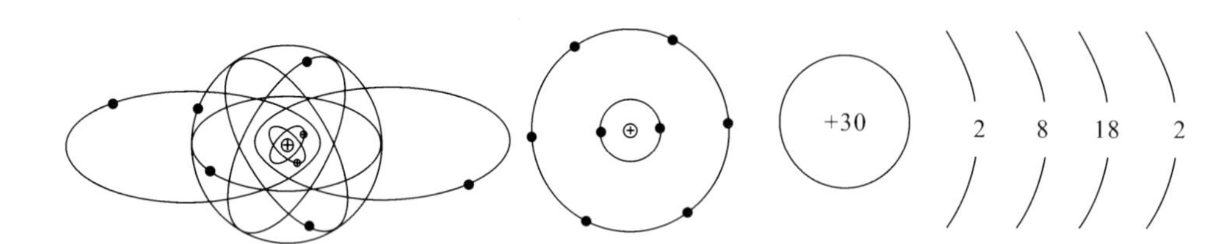

图 3-17 氧原子结构的两种表示方法　　图 3-18 锌原子结构的表示方法

电子不仅具有粒子性，而且具有波动性。

量子力学认为，对于一个高速运动着的微粒，我们不可能精确地知道它在某一瞬间处于空间的哪个点，只能考虑它在空间某个点出现的概率。在量子力学中，"轨道"的概念是：电子出现在原子核周围某个区域的概率，这种轨道叫"量子轨道"，且在玻尔轨道(传统观念上的轨道)半径处，电子出现的概率最大。

2. 量子力学对原子结构的解释

量子力学描述原子内电子的运动状态，常用到 4 种量子数：主量子数(n)、副量子数(l)、磁量子数(m)、自旋量子数(s)。

(1)主量子数(n)：用来描述电子出现概率最大处距原子核的远近，它和副量子数共同确定电子所处的能级。主量子数 n 越大，电子所处的能级越高($n=1,2,3,4\cdots\cdots$；n 为正整数)。习惯上用电子层(主层)的 K、L、M、N、$O\cdots\cdots$等表示。

(2)副量子数(l)：用来描述电子云的形状(相当于轨道的形状)或电子云伸展的程度。具有相同主量子数的电子，如果其副量子数相同，即电子云的形状相同，则电子具有相同的能级；若其副量子数不同，即电子云的形状不同，电子的能级就有差别。副量子数(l)的值为 0 到($n-1$)，l 有多少个能级，就表示电子云的形状有多少种类型。如 $n=2$，则 l 从 0 到(2－1)共有 0、1 两个值。

(3)磁量子数(m)：用来描述电子云在空间伸展的方向。由于它可以解释光谱在磁场中的分裂现象，故称为磁量子数，其数值由 l 决定，可在($-l$，$+l$)内变化，即 m 可有($2l+1$)个值，或者说电子云可沿空间($2l+1$)个不同的方向伸展。

(4)自旋量子数(s)：用来描述电子的自旋。自旋只有两种情况：顺时针旋转和逆时针旋转，分别以 $s=1/2$ 和 $s=-1/2$ 来表述。

对于一个电子在原子内的运动状态，必须用上述 4 个量子数来描述，它们既描述了电子的运动状态，又描述了电子所处的能级。

3. 原子核外电子的排列分布规律

原子核外电子主要按照以下 4 种原则排列分布。

(1)最低能量原则：电子在原子内处于最低能级时最稳定。电子总是最先排列分布在能级最低的轨道上，排满后，才依次进入能级较高的一层。

(2)鲍里不相容原理：每条轨道上最多只能排列两个自旋方向相反的电子。

(3)洪特规则：在主量子数(n)相同、副量子数(l)也相同的时候，电子的排列分布将尽可能占据不同的轨道而且自旋平行。即每个轨道都被单电子(未成对)占据以后，其余电子才充填别的轨道，并在进入新轨道时按自旋相反的方向排列分布，使电子配对。

(4)对 d 轨道和 f 轨道来说，当达到全充满或半充满(或接近全充满或半充满)时原子的能量较低。

根据这些原则，人们发现了电子的排列分布具有周期性重复的特点，并且这个特点引起了元素化学性质的周期性变化。

综上所述，可以总结出如下规律：

(1)原子核的核电荷越多、半径越小，原子核对电子的吸引力越强，则原子越不容易失去电子。

(2)原子的最外层电子数越少,则原子越容易失去电子;原子的最外层电子数越多(非金属最外层电子数常多于4个),则原子越难失去电子且越容易得到电子。

(3)由于内层电子对外层电子的排斥,所以内层电子的存在减弱了原子核对外层电子的吸引力,因此,随着原子内电子层数的增加,最外层的电子越容易失去。

4. 珠宝玉石矿物的颜色

(1)若能让可见光(波长400~700nm)全部通过,则该珠宝玉石呈无色透明状。

(2)若能很好地反射可见光中的一切光,则该珠宝玉石呈白色。

(3)若完全吸收可见光中的一切光,则该珠宝玉石呈黑色。

(4)若吸收可见光中的一部分,使电子从基态跳到激发态,只要基态和激发态的能量差等于可见光的能量,该珠宝玉石就有颜色,所呈现的颜色为被吸收光颜色的补色。若基态与激发态的能量差大于可见光能量的上限,或小于可见光能量的下限,则珠宝玉石不显色。

(5)含有成对电子的离子,即外层电子数为8个、18个、(18+2)个时,都没有颜色。具有不规则外层的离子,如Fe^{2+}、Co^{2+}、Ni^{2+}、Mn^{2+}、Cr^{2+}、镧系元素和锕系元素的离子,因含有未成对的d轨道电子或f轨道电子,而激发这些未成对的电子时需要的能量较小,所吸收的波长在可见光范围内,故致色。

二、晶体场理论与珠宝玉石的颜色

1. 晶体场理论与过渡金属离子

晶体场理论研究过渡金属离子在晶体结构中由于受到周围的配位离子电场的影响,发生电子轨道能量和电子排列分布的变化,利用晶体场理论可说明过渡金属离子在受外界能量(光波能量)激发时所产生的光谱学变化,从而解释珠宝玉石颜色形成机理的理论。

晶体场理论把过渡金属离子当作中心阳离子,其周围的阴离子或络阴离子(统称为配位体)当作负电荷。配位体对中心阳离子的作用主要取决于配位体的类型、空间位置和对称性,作用的本质是静电场的静电力场。

晶体场理论认为配位体产生静电场。在晶体结构中,中心阳离子周围的配位体产生一个称为静电场的静电力场。这种晶体场对未充满的d轨道发生排斥作用,且对不同方位的d轨道的排斥效应不同,导致轨道围绕能级中心(对称中心)发生能级分裂。能级产生分裂后,基态电子可以在获得很少的能量后,向高能级上跃迁,从而使珠宝玉石呈现颜色。d轨道能级分裂的性质和程度取决于配位体的结构、类型和对称性。

中心阳离子能与多少个配位体相结合是有一定规律的，与中心阳离子相结合配位体的数目叫作配位数。影响配位数的因素很多，如离子的电荷、离子间的相互作用、温度以及离子半径的相对大小等。在这些因素中，离子半径的相对大小起主要作用。阳、阴离子半径比(r^+/r^-)越大，配位数越大；反之，配位数越小。

中心阳离子为过渡元素时，其 d 轨道共有 5 种：d_{xy}、d_{yz}、d_{xz-yz}、d_{xz}和$d_z{}^2$。它们为自由离子状态时，虽然空间分布不同，但能量是相同的，在配位体电场的作用下，d 轨道会分裂成两组或两组以上的轨道。d 轨道分裂以后最高能级和最低能级的能量之差称为分离能，分离能越大，晶体越稳定。不同构型的配位体电场产生的分离能是不同的，它们的分离能强弱顺序：正方体场＞八面体场＞四面体场。八面体配位体中，配位体和过渡金属离子 d 轨道的方位参见图 3－19。此外，中心阳离子的电荷越高，分离能越大；中心阳离子的半径越大，d 轨道距原子核越远，越容易在外电场的作用下改变能量，所以分离能也越大。

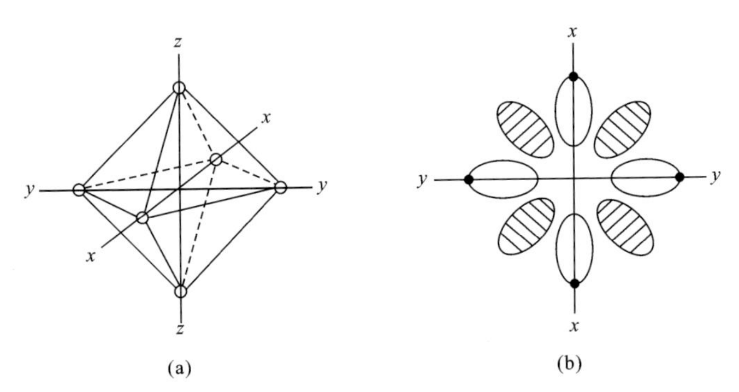

图 3－19　八面体配位体中，配位体和过渡金属离子 d 轨道的方位

(a)配位体方位；(b)八面体配位晶体场的 $x-y$ 平面

(过渡金属离子的 d_{xy} 轨道和 d_{xz-yz} 轨道分别以带斜线的椭圆和空白的椭圆表示，配位体以黑点表示)

(吕新彪等，1995)

珠宝玉石矿物含有过渡金属离子时，由于 d 轨道电子在配位体电场的作用下发生分裂，而 d 轨道电子又没有完全充满，此时 d 轨道电子可以在基态和激发态轨道之间跃迁，称为 $d-d$ 跃迁。这种跃迁的条件是：只有当光线中某些能量接近或等于晶体分裂能时，d 轨道电子才能吸收光线中这部分能量，并跃迁到相应的激发能级轨道，假如被吸收的能量不在可见光范围内，则与颜色无关；如果能级分裂，激发的能量在可见光范围内，那么，d 轨道电子吸收能量后，未被吸收的光线能量就决定了珠宝玉石呈现的颜色，即被吸收能量所代表颜色的补色。

如 Ti^{3+} 离子的分裂能为 20 400cm^{-1}（约合 2.5eV，黄光），吸收了这部分能量后，透过的是紫色和红色区的光，因此含 Ti^{3+} 离子珠宝玉石呈紫红色的。d 轨道电子在立方体、四面体和八面体中能级裂变的状况参见图 3－20，由于能级裂变在不同的结构中有所不同，若跃迁能级处于可见光范围内，就会使珠宝玉石呈现相应的颜色的补色。

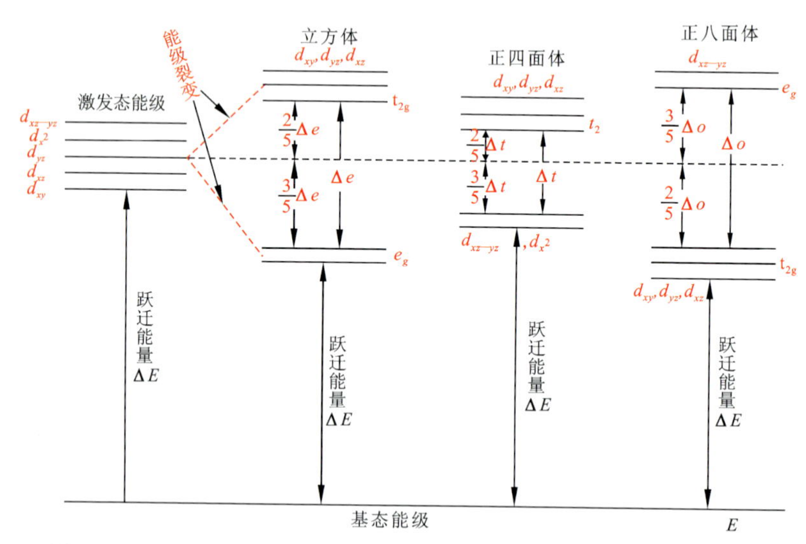

图 3－20 激发态 d 轨道电子在不同结构中能级分裂及分裂能的示意图

（E 为基态能级；t 和 e 为分裂后的能级；Δe 和 Δt 为分离能）

2. 过渡金属离子致色特征及典型珠宝玉石的致色机理

1）过渡金属离子致色特征

（1）珠宝玉石的颜色与着色离子是否含有 d 或 f 轨道的未成对电子有关。

（2）不同着色离子在同种珠宝玉石材料中可呈现不同颜色，这是因为不同的着色离子作为中心阳离子时，具有不同的分裂能，不同的分裂能使珠宝玉石吸收不同波长的能量，从而呈现不同的颜色。

（3）元素相同、价态不同的着色离子，在同种珠宝玉石材料中，常呈现出不同的颜色，这是因为中心阳离子的电荷不同，d 轨道电子跃迁所需要的能量不同，所以吸收的光波不同，产生的颜色也不同。由此可见，改变珠宝玉石中着色离子的价态，可以引起珠宝玉石颜色的变化，这是珠宝玉石改色的原理之一。

（4）元素和价态都相同的着色离子，处于不同构型中，常使珠宝玉石呈现出不同的颜色。这是因为不同构型配位体的静电场不同，d 轨道电子的分裂能也就不一样。吸收的光波不同，颜色也就不同。如Co^{2+}，在四面体构型的尖晶石中，使尖晶石呈现特征的钴蓝色，而在八面体构型的方解石中，使方解石呈现出粉红色；Fe^{2+}，在八面体构型的橄榄石中，使橄榄石呈现出特征的橄榄绿色，而在畸变立方体构型的铁铝榴石中，使铁铝榴石呈现红色。

(5)价态和配位体构型相同的同种着色离子，相邻的配位原子不同，使珠宝玉石呈现出的颜色也不同。如同处于四面体构型中的Co^{2+}，在尖晶石中与氧相连使尖晶石呈现出蓝色，而在闪锌矿中，与硫相连使闪锌矿呈现出绿色。

(6)价态和配位体构型及相邻原子均相同的同种着色离子，不同的珠宝玉石仍可能呈现出不同的颜色。这是由于不同珠宝玉石的不同化学成分引起配位体构型的畸变，使中心阳离子与配位体化学键的性质发生变化，改变了d轨道电子的跃迁能，形成不同的颜色。如Cr^{3+}，能使红宝石呈现红色，使祖母绿呈现绿色，使变石出现可变化的颜色。

2)典型珠宝玉石的致色机理

(1)红宝石的致色机理。在纯刚玉的晶体结构中，中心阳离子Al^{3+}与6个O^{2-}(配位体)构成八面体配位体。对于Al^{3+}而言，它的d轨道为全空状态，要使其内层电子受激发且跃迁到高能级轨道，需要远远大于可见光辐射能的能量，也就是说可见光不可能使Al^{3+}发生电子跃迁，因此，纯刚玉(Al_2O_3)不吸收可见光，通常呈无色透明状。

Cr^{3+}的离子半径为0.12nm，而Al^{3+}的为0.11nm，十分相近，且它们的电价一样，因而，在天然刚玉中，Cr^{3+}常以类质同象的形式置换部分的Al^{3+}，占据Al^{3+}的配位位置。此时，Cr^{3+}受晶体场作用使Cr^{3+}的d轨道发生能级分裂，形成多个能级(图3－21)。晶体场的强度为2.23eV，所形成的d轨道能级为$^4A_2$、^2E、$^4T_2$和$^4T_1$，其中$^4A_2$为基态能级，把它的能量作为零值，图3－23(a)中的竖虚线表示晶体场的强度，将d轨道分裂成2.2eV的$^4T_2$和3.0eV的$^4T_1$。当白光通过一块红宝石时，就出现了两种吸收机理：①d轨道电子吸收能量为2.2eV的光波(对应黄绿色)，并从基态跃迁到$^4T_2$这个能级(18 000～16 000cm^{-1})，这种光波相当于光谱的黄绿色部分；②d轨道电子吸收能量为3.0eV的光波(对应紫色)，从基态跃迁到$^4T_1$这个能级(26 000～22 000cm^{-1})。这两种吸收光谱带有一定宽度，且有相当程度的叠加，从而使全部紫光和大部分蓝光被吸收，只透过少量蓝光[图3－21(c)]，而能量小于2eV的红光基本上未被吸收，使红宝石呈现鲜艳的红色，少量透射的蓝色使红宝石呈现微弱的紫色色相。

红宝石中，Cr^{3+}的d轨道电子在吸收光波的能量而处于激发态($^4T_2$和$^4T_1$)的同时，又会立即从激发态返回基态，并释放能量。然而，$^4T_2$和$^4T_1$直接返回基态是禁戒的，d轨道电子只能先返回到^2E(中间能级)，并将释放的能量转化为热能使红宝石内部产生微热。从$^4T_1$返回到^2E态，电子释放出1.2eV热能（^2E为1.8eV）；从$^4T_2$返回到^2E，释放出0.4eV热能；d轨道电子从^2E返回$^4A_2$时，释放能量1.79eV，并转变为能量相当的红光（以荧光的形式出现），红色荧光可增加红宝石的饱和度和明度。

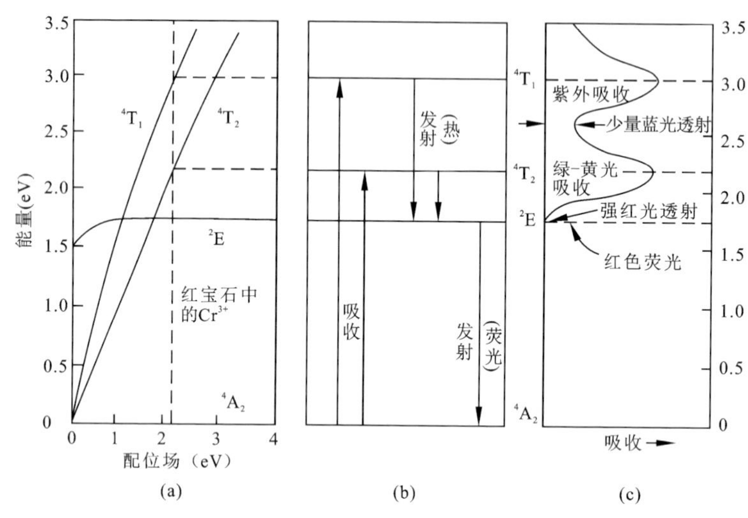

图3-21 红宝石扭曲八面体配位场中Cr^{3+}的吸收光谱

（K. Nassua，1983）

(a)红宝石中Cr^{3+}的光谱项；(b)红宝石中的能级与跃迁；(c)红宝石的吸收光谱与荧光

（2）祖母绿的致色机理。祖母绿是含微量杂质致色离子Cr^{3+}的绿柱石。纯净绿柱石的化学式为$Be_3Al_2[Si_6O_{18}]$，其中心阳离子有两个（Be^{2+}，配位数为4；Al^{3+}，配位数为6），配位体是O—Si—O基团。由Al^{3+}构成的八面体配位场与Al_2O_3不同，一个原因是配位体O－Si－O的晶体场强度比O^{2-}的弱，另一个原因是受到由Be^{2+}构成配位四面体的影响，所以，祖母绿的八面体配位场强度比红宝石中的八面体配位场强度要弱（图3-22）。

当Cr^{3+}以类质同象置换绿柱石中的Al^{3+}时（Cr_2O_3在绿柱石中的含量为0.6%左右），Cr^{3+}的d轨道在八面体晶体场作用下发生能级分裂，也形成了4个能级（图3-22），分别为$^4A_2$、^2E、$^4T_2$和$^4T_1$，由于晶体场强度为2.05eV，所以各能级都比红宝石低，d轨道电子的吸收光谱带稍有下移，两个吸收带分别为紫色光吸收和黄-红色光吸收，两者的叠加较少，从而使蓝-绿色光的透光量较大，少量被吸收，强红光也被吸收，结果形成了祖母绿特有的绿色。当d轨道电子先跳到^2E，又从^2E跳到基态时仍释放1.79eV的红色荧光，与红宝石的红色荧光强

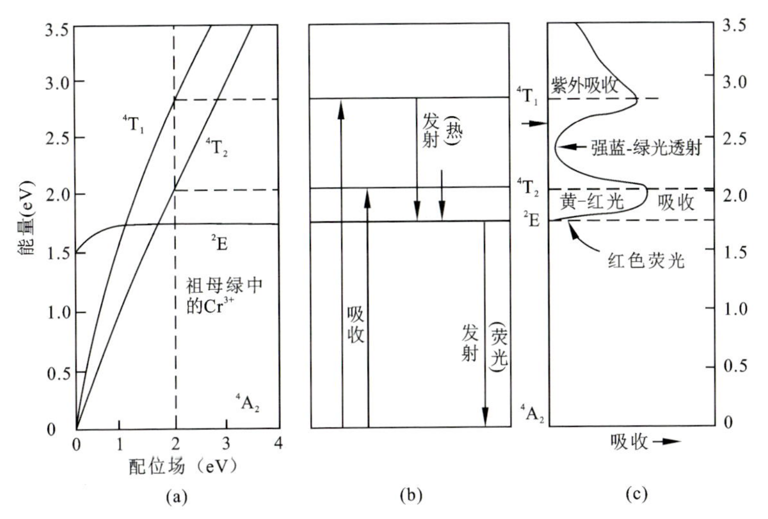

图 3-22 祖母绿畸变八面体配位场中 Cr^{3+} 的吸收光谱

（K. Nassau，1983）

(a)祖母绿中 Cr^{3+} 的光谱项；(b)祖母绿中的能级与跃迁；(c)祖母绿的吸收光谱与荧光

度相差无几。

由此可见，晶体场作用强度的变化，可以使 Cr^{3+} 的 d 轨道能量分裂成不同的能级，由此引起 d 轨道电子吸收的可见光能量不同，使珠宝玉石呈现完全不同的颜色。

三、分子轨道理论与珠宝玉石的颜色

分子轨道理论认为，原子形成分子后，电子不再像晶体场理论提出的那样仍属于原来的原子轨道，而在一定的分子轨道中运动；价电子不再定域在个别原子之内而是在整个分子中运动，其运动规律也服从鲍里不相容原理、最低能量原理和洪特规则等基本原理，在分子轨道中的电子可以配对，也可以不配对。

这种电子归整个分子共有的分子轨道理论，也可以看作是电子从一个原子轨道上跃迁到另一个原子轨道上去，称为电荷转移。这种电荷转移在吸收光谱上出现相应的强吸收带，如果在可见光范围内，就可使珠宝玉石呈现颜色。一般情况下，电荷转移对光的吸收强于晶体场使离子本身跃迁所产生的光吸收，所以产生的颜色比较鲜艳。

电荷转移可以发生在 3 种情况下：金属-金属的电荷转移、非金属-金属的电荷转移、非金属-非金属的电荷转移。

1. 金属-金属的电荷转移

在珠宝玉石晶体结构中，分属于相邻配位多面体的阳离子之间可以产生相互作用，它们各自的分子轨道在一定的方向上可以发生重叠，相邻阳离子之间的距离越近，它们的分子轨道重叠得越多，越有利于两个阳离子的电荷转移，即电子从一个阳离子的分子轨道跃迁到另一个阳离子的分子轨道上。

当两个阳离子之间发生 d 轨道电子跃迁（电荷转移）时，会产生光谱吸收带，从而使珠宝玉石呈现颜色。换句话说，光波照射到珠宝玉石上时，某个阳离子的电子吸收一部分能量后会跃迁到另一个离子的电子轨道上去。吸收掉的能量代表一定的颜色，珠宝玉石会呈现其补色。

举例：蓝宝石的电荷转移呈色。蓝宝石在刚玉（Al_2O_3）的晶体结构中，Fe 与 Ti 两种元素以类质同象的方式部分置换了 Al^{3+}，铁元素可能是 Fe^{2+} 或 Fe^{3+}，而 Ti 呈 Ti^{4+} 态。如果 Fe^{2+} 与 Ti^{4+} 同时分别存在于相邻的八面体中，则它们之间可以发生电荷转移，并且由于 Fe^{2+} 和 Ti^{4+} 所在八面体的连接方式不同，蓝宝石会出现二色性。

（1）两个八面体以面相连接（共一个面），Fe^{2+} 与 Ti^{4+} 的离子间距为 0.265nm（图 3-23），两者的分子轨道沿晶格 c 轴方向重叠，Fe^{2+} 的电子可以吸收一定光辐射能量而跃迁到 Ti^{4+} 的分子轨道（d 轨道）上，使 Ti^{4+} 变成 Ti^{3+}，伴随的光谱吸收能为 2.11eV（即激发 Fe^{2+} 的电子跃迁到 Ti^{4+} 轨道上的能量为 2.11eV），参见图 3-24。由此形成的光谱吸收带的中心位于 588nm（黄色光），即 588nm（黄色光）被全部吸收，其结果是刚玉在 c 轴方向只透过蓝色光，其余颜色的光被吸收（适用于垂直 c 轴的偏振光）。

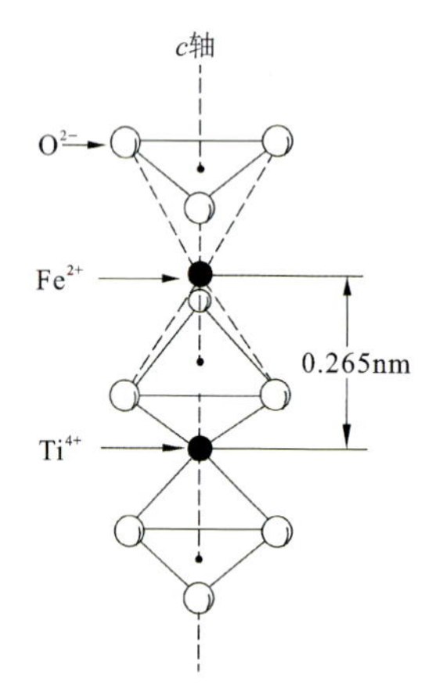

图 3-23　在蓝宝石中，含有 Fe^{2+} 与 Ti^{4+} 的两个相邻的八面体格点

（K. Nassau，1983）

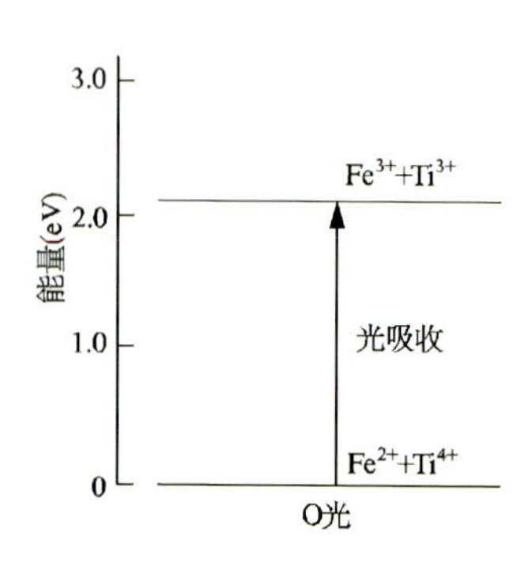

图 3-24　在蓝宝石中，从基态到激发态的跃迁

（K. Nassau，1983）

(2)两个八面体在垂直于 c 轴方向上以棱相连接，此时两离子的距离较大(0.297nm)分子轨道的叠加程度小，其光谱吸收带中心位于 620nm(红色)，刚玉呈现其补色——蓝绿色(适用于平行 c 轴的偏振光)。

由此可见，珠宝玉石的多色性是由两个阳离子所在的配位体以不同方式连接造成的，有两种连接方式则出现二色性，有三种连接方式(面、棱、顶)则出现三色性。原理是以不同方式相连的相邻阳离子，其间距不同，所以，分子轨道重叠的大小不同，所需的激发能也不同。

2. 非金属-金属的电荷转移

在珠宝玉石矿物中，非金属-金属的电荷转移最常见的是发生在 O^{2-}-金属离子之间，如 $O^{2-}-Fe^{3+}$、$O^{2-}-Cr^{6+}$、$O^{2-}-Mn^{6+}$、$O^{2-}-V^{5+}$ 等，最常见的是 $O^{2-}-Fe^{3+}$，是电子从以配位体 O^{2-} 为主的分子轨道跃迁到以 Fe^{3+} 离子为主的分子轨道上而形成的。在含 Fe_2O_3 杂质的珠宝玉石中，既有 Fe^{3+} 离子的晶体场 d-d 轨道电子跃迁光谱吸收带，又有 $O^{2-}-Fe^{3+}$ 的电荷转移所产生的强光谱吸收带(比前者强很多)，这个强光谱吸收带决定了珠宝玉石的颜色为红色—棕色、褐红色或黄褐色等。

3. 非金属-非金属的电荷转移

非金属-非金属的电荷转移是指在分子轨道上的阴离子电子被激发而跃迁至另一个阴离子的分子轨道上。例如青金石 $(Na,Ca)_8[AlSiO_4]_6[SO_4,Cl,S]_2$ 具有特征的深蓝色，分子中不含 Co 与 Cu，也没有未成对电子，分子轨道理论认为其颜色是由 S_3^- 原子团的分子轨道激发能导致的(彭明生，1995)。

对于一些有机宝石，如琥珀和珍珠，电子通过有机色素的原子团在共有分子轨道中的运动、激发，引起可见光的吸收，形成颜色。琥珀的蜜黄色、珊瑚和一些贝壳及有色珍珠的颜色都可以这样来解释。

四、能带理论与珠宝玉石的颜色

能带理论认为晶体中的电子在整个晶体内运动，但每个电子的运动是相互独立的，并在晶格周期性势场中运动。它与晶体场理论和分子轨道理论的根本区别是：晶体场理论和分子轨道理论只适用于局部离子和原子团上的电子，电子是定域的，是电子在局部态之间的跃迁；而能带理论则认为电子是不定域的，所讨论的是电子在非局部态之间的跃迁。所有的价电子应该属于固体晶格的全体。

在晶体的周期性晶格势场中，原子相互紧密堆积，各原子和原子轨道之间有一定的重叠。相邻原子充填有价电子的原子轨道(价轨道)间的重叠可以形成具有一定能级宽度的能带，其能量要低于单原子对应的原子轨道能量。

这些能带之间可以有间隙，称为带隙或禁带；各能带也可以相互重叠而没有间隙，称为价带或满带，在基态条件下，价电子就分布在这个带中运动；未充满电子的原子轨道是一个高位能量的带，称为导带。价带最高的面（“费来面”）到导带最低面之间（带隙或禁带）的距离称为带隙宽度。矿物颜色完全取决于价带中电子从价带向导带跃迁时所吸收的辐射能。而这种电子跃迁所需的能量取决于带隙宽度：

（1）当带隙能量大于可见光能量时，可见光提供的能量不能使低能量的价带电子跃迁到高能量的导带上去，可见光不会被吸收且全部透过，在无杂质或无瑕疵的情况下，矿物是无色的。如金刚石的带隙能量为 5.4eV，大于可见光能量，故金刚石是无色的。

（2）当带隙能量小于可见光能量时，可见光将被全部吸收，从而形成暗灰绿色—黑色。如方铅矿的带隙能量为 0.4eV，呈铅灰色。

（3）若带隙能量正好在可见光的范围内，就能使珠宝玉石呈现出各种颜色，吸收顺序为红→黄→绿→蓝→紫，所呈现的颜色（被吸收颜色的补色）顺序为黑→红→橙→黄→无色（图 3－25）。

晶体中如有杂质进入，杂质可以改变带隙的能量，从而改变珠宝玉石的颜色：

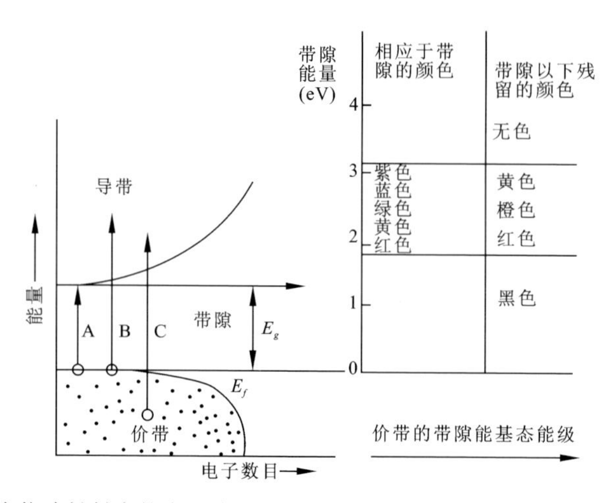

图 3－25　在能隙材料中的光吸收（左）与颜色随着带隙能量大小而变化的情况（右）（K. Nassau，1983）

A、B、C 为价带中电子跃迁的 3 种不同方式；E_g 为带隙宽度，也称带隙能；E_f 为带隙能的基态能级

(1)金属元素的带隙能量远小于可见光能量，有的则趋近于零，故其电子极易发生跃迁，跃迁到导带后又极易返回到价带，返回时大多数电子的能量仍以光的形式释放，所以金属矿物大多有强烈的金属光泽和不透明性，金属矿物的颜色由带隙宽度决定。

(2)半导体矿物材料的带隙能量在2.0～3.0eV之间，正好在可见光能量范围内，如红色的辰砂(2.0eV)、黄色的雌黄(2.5eV)和自然硫等。

(3)绝缘体的带隙能量一般＞3.5eV，可见光不能使其电子发生跃迁，即不吸收可见光，如金刚石的带隙能量为5.4eV，是无色透明的。

举例：能带理论对掺杂金刚石颜色成因的解释。纯金刚石晶体的带隙能量为5.4eV，比可见光能量大，所以通常呈无色。如果掺入少量杂质，如掺入的氮原子取代了金刚石中的碳原子，当取代量极少(每10万个碳原子中仅被取代一个碳原子)时，金刚石的能带结构与形状无明显变化，金刚石的晶体结构也不会被破坏，但金刚石的颜色却会产生变化，这种杂质元素通常称为激活剂。

(1)氮施主掺杂。氮原子的电子层结构($1S^2$、$2S^2$、$2P^3$)比碳原子的($1S^2$、$2S^2$、$2P^2$)多1个电子，该电子不能进入已填满价电子的价带，只能分布于带隙之中。氮的能级在价带与导带之间，称为施主能级(杂质能级)。详见图3-26。氮能级实际上也是一个能带，其电子离导带的最近距离只有2.2eV。故能量大于2.2～3.0eV的可见光都能把自由电子激发到导带中去，并使蓝光和紫光被吸收，从而使含氮金刚石晶体呈现黄色。自然界大多数金刚石(珠宝玉石级)都带有不同程度的黄色相，这与它们含微量氮杂质有关。

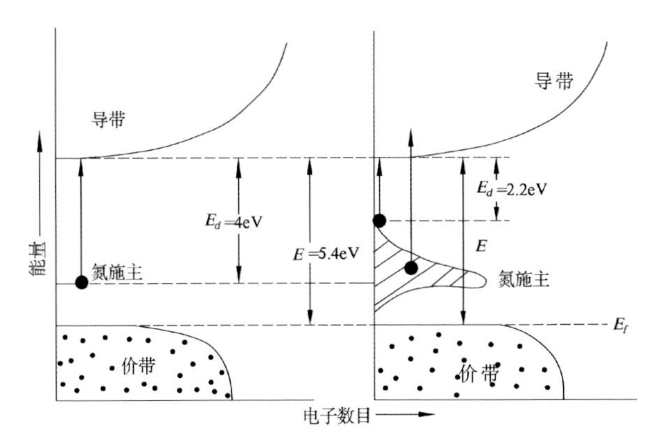

图3-26　金刚石带隙中氮施主的定位(左)形成增宽了的带，并使部分可见光被吸收(右)

(K. Nassau，1983)

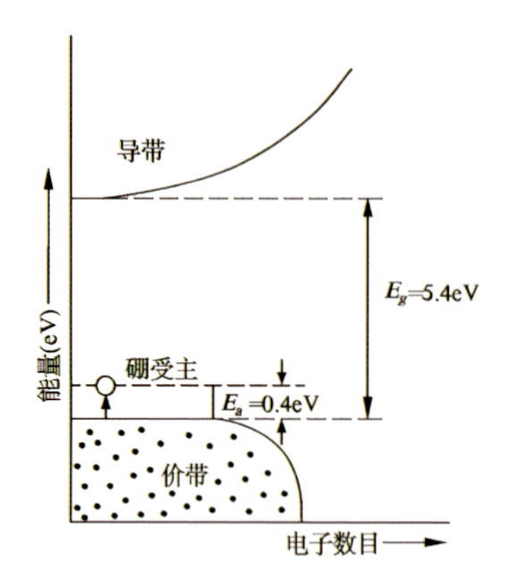

图 3－27　金刚石带隙中硼受主的定位

(K. Nassau,1983)

(2)硼受主掺杂。当金刚石中掺入硼激活剂时,由于硼原子的电子层结构($1S^1$、$2S^2$、$2P^1$)比碳原子的($1S^2$、$2S^2$、$2P^2$)少 1 个电子,硼能级(称为受主能级)中形成电子空穴,空穴能级与价带能级仅差 0.4eV。电子从价带的各能级受光激发很容易跃迁进入空穴中。当 100 万个碳原子中有一个或几个碳原子被硼原子顶替,金刚石便可产生诱人的蓝色(吸收了黄色光),详见图 3－27。

由此可知,能带理论能较好地解释金刚石中掺极少量杂质的致色原理。

五、色心定义及晶体场理论与能带理论对色心呈色的解释

色心是指能选择性吸收可见光的晶体结构缺陷,一般有两种:电子色心(F 心)和空穴色心(V 心)。电子色心(F 心)是晶体结构中缺少部分阴离子所形成的色心;空穴色心(V 心)是晶体结构中缺失部分阳离子所形成的色心。

晶格缺陷,不论是阴离子空位还是阳离子空位,其本身并不能产生任何光的吸收而生色。对于 F 心来说,它必须在基态俘获一个电子,该电子只能来自晶体中某些金属原子的电离;对于 V 心来说,它必须在基态时有俘获电子的静电势,这种静电势来自某些阴离子被还原。

1. 晶体场理论解释色心呈色

晶体场理论认为,不论什么珠宝玉石只要存在未成对电子,在晶体场的影响下,能级就会分裂,当电子跃迁的能级在可见光范围内,就可以呈现颜色,如紫色萤石。某些矿物中,杂质阳离子的价态与晶体阳离子的价态不一致。当杂质离子类质同象置换了晶体阳离子之后,就出现空穴色心,产生未成对电子,在晶体场的作用下呈色,如烟水晶。

(1)紫色萤石的电子色心。萤石晶体(CaF_2)为等轴晶系。在萤石的晶体结构中,Ca^{2+} 分布在立方晶胞的角顶与面心,每个 Ca^{2+} 与 8 个 F^- 离子相连。在一些情况下,F^- 可能离开它的正常位置:

· 如果晶体在生长期间及生长后受到过强烈辐射,F^- 可迁移到晶体的其他部位;

· 萤石在生长期间,如果 Ca^{2+} 过量或有一些电场存在,F^- 也可能从晶体中

移走。这些情况下，原来的 F^- 位置上就出现了空位，为了保持晶体的电中性，必须有一个负电体占据这个空位，晶体中那些不属于某个原子的电子，即额外电子，就占据了这个空位的负电体，从而产生电子色心。这个电子受周围所有离子形成的晶体场影响，在晶体场中，它可以像过渡金属未成对电子那样有基态和激发态，在各能态中跃迁而吸收可见光，从而产生颜色和荧光。在萤石中，额外电子吸收可见光中的红色，从而使萤石呈现出其补色——紫色(图 3-28)。

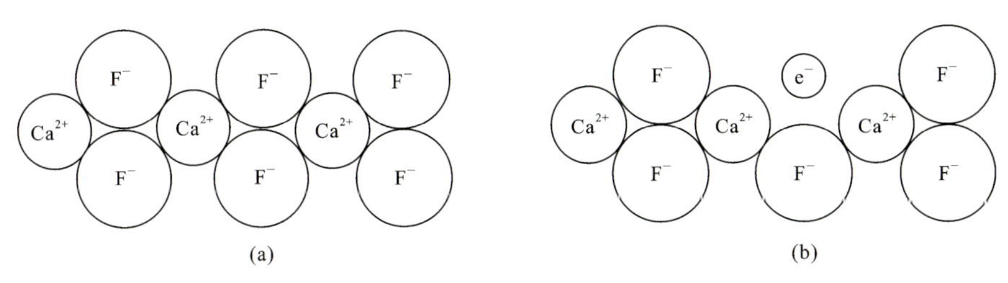

图 3-28 萤石产生电子色心的平面示意图

(a)萤石结构;(b)萤石形成电子色心

(2)烟水晶的空穴色心。水晶(SiO_2)中的硅为 4 次配位，当水晶中有杂质 Al^{3+} 存在时，Al^{3+} 代替了晶格中的 Si^{4+}(电价不平衡，少了 1 个正电荷)。为了保持电中性，Al^{3+} 周围必须有一价的离子(Na^+、K^+ 或 H^+ 等)存在。因为没有吸收可见光的未成对电子出现，此时水晶并不呈现颜色。当这种水晶受到 X 射线、γ 射线或其他辐射源辐射时，与 Al^{3+} 相邻氧原子的能量增大，氧原子中的一个电子就能从原来的位置抛出，形成电子空缺，即形成空穴色心。剩下的一个未成对电子，在各能级跃迁时吸收可见光，形成颜色和荧光(图 3-29)。此时实际形成烟灰色，如果有足够量的 Al^{3+} 离子，并且辐射强度足够强，水晶也可以变成黑色。水晶太阳镜的制备就是利用了这个原理。可见，含铝的无色水晶经长期小剂量放射性辐照可以形成天然烟水晶。

实验表明，烟水晶加热至 400℃时，那些抛出的电子可以重新回到原来的位置(空穴中)，电子配成对后的水晶恢复无色，再次辐照又可变为烟灰色。

(3)紫水晶的空穴色心。紫水晶内的杂质是 Fe^{3+}，这在人工合成紫水晶中得到了证实。当紫水晶受热时，紫色会变为黄色或者绿色(这时的颜色由过渡金属铁的定位和价态来决定)。热处理后的紫水晶，经辐照又可以恢复紫色。(详见第四章)。

2. 能带理论解释色心呈色

从能带理论观点出发，可以把阴离子空位看成是晶体价带与导带之间的空

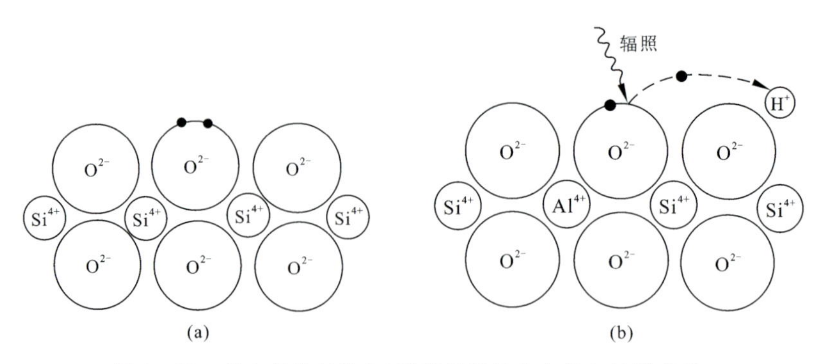

图 3－29　烟水晶的结构(a)及其辐照后空穴色心的形成(b)

位陷阱，其能级介于费米能(价带最高能)和导带最低能之间。

当在价带中的电子受到激发时，它可以达到很高的能级，进入导带。绝大多数电子随即又直接返回到价带中，并放出热能或荧光，但也有极少数电子在向价带返回时被空位陷阱(阴离子空位)俘获，从而形成色心。被俘电子在空穴陷阱中吸收光能为 E_a 时，电子会被激发而发生向上的能级跃迁。但在大多数情况下，E_a 能级达不到导带最下部能级(E_b)，即跳不出空穴陷阱，一旦光消失，电子又跳回到陷阱中，这就使珠宝玉石在一定光谱范围内稳定呈色。E_a 不同，光谱吸收带也不同，珠宝玉石呈色也就不同。

如果珠宝玉石所受附加能量(紫外辐射或加热)达到或逼近 E_b，则被俘获的电子重新进入导带，并可能返回价带，从而使色心消失。所以 E_b 可以被看成是色心陷阱的势垒，代表陷阱的深浅。图 3－30、图 3－31 直观地表示出色心的形成和消失过程。

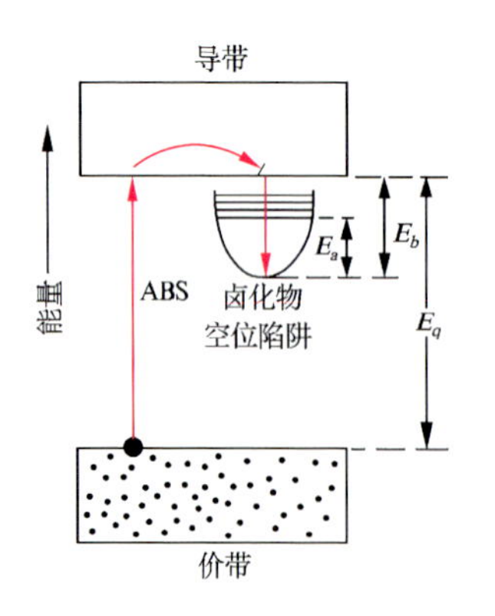

图 3－30　能带理论对色心呈色的解释
(K. Nassua，1983；
红色线条为电子运动轨迹)

首先，珠宝玉石晶体已经具有某种俘获电子的陷阱(即有结构缺陷)，其能级在 B 态。基态 A 的电子(在价带中)受高能辐照，吸收能量向上跃迁到 F 态或更高的能级。随后电子返回，部分被陷阱俘获于 B 态，形成 B 态色心[图 3－31(a)]。被俘电子在光照时，会吸收不同色光而向上跃迁到不同的能级，如 C、D 能级，在反向跃迁回陷阱时，有时会发射出荧光[图 3－31(b)]。如果珠宝玉石的加热温度过高，使供给电子的能量超过 B～E 之间的势垒 E_b，电子就会越过势垒，逃出陷阱，这种作用称为漂白。电子在越过势垒返回价带时会发射出荧光，这样的发光为热致发光[图 3－31(c)]。

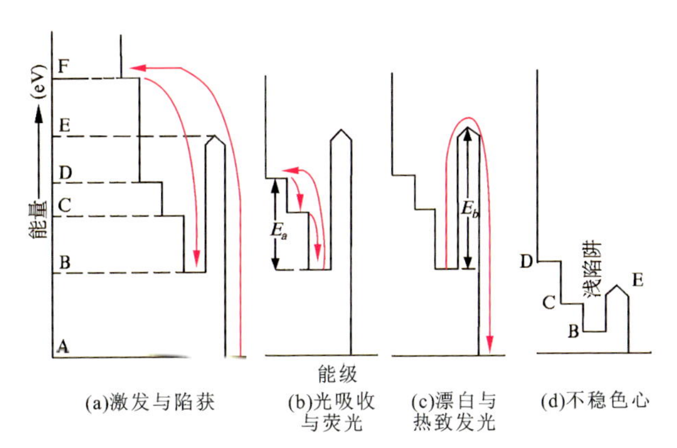

图 3－31　陷阱中色心的形成与消失

（K. Nassau，1983；红色线条为电子的运动轨迹）

由此可见，当色心具有相当深的陷阱时，需要相当高的能量才能使掉入陷阱的电子跳出陷阱，从而使颜色消失，即色心漂白。所以，色心致色的珠宝玉石在常温下对光是稳定的，但加热到几百摄氏度可能会褪色[图 3－31(c)]。最稳定的色心在大约 700℃温度下也会被漂白。

当色心的陷阱很浅时（用紫外线就可形成），在日光下或热水中就会褪色（电子很容易逃逸），说明色心不稳定[图 3－31(d)]。

总的来说，色心形成或需要以下条件：

（1）晶体缺陷存在于珠宝玉石中（生长过程、地质作用、蚀变作用），绝大部分珠宝玉石都有缺陷，只是多与少而已。通过人工手段也可使之产生缺陷，如高温熔融实现不等价态类质同象置换，或者高能离子轰击晶体，使离子发生飘移，从而产生缺陷。

（2）晶体缺陷不等于色心，色心必须是空穴俘获电子形成的一种结构。这些电子或空穴一般由正常晶体中晶格上的离子电离而成。而使离子电离，必须克服电离能的束缚，这就需要加一定的能量。离子电离以后，形成陷阱，陷阱一旦俘获了电子，就形成色心。

（3）色心有稳定的，有不稳定的，人工制造缺陷形成的“空穴”陷阱有深有浅，因此会有不稳定色心，应进行适当热处理，使不稳定色心褪色，保留稳定色心，形成比较长久的颜色。

第四章　珠宝玉石的热处理优化技术

第一节　概　述

珠宝玉石的热处理优化技术是指把珠宝玉石放在可以控制加热条件的加热设备中，选择不同的加热温度和不同的其他条件进行热处理，使珠宝玉石的颜色、透明度及净度等外观特征得到改善，从而提高珠宝玉石美学价值和商品价值的技术。这是一种把珠宝玉石潜在美显现出来的方法，也是一种容易操作且被人们广泛接受的方法。

第二节　珠宝玉石热处理优化技术引起的珠宝玉石变化

在热处理的过程中，珠宝玉石内部会发生很多种变化，有些变化有利于显现珠宝玉石的潜在美，有些变化会造成适得其反的效果。综合起来，热处理会使珠宝玉石内部出现如下一些变化。

一、因氧化而引起的颜色变化

对于有机宝石如珍珠、象牙、珊瑚、琥珀等，加热处理会使其中的有机质氧化，温度过高会使其颜色慢慢变暗变黑，若继续加热则出现“碳化”现象。人们经常利用这个特点实施有机宝石的“仿旧”处理。

如果不人为控制珠宝玉石在热处理时的氧化-还原环境，而是在空气中加热处理，会使其中的低价态阳离子氧化成高价态，从而使颜色产生变化。珠宝首饰市场上最常见的烧红玛瑙就是通过在空气中加热橘黄色玛瑙，使其中的 Fe^{2+} 氧化成 Fe^{3+} 而得到的(图 4－1)；红色特别深的红翡也是通过在空气中加热翡翠得到的；通过在空气中加热海蓝宝石，Fe^{2+} 变成 Fe^{3+}，但由于其六边形的结构，Fe^{3+} 使它呈蓝色(图 4－2)；在空气中加热木变石，Fe^{2+} 变成 Fe^{3+}，其颜色变成红色(图 4－3)；黑龙江双鸭山地区的红色石榴石颜色太深，猛一看像是黑色的，经

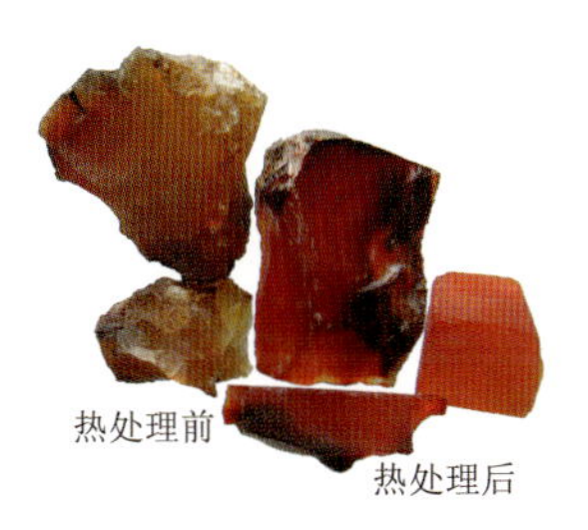

图 4－1　橘黄色玛瑙热处理效果

图 4－2　新疆海蓝宝石切下一角的热处理效果

图 4－3　木变石热处理后可变红

图 4－4　双鸭山石榴石热处理效果

（崔中　赠）

过热处理后，不仅颜色红了，透明度也提高了（图 4－4）。

二、因原有色心被破坏而引起的颜色变化

有些珠宝玉石的颜色主要与色心有关。加热这类珠宝玉石，相当于给落入陷阱里的电子增加一定能量，使色心中的电子可以被激发到更高的能级。若外界给予的能量超过陷阱能，陷阱中的电子将跳出陷阱并逃逸，该陷阱能的色心即被破坏，颜色消除。利用这个原理，可通过调节加热温度和加热时间，把陷阱能小的色心颜色消除掉，留下陷阱能高的色心颜色，以达到改善颜色的目的。此方法经常用于辐照法改色蓝色托帕石，无色托帕石经辐照处理得到的样品是褐色—棕褐色，这是因为辐照后会产生很多不同陷阱能的色心，它们会产生不同的颜色，这些不同的颜色混在一起就会形成褐色—棕褐色。为了得到单一而漂亮的蓝色，必须通过一定温度的热处理，使低温陷阱中的电子跳出陷阱并逃逸，消除低陷阱能的色心所产生的颜色。需要注意的是必须控制好加热温度，如果加热温度过高，则会破坏高陷阱能的色心，使之褪色或漂白。通常认为，加热温度超过 700℃时会使绝大部分色心被破坏，珠宝玉石会漂白至无色。

三、因致色离子扩散而引起的颜色变化

有些珠宝玉石中存在致色离子，但由于存在状态（如聚合态）不理想或致色离子不能致色而使颜色不好看，加热可以使致色离子向珠宝玉石内部均匀扩散，进入晶格质点位置或晶格缺陷，从而改变颜色。如斯里兰卡的“卡蓝”，其原石为“究打”(Geuda)刚玉，在热处理之前是一种半透明、乳白色、有丝娟光泽的矿石，经过高温加热，掌握好操作工艺可以使金红石矿物(TiO_2)熔化而刚玉矿物不熔化，Ti均匀扩散，“究打”刚玉就能变成透明的、颜色漂亮的蓝色蓝宝石(参见本章第七节)。同样道理，如果红宝石或蓝宝石中Ti的含量高，通过这个方法也可以获得星光红宝石或星光蓝宝石。

四、因包裹体被消除而引起的透明度和净度变化

珠宝玉石中经常存在包裹体，不仅影响其净度，还影响其透明度。高温热处理能把珠宝玉石中的不纯包裹体杂质熔解或爆裂消除，从而提高珠宝玉石的透明度和净度。市场上销售的高档红宝石和蓝色蓝宝石，基本上都是经过高温热处理的。

五、因脱水作用而引起的颜色变化

有些珠宝玉石中既含有吸附水，又含有结晶水和结构水。在热处理优化过程中，若加热温度不高(通常在105℃以下)，使珠宝玉石仅失去吸附水而不破坏结构水，则能完成改色任务。若加热温度过高，将结构水也驱赶出去，使珠宝玉石发生脱水作用，则会破坏珠宝玉石的结构稳定。当然，有些珠宝玉石在这种情况下也会变色，但这种变色往往是人们不希望的。如漂亮的欧泊若被加热到300℃左右就会失去结晶水，其变彩效应会受到破坏。所以，在采用热处理优化珠宝玉石的颜色时必须控制好加热温度。

六、因晶体结构类型的变化而引起的颜色变化

随着温度的升高，有些珠宝玉石的晶体结构类型会发生变化，从而使颜色发生变化。例如加热高型锆石可以重整被破坏的结构，使锆石恢复原来的特征，颜色由褐色—褐红色变成无色透明，从而获得折射率高的无色锆石用作仿钻石；若高型锆石中含有Fe，则可得到漂亮的金黄色；若在还原环境下加热它，还可以得到迷人的浅蓝色—海蓝色锆石(参见本章第七节)。

七、因重组而引起的颜色变化

有机宝石，如琥珀，在较低的温度下进行热处理就可以使它软化或熔融，冷却后会变成透明度高、质地较纯的琥珀。若在软化时加压，还会出现美丽的爆裂花形图案。熔点很高的珠宝玉石经过高温热处理可软化和熔融重组，并产生漂亮的颜色，同时提高透明度，如很多缅甸与越南产的红宝石原石都在其中心处有一块紫黑色，经过高温热处理后，可变成带紫色相的红宝石(图 4－5)。

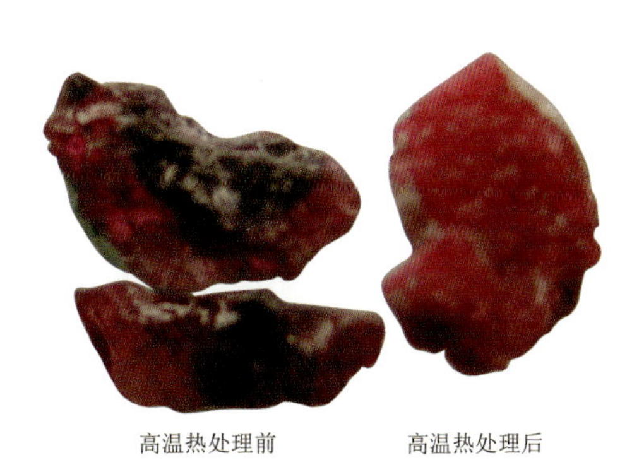

图 4－5 高温热处理越南产红宝石原石

(崔中 赠)

综上所述，同一种珠宝玉石在不同的热处理条件下，所发生的变化是不相同的。充分了解珠宝玉石的基本性质，制定正确的实验方案，控制加热条件，就可能让珠宝玉石向所期望的方向变化；反之，就可能出现不良的后果，轻则达不到优化珠宝玉石的目的，重则毁坏珠宝玉石。因此，在进行珠宝玉石热处理之前，应当先进行条件试验，以确定热处理的最佳温度和其他条件。

第三节 珠宝玉石热处理的主要影响因素

在制定珠宝玉石的热处理工艺方案时，通常要考虑下面一些因素。

一、热处理的温度选择及温度分类

珠宝玉石的类型不同，采用热处理优化技术改善其颜色或其他外表特征时，使用的最高温度和温度范围是不同的，必须根据珠宝玉石本身的性质而定。通常我们把热处理的温度分为 4 档：

(1)低温热处理。加热温度在100℃以内，通常在水浴锅中进行，也可以在干燥箱中进行，主要适用于有机宝石。例如珍珠漂白的一般热处理温度是40～50℃。

(2)中温热处理。加热温度为100～650℃，适用于大多数珠宝玉石的热处理。例如，红玛瑙热处理温度为280～300℃，将绿色绿柱石热处理为蓝色海蓝宝石的温度为420℃左右，碧玺类宝石的热处理温度为550～650℃等。

(3)高温热处理。加热温度为650～1000℃。

(4)超高温热处理。加热温度在1000℃以上，主要适用于刚玉类宝石和尖晶石、金红石、天然锆石等的优化处理。

不同珠宝玉石在热处理时要选择合适的加热温度。当然，不同的加热温度对应着不同的加热设备(参见本章第四节)。

热处理时，很多珠宝玉石加热到不同温度时会出现不同的颜色，即使是同一种珠宝玉石，在不同的温度范围内，它的颜色也会不同，如有些紫水晶在420℃时会褪成无色，继续升温至500℃时，可变成浅黄色，在560℃时，会变成酒黄色，加热到600℃以上时，变成无色或乳白色(参见本章第七节)。对于不同产地的同种珠宝玉石，由于内部致色离子的种类和含量的差异，在同种热处理温度下会得到颜色的不同。因此，热处理前应选用不同的温度范围进行条件试验，确定最高温度值。

热处理方法还可以与化学处理方法相结合，即扩散处理技术，适用于给一些质地优良、透明度高的无色宝石加色，如扩散蓝宝石、扩散托帕石等。

二、升温速率和降温速率

把珠宝玉石放入加热炉内加热，温度都是从室温开始逐渐升至设定的最高温度的。由于珠宝玉石的导热性比较差，所以升温速率不可过快，否则，会因珠宝玉石的内外温度差过大而产生过大的内应力，进而使珠宝玉石内部出现裂纹，甚至破裂；降温速率太快，也会使珠宝玉石内外温差过大而使珠宝玉石破裂。因此，操作时应在不损坏珠宝玉石的前提下选择合适的升温速率或降温速率。实际操作时，常把需热处理的珠宝玉石埋在砂子或氧化铝的粉末中进行加热，使热传播有一个缓冲，受热比较均匀，效果较好。

三、最高温度和恒温时间

在热处理过程中，除了要考虑热处理的最高温度外，还要考虑使珠宝玉石内部温度达到均匀一致所需要的时间。同时，为了让珠宝玉石的颜色充分变化，往往还要适当地延长一些时间。加起来的总时间就是恒温时间。

不同的珠宝玉石，不仅最高温度不同，保持最高温度的恒温时间也不同。如刚玉类宝石的恒温时间为24h以上，绿柱石类宝石为3～5h，碧玺类宝石为5～10h，托帕石类宝石为3～5h，水晶类宝石要3～5h(氧化条件时)或5～10h(还原条件时)等。在进行实验方案设计时，就要考虑到这一点。

四、氧化-还原环境条件

珠宝玉石的热处理优化技术要考虑是在氧化条件下还是在还原条件下进行。

通常，氧化条件是为了使低价态的致色离子变成高价态的。最简单的办法是在空气中加热，特殊需要时可以把珠宝玉石和氧化剂(如化学试剂硝酸钾、高锰酸钾等)一起密封在坩埚或其他容器中加热，确实需要时还可以在密封容器中通入氧气。

通常，还原条件是为了使高价态的致色离子变成低价态的。最简单的办法是将木炭和珠宝玉石一起密封在容器中加热，使碳和氧反应生成一氧化碳，继续吸氧形成二氧化碳，这些反应会把容器中的氧消耗尽，从而形成还原环境。特殊需要时可以向密闭的容器中通入还原性气体来达到目的。

五、反应容器中的压力

实践证明，在热处理过程中，向反应容器中充入气体，即适当加压，会有如下5种作用：

(1)加强氧化作用或还原作用，提升珠宝玉石热处理的效果。

(2)促使珠宝玉石中的某些组分发生分解。

(3)使致色离子加速扩散。

(4)在一定程度上防止珠宝玉石爆裂。

(5)减少残余内应力。

六、前处理和添加剂

在对珠宝玉石进行热处理之前，先用酸或碱清洗珠宝玉石(一般称为前处理)，往往会收到更好的效果。例如在将玛瑙进行染色之前，先放在稀酸溶液中浸泡或加热，会使染色更容易、颜色更鲜艳。

添加剂如果是助熔剂，可以降低热处理的温度。例如，用硼砂作添加剂，原来熔点为2050℃的红宝石在1350℃即可熔融，而优化处理时红宝石不需要熔融，故进行热处理要低于1350℃的加热温度。硼砂还能充填裂隙，这就是充填红宝石的秘密。

有时候也会将含致色离子的化学试剂作为添加剂放在珠宝玉石周围与珠宝玉石一起加热，在珠宝玉石达到软化温度后，使致色离子扩散到珠宝玉石内部去，这就是“扩散处理”技术，例如，扩散蓝宝石，就是把无色蓝宝石埋在混有含铁和钛化学试剂的氧化铝粉末中一起进行超高温热处理的。

第四节　热处理设备

热处理设备可以按热能来源、炉膛介质和工作温度等方式进行分类。

一、按热能来源分类

按热能来源，热处理设备可分为水浴锅、干燥箱、电阻炉和燃料炉等。

(1)水浴锅：水加热的最高温度是100℃，人们还可以在水浴锅上安装控温设备进行100℃以内的加热控制。

(2)干燥箱：干燥箱通常用镍-铬电阻丝制作，其常见加热温度为室温—250℃，如图4-6所示。

(3)电阻炉：通过对电阻丝、碳硅棒或硅钼棒等通电而产生热的炉子的统称。在珠宝玉石热处理技术中，电阻炉用得最多，电阻炉的型号也很多，但常见的有：镍-铬电阻丝电阻炉(1100℃)、加钨电阻丝电阻炉(1250℃)(图4-6)、碳硅棒电阻炉(1350℃)、硅钼棒电阻炉(1650℃)(图4-7)、氧化锆电阻炉(2000℃)。图4-8是1400℃快速升温节能高温电炉。

图4-6　干燥箱(左)和加钨电阻丝电阻炉(右)

图4-7　硅钼棒电阻炉(1650℃)

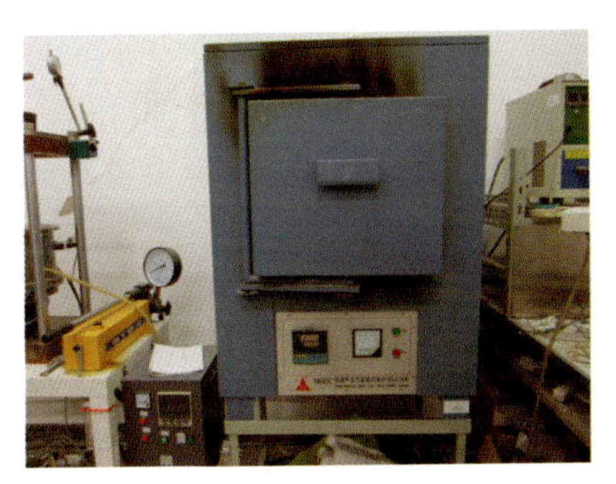
图 4-8　1400℃快速升温节能高温电阻炉

图 4-9　燃气加热高温炉

(4)燃料炉:可以分为固体燃料炉、液体燃料炉和气体燃料炉 3 种。①固体燃料炉。通常用煤球或焦炭作燃料,泰国用得比较多。用煤球或焦炭热处理珠宝玉石时,通常用柴油桶做一个特大的煤球炉,把煤球或焦炭放在炉子上端,再把珠宝玉石包在该珠宝玉石产地附近的泥土里,然后放在特大煤球炉中加热,缺点是不好控制加热的温度。②液体燃料炉。通常以柴油桶为容器,将珠宝玉石靠柴油桶上方放置,其下放置一个火焰喷嘴,喷嘴连接一根管子通到柴油桶里,点燃喷嘴即可对珠宝玉石进行加热。用这种方法加热时,室内温度会很高,并且加热温度不好控制,容易将热处理的珠宝玉石烧裂。在实验室进行条件试验时也可以采用酒精灯来加热,酒精灯的最高温度大约为 660℃。③气体燃料炉。条件好的实验室可以购买专用的可控气体炉进行处理。如果条件受限,还可以用燃气加热高温炉(图 4-9)进行热处理,但燃气加热高温炉不好控制温度。在进行操作时必须特别小心,一方面要防止气体罐发生爆炸,另一方面要防止珠宝玉石在热处理过程中发生爆裂。

气体燃料炉的常用气体有煤气、乙炔气、氧气、氢气等,因此,在操作时很危险,故必须特别小心。这些气体大部分是混合的,它们燃烧的最高温度参考数据为:①煤气+空气,约 1800℃;②氧气+空气,约 2000℃;③煤气+氧气,约 2300℃;④氢气+氧气,约 2900℃;⑤乙炔气+氧气,约 3000℃。

二、按炉膛介质分类

按炉膛介质分类,热处理设备可以分为空气炉、可控气氛炉、真空炉、盐浴炉等。其中,空气炉和可控气氛炉用得比较多,可控气氛炉比较贵,拥有这种炉子的单位不多。

三、按工作温度分类

按工作温度分类,加热处理设备可以分为低温热处理设备(100℃以下,如水浴锅或干燥箱)、中温热处理设备(100～650℃,以电阻丝加热设备为主)、高温热处理设备(650～1000℃,以电阻丝加热设备为主)、超高温热处理设备(1000℃以上,以碳硅棒、硅钼棒、氧化锆电阻炉为主)。

第五节 珠宝玉石热处理优化技术中要注意的几个问题

一、热处理样品的选择

进行热处理的样品,一般要求用珠宝玉石的成品或半成品,原因有3个:

(1)样品若是原材料,那么在热处理后的加工中,要磨掉很多。例如,将原材料加工成刻面珠宝玉石时,大约要损失65%～70%,热处理形成的漂亮颜色就会被磨掉。如果用加工好的半成品或成品进行热处理,则会减少很多损失。

(2)原材料的外观不规则,在热处理过程中,样品会受热不均匀,造成形成的颜色也不均匀。

(3)样品若是原材料且其内部有裂纹时,在热处理加热的过程中,裂纹会扩大且向内部扩张,甚至使样品被破坏。

二、热处理设备的选择

热处理设备的选择由样品决定,也与热处理的方法有关。大部分珠宝玉石选用中温—高温的热处理设备,红宝石与蓝宝石等高熔点珠宝玉石,在进行改色或星光处理及选用热扩散方法时,应选用超高温热处理设备;有机宝石的热处理一般选用低温设备。

三、特别要注意用电安全

热处理设备大部分是通电的,尤其是在超高温热处理时,用电量比较大,故用电安全非常重要:

(1)电容量要足够大。筹建热处理实验室时,必须对整个实验室的用电量进行估算,实验室所选用的电线要有足够大的电容量,除保证实验室所有用电设备能同时正常工作外,还应有较充裕的额外电量。另外,必须对热处理设备进行检查,绝对不能存在漏电的地方。

(2)装漏电保护器。在热处理实验室的电路控制板上必须装上漏电保护器，以防设备在长时间使用后发生漏电的现象，同时也能防止操作过程中触电。

(3)良好的通风。热处理过程中可能会产生有毒气体，所以必须有良好的通风条件。

第六节　常见热处理的珠宝玉石及其鉴别特征

珠宝首饰市场上常见的热处理珠宝玉石有红宝石、蓝宝石、翡翠、玛瑙、海蓝宝石、木变石、琥珀、长石、石榴石、紫水晶、仿旧玉器等。

在中低温下热处理的珠宝玉石，绝大部分不好检测；判断高温和超高温热处理的珠宝玉石，最常用的方法是看气液包体有没有爆裂，以及有没有爆裂后出现的指纹状包体；琥珀热处理后会产生连接面或线，甚至产生“太阳花”。很多情况下，珠宝玉石热处理后的特征与没有处理过的特征相似，找不到明显的鉴别特征。

第七节　珠宝玉石热处理优化技术实例

一、坦桑石的热处理改色工艺

坦桑石的学名为黝帘石，常见带褐色相的绿蓝色，热处理后为蓝色(图 4－10)。热处理后黝帘石中所含钒的化合价由三价变为四价，产生紫色、蓝色，其颜色稳定，不可检测。

图 4－10　热处理坦桑尼亚黝帘石呈蓝色

(吴瑞华等，1994)

坦桑石的热处理改色工艺是将褐色相的坦桑石埋在装有细砂的容器中，放入电热炉内缓慢加温，开始时每升温20℃，恒温5～8min；待加热至200℃时，恒温半小时；继续加热至400℃时，恒温半小时（以防坦桑石开裂），此时开始出现蓝色，但蓝色不深；继续加热至670℃时，恒温2h以上（650℃起颜色基本稳定）；然后缓慢降温，直至室温（降至150℃后可以断电，放在炉中自然冷却）。热处理前的坦桑石褐色越深，处理后的坦桑石蓝色越深、三色性越强，即处理效果越好。蓝色好的坦桑石有"软蓝宝"之称。

坦桑石与蓝宝石的区分实际上是黝帘石与蓝宝石的区分，主要看它具有二色性还是三色性：蓝宝石只有二色性，垂直晶轴看是蓝色，平行晶轴看是绿色；坦桑石有三色性，为蓝、淡蓝及紫色，用镊子夹住坦桑石，前后左右晃动就能看到。其次检查刻面上棱的尖锐性，蓝宝石的摩氏硬度为9，两个刻面之间的棱很尖锐，坦桑石的摩氏硬度仅6.5，故坦桑石的棱不尖锐，且经常出现小缺口。

二、紫水晶热处理

1. 改成酒黄色工艺

在耐高温陶瓷坩埚中先放入洗净干燥的细砂，将紫水晶埋入细砂中，然后将坩埚放入电热炉中缓慢加热，开始时每升温20℃，恒温5～8min；加热至380～400℃时，紫水晶开始褪色，但若此时将紫水晶取出，片刻后即恢复原色；加热至420℃时，紫水晶褪成无色；继续加热至500℃时，开始出现浅黄色；小心加热至560℃时，恒温2～3min，则变成较深的酒黄色，透明且无裂隙；然后缓慢降至室温（降至150℃后断电，在炉中自然冷却）。热处理前的紫水晶越紫，则热处理后的酒黄色越深。在实际操作中，要注意当加热到500℃以上时，停留时间不宜太长，否则会出现乳化变白现象，造成样品报废，尤其不要超过600℃（图4-11）。

2. 巴西紫水晶加热实验

图4-12左侧4颗水晶是将巴西产紫水晶（右侧3颗）用家用煤气灶小心加热得到的结果，在加热过程中先出现绿色（图4-12中心的那1粒），然后绿色褪去，变成白色，这证明紫水晶的紫色是由色心形成的。

三、高型锆石的热处理改色改性实验

锆石为四方晶系，一轴晶晶体，其理论化学式为$ZrSiO_4$（Zr属于稀土元素），形成时因类质同象沉淀，经常混入其他稀土或稀有元素，其中包括放射性元素铀和钍。铀和钍放出的射线会产生辐射，这些辐射会造成晶体结构的破坏，称为变晶作用。根据变晶作用程度的不同，可将锆石分为高型锆石、中型锆石和低型锆

图 4-11　紫水晶热处理成黄水晶

图 4-12　巴西紫水晶（右）加热变绿和变白（左）

石。自然界产出的锆石多为深褐色、红褐色或褐绿色，改色改性后可被改成无色、海蓝色和金黄色等晶莹透明的晶体。

锆石热处理的实质是消除因辐射引起的锆石晶体中原子的无序状态，恢复其原有的晶体结构，从而恢复其原有的特性。一般来说，变晶锆石在加热到300～400℃时会陆续失去吸附水，800～900℃时开始重结晶，至1300～1400℃时达到最大程度的重结晶，1700℃以上开始熔化。

改性实验是在900～1400℃的温度范围内完成的，实验样品产于我国海南岛（刘玉山等，1992）。实验证明，大部分颗粒完好的红褐色锆石经1000℃以上的热处理后，这些原来不透明或半透明的变晶锆石均能转变为无色透明的、具玻璃光泽的晶质锆石。经测试后可确定，热处理后，变晶现象已全部消除，锆石已恢复了应有的结晶结构。

高型锆石改色实验要求锆石中必须含有《元素周期表》中的过渡元素，这些元素在氧化-还原条件下由于化学价的改变而使锆石的颜色发生改变。刘玉山等（1992）用海南岛产锆石改色，由于锆石中含Fe，故在氧化条件下热处理时，Fe^{2+}变Fe^{3+}，锆石变成金黄色；在还原条件下进行热处理时，Fe^{3+}还原成Fe^{2+}，锆石变为绚丽的天蓝色或海蓝色晶体。

经笔者实验证明，不同地区产的锆石在同样的实验条件下不一定出现相同的结果。笔者用非洲产锆石实验，在1420℃下恒温3h，仅70%的锆石转为无色透明的。

四、究打（Geuda）乳白色蓝宝石的热处理

缅甸抹谷的究打蓝宝石一般呈乳白色，含有丰富的丝状物，颜色为蜡白色—无色、浅黄色、浅蓝色等（U Hla Kyi 等，1999）。用高温炉在氧化环境和通常大气压下对这些究打蓝宝石从室温下开始加热会有以下情况：

(1)操作时每分钟升温10℃,升至1200℃时,恒温2h,然后将高温炉冷却至室温(8～10h),结果除具带状构造的极浅蓝乳白色蓝宝石变成白色外,其余乳白色的蓝宝石均变成了透明或半透明的无色蓝宝石。

(2)从室温开始加热,每分钟升温10℃,升至1300℃时,恒温2h,结果与实验1结果相同。重复实验升温到1400℃,结果仍没有发生明显的变化。

(3)还是每分钟升温10℃,升至1500℃时,恒温2h,乳白色蓝宝石变成中等蓝色;当继续升温至1600℃时,并恒温时间更长一些后,颜色明显地由中等蓝变成瑰丽蓝色;若继续升温到1700℃时,瑰丽蓝色的蓝宝石又变成了中等蓝色。

由此可见,缅甸抹谷乳白色蓝宝石(究打蓝宝石)热处理的最佳温度为1600℃左右。

五、山东蓝色蓝宝石氧化加热法改色工艺

热处理蓝宝石时,人为添加氧化剂可使热处理蓝宝石得到很好的效果(何明跃,2000)。何明跃对此进行了3种类型的实验,介绍如下:

蓝宝石改色,主要考虑调整存在于蓝宝石中Fe、Ti含量的比例及价态。在本书的第三章中详细地介绍了蓝宝石致色是电荷转移引起的,图3-23和图3-24直观地表达了这个意思。但氧原子是怎么样进入到蓝宝石的晶格中去的呢?原来,在高温下,晶体内形成的氧空位可以通过氧的迁移扩散而填充,从而使材料内部结构达到电价平衡,即显电中性,其过程可用图4-13表示。

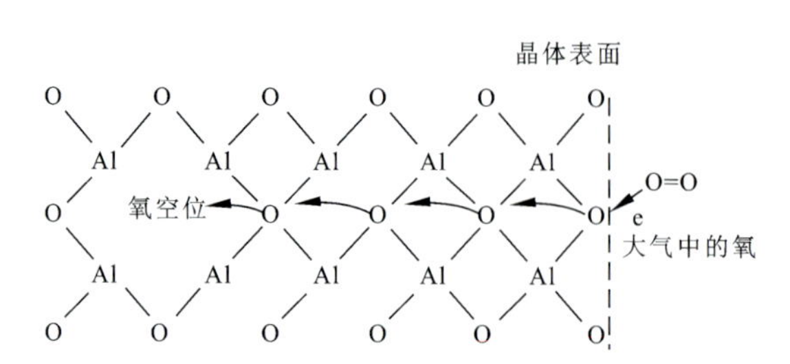

图4-13 氧原子从空气中向刚玉晶体内部扩散示意图

(K. Nassau,1983)

1. 局部增压(氧逸度)高温氧化加热法改色工艺

主要设备:箱式ZrO_2(氧化锆)高温炉(最高温度2000℃)。

烧结舟:高纯刚玉舟和管状高铝样品管。

主要化学试剂:硼砂、TiO_2(二氧化钛)、$KMnO_4$(高锰酸钾)。

实验步骤:

(1)将蓝宝石样品浸入硼砂溶液中1个星期左右,使硼砂包裹样品表面。

(2)按一定的质量分数比用天平称出Al_2O_3粉、TiO_2和$KMnO_4$各自所需的重量,将它们均匀地混合好后待用。其中,$KMnO_4$可在加热后放出氧,创造强氧化环境;Al_2O_3是耐高温惰性粉末,具有良好的保温功能并可接受蓝宝石表面扩散出来的Fe等;TiO_2的熔点为1855℃,也属于惰性粉末,可使微量的Ti扩散到蓝宝石的表面或内部(山东蓝色蓝宝石的含Fe量高达1.1%,而含Ti量仅0.02%左右),由此可改变铁钛比,使颜色得到改善。

(3)将混合好的粉末与待改色蓝宝石样品都放入高铝样品管中,并将样品埋在粉末中,将样品与粉末一起压实,然后封闭高铝样品管。

(4)将装有改色样品的高铝样品管埋在放有混合粉末的高纯刚玉舟中,可放多层,每层可放多个,故一次可放多个高铝样品管,高铝样品管之间、层与层之间要加混合粉末压实,最后一排的高铝样品管上方压实的粉末厚度要在10mm以上。

(5)将装好样品的高纯刚玉舟平稳地放入高温炉内,通电加热。

(6)热处理的实验参数为最高温度1750℃,保温96h,升温速率120℃/h;在1750～1220℃之间时,降温速率为50℃/8h;温度在1220～830℃之间时,降温速率为25℃/h;温度降到830℃以下时,随炉自然降至室温后取出样品。

此法操作较简单,效果较好,但每次热处理的样品量较少。

2. 多循环加热法改色工艺

此种方法的主要设备、主要化学试剂及实验步骤与第一种方法的差不多,只是升温参数不一样。多循环加热时的实验参数如下:最高温度为1700℃,升温速率为120℃/h,恒温4h;温度在1700～830℃之间时,降温速率为20℃/h;温度降至830℃以下时,随炉自然降温。温度在1700～830℃之间时,升温与降温共重复循环4次。

此法的效果虽然不如第一种方法,但对蓝黑色蓝宝石的改色效果好,可使蓝黑色改为蓝色。

3. 蓝宝石戒面的改色工艺

此法的特点是不添加任何化学试剂,将磨好的戒面直接放在高纯刚玉舟中,在高温炉中加热。升温操作如下:

(1)将高温炉温度升至1500℃,升温速率为120℃/h,恒温24h,自然降温。

(2)把经过改色后达到要求的戒面取出,其他仍放回刚玉舟进行第2次加热处理。升温至1600℃,恒温48h,升温速率为120℃/h,自然降温。

(3)把经过第2次热处理改色后达到要求的戒面取出,剩下的仍放回高纯刚玉舟进行第3次加热处理。升温至1750℃,恒温72h,升温速率为120℃/h,自然降温。

(4)最后取出第3次热处理后的蓝宝石戒面,此时戒面都得到了不同程度的改善。

此工艺改善蓝宝石戒面的效果较好,而且可以防止过度加热使蓝宝石发灰。但工艺比较繁琐,有些戒面改色后仍需要重新抛光。

六、橙色玛瑙加热优化成红玛瑙的工艺

将橙色玛瑙埋在砂子里,再放入马弗炉加热,每升温10℃恒温5min,至最高温度280~300℃时,恒温4h后断电,随炉温自然下降至室温后取出,玛瑙由原来的橙色优化成红色(图4-1)。

七、琥珀的加热压制工艺

1. 抚顺煤矿中的琥珀分离提纯和加热压制工艺及其鉴定特征

抚顺煤矿中有琥珀,大部分颗粒不大,并且琥珀表面都包裹着煤,故若要进一步利用这些小颗粒琥珀,先要将煤与琥珀分离提纯,然后再加热压制成大块琥珀或直接压制成手镯、挂件、戒面等。

(1)琥珀的分离提纯:将抚顺煤矿中的琥珀粉碎至40~80目,倒入饱和食盐水中,琥珀将浮在上面,而煤和其他杂质将沉到底部,此法可分离和提纯琥珀。

(2)琥珀的加热压制工艺:由于琥珀的熔点比较低,通常认为仅180℃左右,可在惰性气体的保护下,采用远红外热熔压制工艺,远红外加热有利于受热的均匀性,属于中低温加热和加压的过程。主要实验条件的选择包括原生琥珀的粒度与用量、浮选液、升温速率、恒温时间、最高温度、压力大小和加压时间等。

(3)加热压制琥珀的鉴定特征如下:

·暗红色丝状体。通常肉眼可以观察到加热压制琥珀中存在一些暗红色的颗粒,其形态类似于毛细血管,呈丝状、云雾状、格子状,可作为早期加热压制琥珀的指示性特征。由于琥珀原石长期暴露在空气中,随着时间的推移,其表层会被氧化,形成一层薄薄的红色氧化膜,越靠近表面,氧化作用越明显,其颜色就越红;而琥珀内部仍保留原有的颜色。这些琥珀原石被加热压制后,仍会看到较深的血丝状颗粒,这在紫外荧光下能观察得更清楚。天然琥珀由于温度、湿度等条件的影响也会炸裂,形成的裂隙也会被氧化成红色,但它呈树枝状沿裂隙边缘而不是颗粒边缘分布。

·动植物包裹体。在显微镜下观察,加热压制琥珀的内部一般见不到动植物包裹体。但由于琥珀的价值主要体现在内含的动植物包裹体上,故通常含有

动植物包裹体的琥珀就不会再用于加热压制处理。

· 气泡特征。天然琥珀中存在大量的气泡，加热压制琥珀的气泡更为丰富。加热压制琥珀除本身含有的气泡外，颗粒与颗粒之间以及搅动过程中都会形成新的气泡。原石琥珀的这些气泡不规则地分布于整块琥珀中，密集而细小，经加热压制处理后，会炸裂成特别细小的睡莲状琥珀花，且定向排列，一层一层的，非常密集。这是加热压制琥珀经常被施加的定向压力引起的。

· 流动构造。加热压制琥珀都会表现出流动构造的特征。琥珀在加热压制过程中以及在熔融时间足够长的情况下，分子会通过对流、扩散或者通过人工干预等方式使其内部的血丝处于完全扩散的状态，各颗粒之间的界限不明显，内部看起来非常均一，使加热压制琥珀中出现流动构造。但天然琥珀中也不能排除这种构造的存在，所以这个特征只能作为加热压制琥珀的一个参考性依据。

· 未熔融颗粒。在有些加热压制琥珀的内部可以观察到未被熔融的固体原石琥珀颗粒，它们棱角分明，在显微镜下可以看到颗粒整体（或局部）边缘的轮廓，这是加热压制琥珀所特有的包裹体特征——固体琥珀颗粒包裹体。这是由于加热压制琥珀在加热的过程中受热不均匀或没达到全部熔融造成的。

· 发光性。多数情况下，天然琥珀在长波紫外光下，具有明显的白蓝色、蓝绿色等强度不等的荧光，在短波紫外光下不明显。加热压制琥珀也具有此荧光特征，但是，在紫外光下，压制原料（琥珀颗粒）的边缘和轮廓也被显现出来，可以清晰地看清单个个体的结合和颗粒形状；观察有暗红色血丝状体的样品，可以看到颗粒的界线沿着丝状体分布。

2. 琥珀加热压制新工艺

王雅玖等（2010）对一些实验新工艺进行了比较详细的描述：琥珀优化的目的是改善或改变其颜色、提高净度、产生具特殊效应的包裹体等；主要优化工艺有净化、烤色、爆化及烤老蜜蜡等；其优化工艺实验的设备主要为AB/3/KAP型压力炉，基本组件有压力罐、罐内室、压力与保护配件、自动控制与保护系统。介绍于下：

（1）净化工艺。净化是通过控制压力炉内的温度与压力，在惰性气氛环境下达到去除琥珀中的气泡、提高其透明度的目的。对透明度差、厚度大的琥珀材料，往往需要多次净化或增加压力和加热的时间才能完全变成透明的。净化工艺的流程一般分4个阶段：准备阶段、装炉阶段、优化阶段和开炉阶段。实验工艺参数：初始气压为4.5MPa，起始室温为27℃，在控温仪上调节加热温度为200℃，升温时间为3h，恒温约2h，自然冷却14h，至35℃时取出样品。经过净化后，所有样品的透明度都会有所改善。

（2）烤色工艺。通常，血珀的制作方法是人工烤色，即经过氧化作用使琥珀表面产生红色至深红褐色的氧化薄层。血珀的深红色可掩盖其内部杂质，甚至还可掩盖加热压制琥珀的立体“血丝”结构。烤色前先要进行净化处理，实验在密封的压力炉中进行。与净化实验不一样，烤色实验须在惰性环境中加入部分氧气，且两种气体的体积比也需谨慎控制。如果氧气太少，则琥珀表面的氧化效果不理想；如果氧气过量，则可能会增加实验设备及材料碳化的危险性。实验的工艺参数：压力为 4.5MPa，加热温度为 210℃，加热时间为 3h，气氛为惰性气体加氧气。实验后，样品变成暗红色和黑红色。通常，加热的时间越长，血珀的颜色越深。若第一次烤色未达到预期效果，可以进一步烤色，只是在温度不变的条件下，气体压力需要比上一次增加 0.5～1.0MPa，否则琥珀容易爆化。

(3)爆化工艺。爆化指加热完成时释放压力炉内的气体，迅速降压，打破了琥珀中的气泡内外压的平衡(产生内压大于外压的现象)，导致气泡发生膨胀、炸裂，产生盘状裂隙，即“太阳花”包裹体。爆化的目的是产生金花珀和红花珀，但实验证明很难一次成功，往往需要多次加工，并且要求实验用琥珀含一定量的气液包裹体。传统的爆花工艺是用油炸或砂炒的方法，其优点是可直观控制爆花效果，但操作简陋、耗时，加工数量有限，现在大多采用压力炉来制作花珀。爆花实验与净化实验的前半部分流程一样，只是在加热完成后，须马上关掉电源，释放气体，使压力炉冷却。第一次爆花的工艺参数：初始压力为 2.0MPa，最高温度为 200℃，加热时间 2h，恒温 1h。若第一次爆花实验效果不理想，可进行第二次或第三次实验，但要适当地增加压力与温度。

(4)烤老蜜蜡工艺。老蜜蜡的制作工艺相对比较简单，但耗时长、耗能高，需要在常压、低温加热的条件下缓慢氧化而成。首先将琥珀半成品或成品放置于铺有细砂的铁盘中，并放入烤箱，控制温度为 50～60℃，加热时间为 60～100d，这样就得到老蜜蜡效果。

第五章　珠宝玉石的辐照处理技术

第一节　珠宝玉石辐照处理技术的概念

珠宝玉石的辐照处理技术是指用带有一定能量的射线或粒子照射珠宝玉石，使珠宝玉石的离子电荷或晶体结构发生变化，产生各种类型的色心，再进行加热处理，从而使珠宝玉石致色或使其颜色变得更漂亮的技术。

这是一种尚未被人们广泛接受的方法，根据我国2011年2月1日实施的国家标准《珠宝玉石　名称》(GB/T 16552—2010)的规定，这一方法在优化处理中属于“处理”的范畴。

根据珠宝玉石优化处理的工艺要求，经辐照处理的珠宝玉石应当是颜色相当稳定的、不带放射性的或放射性比活度在国家规定的安全标准(豁免限值)以下的。

用于辐照处理的设备都带有强烈的放射性，对人体有害，因此，必须由专业人员操作，且操作时常用机械手帮忙。开机时，所有人员必须离开设备，人机隔离。用这种方法对珠宝玉石进行改色处理时，必须把珠宝玉石交给有设备的单位进行处理，处理全部结束后再交还给本人。

经辐照处理改色的珠宝玉石，都有一个接触高温限制。由于辐照处理改色是通过形成色心致色，而在高温下，致色电子容易跳出“陷阱”，假如温度超过形成最佳颜色所需的“陷阱能”，所有形成色心的电子就会都跳出“陷阱”，使珠宝玉石呈无色。

珠宝玉石到底有没有放射性是每个喜爱珠宝玉石的人都很关心的事。天然珠宝玉石有没有放射性？放射性有多大？对人体健康有没有影响？经过放射线辐照处理以后的珠宝玉石有没有人工放射性？放射性有多大剂量？对身体有没有影响？等等？这些都是消费者非常关心的问题，也是至关重要的问题，为此，我们先要了解一些有关核物理的概念。

第二节 关于放射性辐射和放射性

一、放射性和放射性辐射的概念

放射性辐射指原子核处于不稳定状态，放出多余的能量以求回到稳定状态的行为，放出多余的能量就是射线，形成放射线辐射，人们把这种现象叫作放射性。这种放射性辐射通常由多种射线组成，主要有α射线、β射线、γ射线、X射线和中子，它们放射出来时各自携带一定的能量，形成所谓的放射性现象。产生的放射性辐射类型主要有两种：人工放射性、天然放射性。

二、人工放射性及其产生的原理

本来没有放射性的珠宝玉石或珠宝玉石矿物，例如托帕石，放到原子反应堆中，经辐照后，由于反应堆里中子的能量大，可以打进原子核，使原本稳定的原子核因增加了能量而处于不稳定状态，而不稳定原子核具有放出多余能量恢复稳定的本能，但客观条件又不允许多余的能量一次性地全部释放出来，必须以释放α射线、β射线、γ射线的形式慢慢减少多余的能量。每放出一条射线，就向恢复稳定前进一步，不断地放出射线，就能不断地向恢复稳定前进，直至恢复原子核的稳定状态，这就是产生人工放射性及原子核恢复稳定状态的原理。可以说，本来没有放射性的珠宝玉石经过反应堆辐照后产生了放射性，即人工放射性。

三、天然放射性及其与人的关系

天然放射性是指由天然不稳定元素产生的放射性，例如矿物中的铀元素和钍元素。铀元素和钍元素是两种天然放射性元素，它们不停地放出α射线、β射线、γ射线等，放出这些射线后，其自身变成另外一种元素，并且这种元素也不稳定，会继续放出射线，再次形成不稳定的新元素，如此反复10多次后，元素才处于稳定状态。我们把每次放出α射线、β射线、γ射线后形成新元素的过程叫作“蜕变”(有时也称“衰变”)，一系列不停的蜕变会形成蜕变链，由此形成了铀系和钍系的3个蜕变链，其中，铀有两个蜕变链，分别是铀(238)蜕变链和铀(235)蜕变链，钍系只有一个蜕变链(图5-1、图5-2)。换句话说，由天然放射性元素自动产生的放射性，称为天然放射性。所以，如果珠宝玉石矿物中含有铀元素或钍元素，此珠宝玉石矿物就含有天然放射性。《珠宝玉石　名称》(GB/T 16552—2010)中列出的135种珠宝玉石矿物中，绝大部分不含铀元素或钍元素，没有放射性，只有锆石和独居石中可能以杂质的形式混入很少量的铀元素或钍元素。但是这两种宝石矿物做成首饰后，由于其个体小，重量轻，所产生的放射性远远低于国家规定的放射性安全标准，故对人体没有影响。

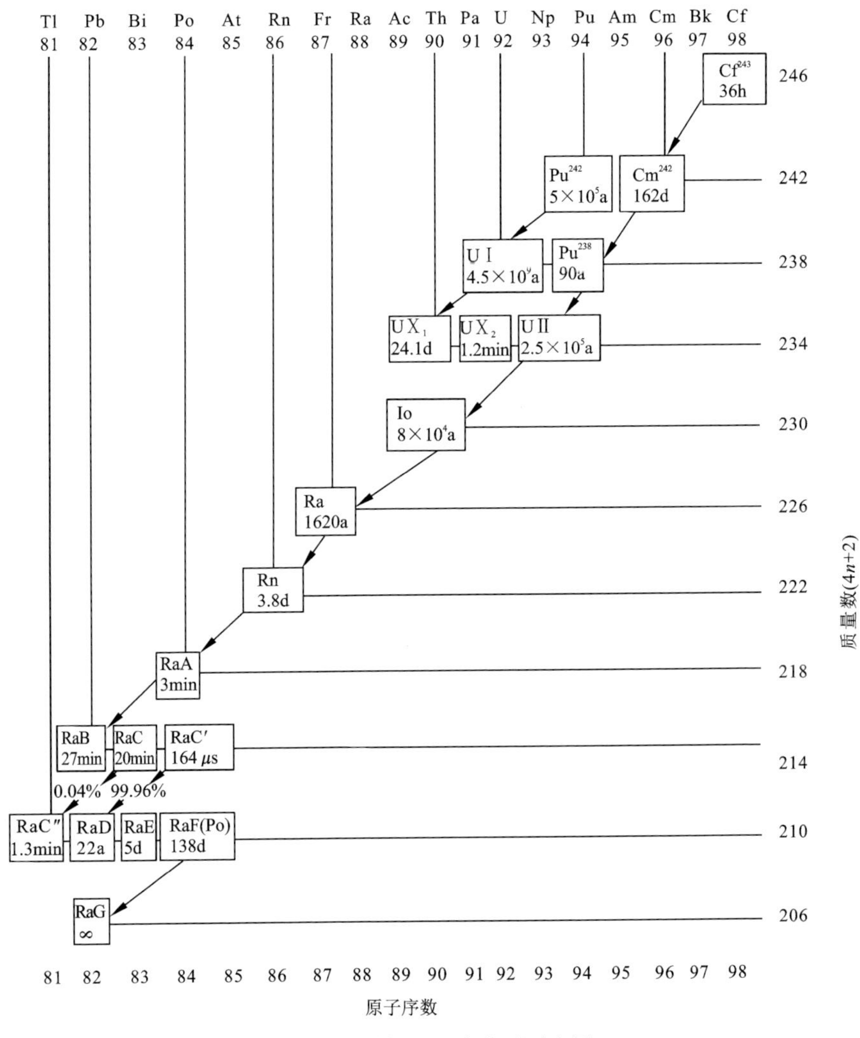

图 5－1　铀(238)衰变系示意图

(梅镇岳，1961)

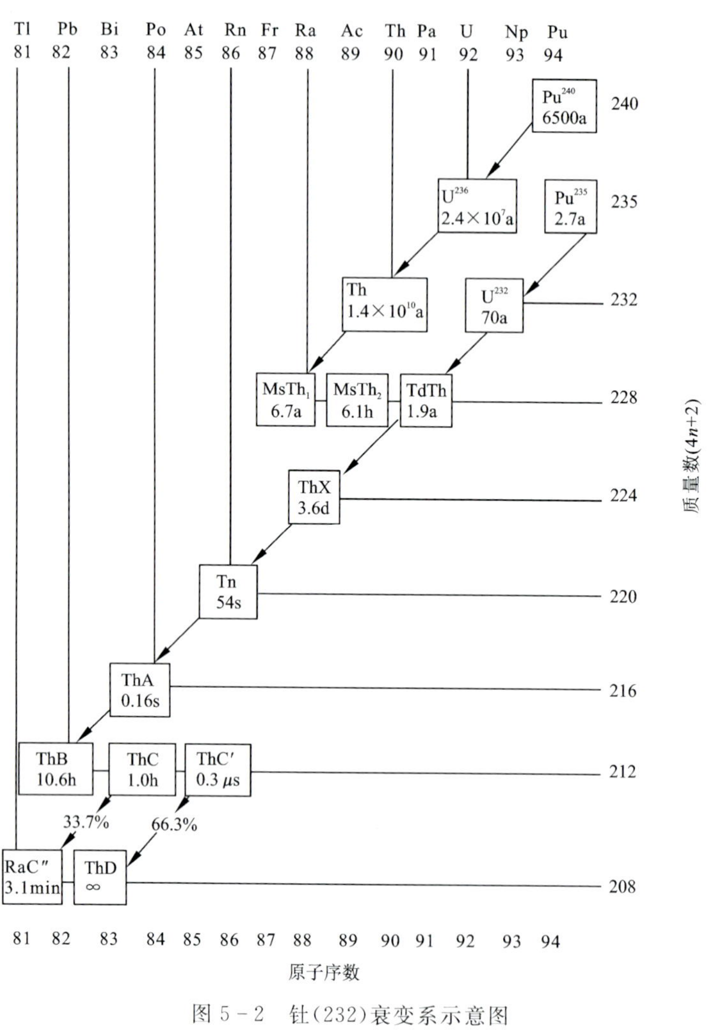

图 5-2 钍(232)衰变系示意图

（梅镇岳，1961）

四、含有放射性核素的常见化学元素

每种化学元素由很多种不同质量的核素组成，叫作不同质量的同位素，在《元素周期表》中写在每个化学元素的上方，具有放射性核素用红色表示。例如，原子序数为 19 的钾元素，其相对原子质量为 39.098，有 3 种核素，分别为 39、40、41，其中 40 用红色标出，表示它为放射性核素（图 5-3）。资料表明，钾(40)的含量在整个钾元素中只占 0.001 18%，所以产生的放射性很小，对人体健康不会产生影响。

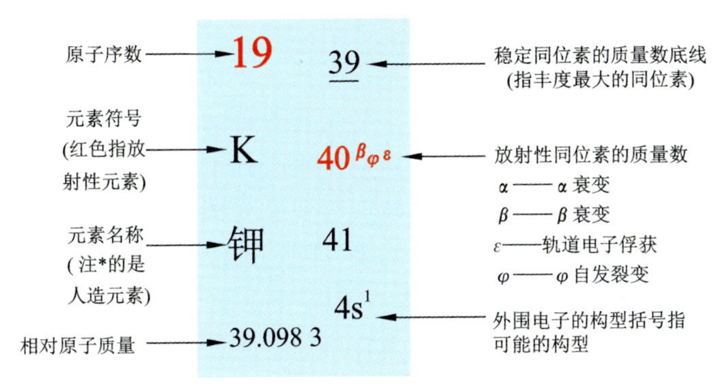

图 5-3 《元素周期表》中每个元素内容(以 K 为例)

《元素周期表》表明,在铋(83)之前,共有 15 种元素含有放射性核素:氢(3)、碳(14)、钾(40)、钒(50)、铷(87)、锝(97、99)、碲(123)、铼(187)、铂(190、192)、镧(138)、钕(144)、钷(147)、钐(147、148、149)、钆(152)、镥(176)[①](括号中的数即为放射性核素,也叫放射性同位素)。它们都会产生放射性,但由于含量很低,产生的放射性也很小,对人体健康没有任何影响。珠宝玉石矿物中含有的这些核素,主要以杂质形式存在,量更小,放射性强度可以忽略不计,对人体健康更没有什么影响。

这些放射性核素的存在,形成了人们常说的放射性本底的一部分,再加上宇宙射线的存在,可以说我们时时刻刻都生活在一个有放射性的环境中。所以,不要一听说有放射性就非常紧张,关键是看放射性有多强,是不是在国家规定的安全范围以内。

五、钾(40)进入人体后引起的内辐照

K 是最常见的化学元素之一,它不仅在矿物中有,食品中、饮水中都含有 K。如上所述,K 中含有放射性同位素钾(40),所以,每当我们进食或饮水时,就会把天然的钾(40)摄入体内,进入身体组织,形成内辐照。钾(40)的半衰期很长,为 1.28×10^{9} a,所以,钾(40)会在人体内累积,资料显示,大部分人的体内含有数千贝可的钾(40)。

①放射性同位素的书写法应当是 K^{40},但有些不常用的化学元素符号很难认,要查有关资料才能知道,不方便,故本书用老的表示法钾(40),下同。

六、天然放射性元素铀或钍产生的氡气或钍射气

氡气或钍射气都是放射性气体，是由天然放射性元素铀或钍在衰变过程中产生的，人们习惯上统称为氡气。产生的氡气有可能脱离珠宝玉石矿物进入空气中。由于氡的质量比空气大很多，在空气中会往下沉，所以，地下室中氡气含量会高一些。当氡气被吸入肺中后，氡会很快衰变成另一个不是气体的子核元素，子核元素继续衰变成下一个子核元素，这些子核元素就会在肺里形成放射性辐射，随着时间的增长，氡气不断被吸入肺里，然后衰变成非气体存在于肺中，除了少量被排出体外，剩下的会产生放射性的转移和累积。到底氡含量达到多高才对身体有影响呢？国家标准是氡含量不超过 $200Bq/m^3$。一般室内氡气含量都大大低于这个值，故不用担心。因为珠宝玉石矿物里几乎不含天然放射性元素铀或钍，这使氡在人体里的转移量和累积量都很小。

七、人类平均年累计所受辐射剂量

据资料统计，人类平均年累计所受辐射的吸收剂量当量约为2.45mSv，其中，宇宙射线为0.4mSv，大地0.5mSv，氡1.2mSv，食物摄入0.3mSv。

美国国家科学院(2005)称，在累计吸收辐射剂量当量达到100mSv的人中，1%的人会患实体癌(如肝癌等)或白血病。而拍一张胸部X光片，肺部组织约吸收0.1mSv的辐射剂量当量；做一次全身CT扫描，要吸收10mSv的辐射剂量当量。

由此可见，珠宝玉石矿物中的放射性很低，比室内的氡和进入人体的钾(40)的放射性还低，也比天然资源中吸收的辐射剂量小，更比拍X胸片或进行CT拍片所吸收的辐射剂量小，故我们不必为珠宝首饰中的放射性操心，更不要害怕。

第三节　珠宝首饰市场上常见的经放射性辐照处理的珠宝玉石品种

目前，珠宝玉石或珠宝玉石矿物的放射性辐照改色技术已日趋成熟，并被广泛应用。在珠宝首饰市场上常见经放射性辐照改色的珠宝玉石品种有以下几种。

1. 钻石

浅黄色—褐色钻石经反应堆辐照处理后，可以得到蓝绿色、黄绿色等彩色钻石，少数会得到粉红色或蓝色钻石。钻石改色后会产生人工放射性，需放置一段

时间后才能使用。另外也有用电子加速器处理钻石的，此法成本低，残余放射性极少，且持续时间短（2～3d 时间即可达到豁免限值以下），但颜色比反应堆辐照的差。

2. 托帕石

无色托帕石经放射性辐照后，会成为蓝色托帕石。目前有 3 种方法可对托帕石进行辐照改色：γ 射线辐照后蓝色浅，但没有人工放射性；低能加速器辐照后蓝色较 γ 射线辐照后的蓝色深，也没有人工放射性；反应堆辐照处理后的蓝色很深，也很漂亮，但具有人工放射性，需要放置一段时间后才能使用（图 5－4）。

3. 碧玺（电气石）

某些浅色或无色碧玺经 γ 射线辐照后会变成粉红色、桃红色，甚至红宝石色。γ 射线辐照后的碧玺没有人工放射性，可立即使用（图 5－5）。

图 5－4　无色托帕石辐照处理后的效果（左为托帕石原石）

图 5－5　碧玺经 γ 射线辐照后颜色加深（左为辐照前对比样）

4. 珍珠

海水珍珠或淡水珍珠经 γ 射线辐照或低能加速器辐照后，可以得到黑色珍珠。γ 射线或低能加速器辐照后的黑色珍珠没有人工放射性，可立即使用（图 5－6）。中国原子能科学研究院于 2016 年试验成功：在反应堆刚关闭后，利用反应堆中仍存在着强大的 γ 射线流，可将无色珍珠辐照成黑色的，且效果很好。

5. 海蓝宝石

海蓝宝石经低能加速器辐照后，能得到金黄色的海蓝宝石。辐照前海蓝宝石的蓝色越深，则辐照后的金黄色越深、越漂亮。经低能加速器辐照后的金黄色海蓝宝石无人工放射性，可立即使用（图 5－7）。

图 5－6　无色淡水珍珠经低能加速器辐照后的效果

（高秀清　赠）

图 5－7　海蓝宝石经低能加速器辐照后呈金黄色

（左为原色刻面与原石）

6. 紫水晶

天然紫水晶是在地下存在天然放射性元素的前提下，经放射性辐照形成的。水热法人工合成的紫水晶本来是无色的，经 100 万 rad γ 射线辐照后才形成紫色水晶。经 γ 射线辐照后的紫水晶没有人工放射性，可以立即使用。

7. 烟水晶（太阳镜镜片）

一般采用 γ 射线辐照，无人工放射性。也有经反应堆辐照后获得的，具有人工放射性，需放置一段时间后才能使用，经反应堆辐照处理的烟水晶比较黑。

8. 人工合成碳硅石（莫桑石）

莫桑石本来是无色的，经不同剂量的放射性辐照，再在不同温度下进行热处理后，可以得到蓝色、绿色、海蓝色等不同颜色，切磨成钻石型后，可以成为仿钻石或仿彩色钻石的理想材料（图 5－8）。

图 5－8　合成碳硅石辐照处理后（左上为原色）

（王海涛　赠）

其他经放射性辐照处理的珠宝玉石矿物还有萤石、方解石、锂辉石、方柱石、长石等，它们在珠宝首饰市场上很少见。

综上所述，原则上都可以通过辐照处理使珠宝玉石的颜色变得更加漂亮，但是要选择好辐照源、辐照强度和辐照时间。除此以外，要选择适当的加热温度和恒温时间。

第四节　放射性辐照改色的射线源分类

1. X 射线辐照源

由于 X 射线是外层电子跳到内层时放出能量所形成的射线，其能量小，只能打击原子核的外层电子，改色后的珠宝玉石没有人工放射性，但形成的颜色不稳定，在太阳光照射下会变回原来的颜色，故目前已没有人使用了。

2. γ 射线辐照源

国内主要用钴(60)γ 射线源辐照珠宝玉石改色。由于钴(60)γ 射线源只放出 1.17MeV 和 1.33MeV 两种能量，所以，钴(60)γ 射线放出的能量不能打进原子核，只能打击原子核外的电子形成色心，故经辐照改色后的珠宝玉石没有人工放射性，取出就能用，但颜色较浅。图 5-9 是中国原子能科学研究院北京原子高科金辉辐射技术应用有限责任公司(以下简称金辉公司)使用的“游泳池式钴辐照源”。钴辐照源放在 6m 深的水井中(把水井称作游泳池)，通过机械手操作，使用时把钴辐照源提到顶部，即可对样品进行辐照。

3. 低能加速器辐照源(10MeV 以下)

低能加速器辐照源的能量也只能打击原子核外的电子形成色心，打不到原子核，故改色后的珠宝玉石也没有人工放射性。用此方法辐照改色后的珠宝玉石颜色比 γ 射线辐照改色后的珠宝玉石颜色深，比反应堆辐照改色后的珠宝玉石颜色浅。如图 5-10 所示的是北京师范大学低能物理研究所 4MeV 能量的 BF-5 电子直线加速器，使用时能直接对样品进行喷水冷却。

图 5-11 是金辉公司使用的 10MeV/20kW 大功率电子直线加速器。图 5-12 是加速器的喇叭状辐照头，射线从喇叭头射出，以左右摆动的方式对样品进行“扫射”，样品在传送带上移动并经受射线辐照(图 5-12 中传送带上的纸箱正在接受辐照灭菌处理)。传送带有好几十米长，与飞机场提取行李的传送带差不多，是环形循环的，可以到安全窗口对珠宝玉石样品的颜色进行观察，颜色合适了就可以取出来。

图 5-9 游泳池式钴辐照源
（康四清 提供）

图 5-10 BF-5 电子直线加速器
（王瑛 提供）

图 5-11 金辉公司的大功率直线加速器
（康四清 提供）

图 5-12 金辉公司的大功率直线加速器对样品进行辐照灭菌处理
（康四清 提供）

4. 高能加速器辐照源(10MeV 以上)

高能加速器辐照源放射出的粒子不仅能打击原子核外的电子形成色心，还可以打击原子核，故会产生人工放射性，被改色的珠宝玉石必须放置一段时间后才能使用。改色后的珠宝玉石颜色比低能加速器辐照改色后的珠宝玉石颜色深，比反应堆辐照改色后的珠宝玉石颜色浅。

5. 反应堆中子辐照源

反应堆中的高能量中子(20～50MeV)，包括热中子和快中子两种。选择哪种中子对珠宝玉石进行辐照处理，要根据珠宝玉石原料来决定。但无论哪种中子，由于能量很大，又不带电，故不仅能打击珠宝玉石原子核外的电子形成色心改色，还可以打击原子核，产生人工放射性，故被改色后的珠宝玉石必须放置一段时间后才能用。经反应堆中子辐照改色后的珠宝玉石颜色是最深的。

图 5－13 是游泳池式反应堆堆心的照片，很难见到。反应堆使用的铀棒放在水中（即游泳池中），照片中见到的管子有些是铀棒，有些是供辐照用的样品管。至于辐照用的样品管放在哪个位置、内部怎么样组装等，这些均由工作人员处理。照片是从游泳池底部向上照的，比较清晰。

图 5－13　中国原子能科学研究院游泳池式反应堆堆心
（杨笑　提供）

据国内最早做珠宝玉石辐照改色实验的专家高秀清介绍，在反应堆中子辐照珠宝玉石时，必须将待辐照处理的珠宝玉石置于用镉（Cd）或钆（Gd）材料做的特制屏蔽热中子装置中进行辐照处理。这一装置虽然可屏蔽大量的热中子，但仍会有少量的热中子穿过屏蔽层射入珠宝玉石晶体内，产生人工放射性。所以用这种装置进行辐照处理的珠宝玉石仍然要放置冷却一定的时间，待辐照处理的珠宝玉石放射性强度衰变到豁免限值以下时才允许出厂。

由此可知，用不同的放射源辐照处理同种珠宝玉石所得到的颜色是不一样的，对托帕石的辐照样品进行比较就可以看出来（图 5－14）。

珠宝玉石矿物经过放射源辐照处理后并不都会产生人工放射性，只有经过能够打击到原子核的高能量射线辐照处理后的珠宝玉石才具有人工放射性。产生了人工放射性的珠宝玉石需要放置一段时间，达到安全豁免限值以下方可使用。

图 5-14　不同射线源对托帕石的辐照改色
（左为 γ 射线辐照；中为加速器辐照；右为反应堆辐照）
（高秀清　赠）

第五节　有关放射线和放射性的几个基本概念

一、放射线

放射线指带有一定能量，穿透力很强，但又看不见、摸不着的射线。包括 X 射线、α 射线、β 射线、γ 射线、反应堆中子和加速器高能粒子等。其中后 3 种射线在珠宝玉石辐照改色处理中最常用。

二、X 射线

1895 年 11 月 8 日，德国物理学家伦琴在研究阴极射线管中的真空放电现象时，发现了一种新的、看不见的射线，这种射线具有极强的穿透能力，并能使铂氰化钡发出荧光。由于当时人们对这种射线还不够了解，便借用了数学上代表未知量的符号，命名为 X 射线。后人为纪念伦琴的功绩，把 X 射线又称为伦琴射线。

三、放射性活度

放射性活度指放射源在某一时刻的放射性强度，也就是我们用放射性测量仪器测到的每秒计数，称为“贝可勒尔”，简称“贝可”，用 Bq 表示。1Bq 表明放射源在 1s 内发生 1 次放射性衰变，放射性测量仪器测到 1 个计数。

四、放射性比活度

放射性比活度指放射源在某一时刻每克样品的放射性强度，用 Bq/g 表示。

五、半衰期

放射源中不稳定状态原子核放出1次多余能量（即射线）的过程称为衰变。随着时间的迁移，不稳定状态原子核转化成稳定状态原子核的数量愈来愈多，放射性强度愈来愈弱，逐渐达到国家规定的放射性比活度豁免限值以内。我们称放射源的放射性强度降低一半所需的时间为半衰期。一般认为经过10个半衰期后，放射性物质的放射性比活度可降到豁免限值以内。

六、居里

居里是另一个表示放射性强度的单位，符号为Ci，是为了纪念放射性发现者法国的居里夫人，表示1s内有3.7×10^{10}个原子核发生衰变。所以，Ci与Bq的关系是$1Bq=2.7\times10^{-11}Ci$，而$1Ci=3.7\times10^{10}Bq$。

七、人体最大放射性允许剂量及环境放射性剂量

1. 剂量单位“伦琴”

当放射线照射人体后，被人体吸收的放射线能量，叫作人体吸收的放射性“剂量”，用“伦琴”表示，符号为R。1R相当于1g人体组织吸收了85erg（尔格，$1erg=10^{-7}J$）辐射能量。所以，伦琴表示当人体被放射线辐照后吸收了射线的多少能量。

2. 剂量当量及其单位

1977年，国际辐射单位与测量委员会（ICRP）提出了一个新的专用于辐射防护的量，以代替过去通用的剂量单位“伦琴”，这就是剂量当量。剂量当量的专用单位是“雷姆”，用符号rem表示，其对应的吸收剂量当量单位是“拉德”，用符号rad表示；另一个剂量当量的专用单位是“戈瑞”，用符号Gy表示，其对应的吸收剂量当量单位是“希沃特”，简称“希”，用符号Sv表示。$1rem=10^{-2}Sv$，$1rad=10^{-2}Gy$。

3. 人体剂量当量限值

1977年国际辐射单位与测量委员会（ICRP）提出的人体剂量当量限值是5rem/a或50mSv/a。

人类生活在一个充满放射性辐射的世界里，每个人不可避免地要受到来自宇宙射线和周围环境（大地、大气、水体）中微量放射性元素产生的放射性辐射（称为外辐照），承受空气、水源和食物中含有的微量放射性元素进入人体后所引起的放射性辐射（称为内辐照），但这些自然辐照的剂量当量在通常情况下对人体是安全的，不会引起人体器官的病变或伤害。

第六节　放射性辐照处理的相关问题

一、原子、原子核及产生放射性的条件

众所周知，珠宝玉石矿物有各自的化学成分，化学成分由不同的化学元素组成，每个化学元素又由原子序数不同的原子组成，原子由原子核与外层电子组成。外层电子数与原子序数相同，它们按一定的规则分成多层，电子围绕原子核不停地做旋转运动。电子带负电，原子核带正电，正负电荷相等，故处于稳定状态(参见第三章相关内容及图 3－16～图 3－18)。如果有外来高能射线打进原子核，就会使原子核增加能量，使本来处于稳定状态的原子核变成激发态，即不稳定状态。处于不稳定状态的原子核具有放出多余能量以恢复稳定状态的本能，放出的多余能量会形成射线，产生人工放射性(图 5－15)。

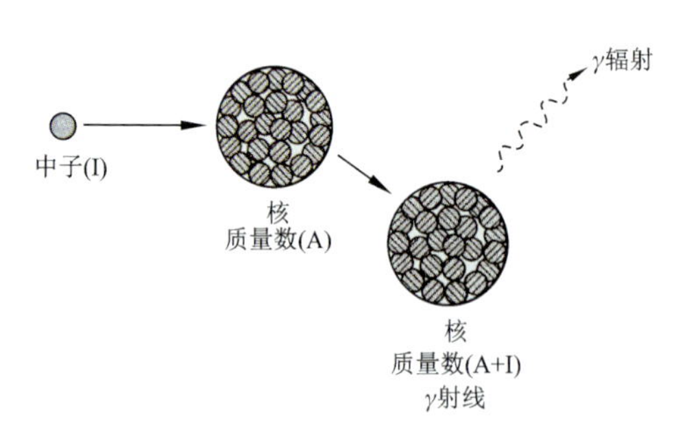

图 5－15　原子核遭受中子打击的变化示意图

二、放射性辐照处理中色心的形成及放射性的产生

(1)放射性辐照处理的方法是将带一定能量的放射线与珠宝玉石相互作用，即带一定能量的放射线打入珠宝玉石的原子中，把原子核的外层电子打掉，形成一个“空穴”，这个“空穴”会俘获自由电子，从而形成色心。这是放射性辐照改色内容的核心。

(2)进行辐照改色的射线有的带电，有的不带电。带电的射线主要是 α 射线和 β 射线，α 射线带正电，β 射线带负电，其能量很大但射程很短，它们在空气中会与氮原子和氧原子发生反应，使能量消耗掉，故不能用于放射性辐照珠宝玉石改色。X 射线、γ 射线和中子都不带电，故能打击原子核外层电子，形成色心，从

而使珠宝玉石改色。但X射线、γ射线和中子的能量差别很大，X射线和γ射线的能量只能打掉原子核的外层电子进行改色；而中子的能量足够大，不仅能打掉原子核的外层电子，甚至可以打进原子核，使原子核由稳定状态变成不稳定状态，从而产生人工放射性。当然，在放射性辐照处理珠宝玉石改色中，还会用到加速器（加速器有很多种类型，图5-10为低能直线加速器），利用人工产生的不同能量射线（或粒子）去打击珠宝玉石进行改色，而是否会产生人工放射性，主要看产生射线的能量大小，若能量足够大，可以打入原子核时，就会产生人工放射性。所以，是否产生人工放射性的条件是射线的能量能否打入原子核。

（3）辐照处理后，带有人工放射性的珠宝玉石必须放置一定时间的原因：珠宝玉石或珠宝玉石矿物的原子核在辐照改色的过程中经过高能量中子打击后，中子把它的能量传递给了原子核，使原本稳定的原子核因增加了能量而处于不稳定的状态。原子核为了恢复稳定状态，就要放出多余的能量，但又必须遵守规则，不能一次性把所增加的能量全部放出来，而是要以α射线、β射线、γ射线的形式一点一点地慢慢放出多余能量。每放出1次，就相应地减少1个α射线、β射线或γ射线的能量，也就向恢复原子核稳定状态前进一步，直到把多余的能量全部放出来，使珠宝玉石不再带有人工放射性，其时间由产生人工放射性核素的半衰期长短决定。如果放出部分能量后，残余的放射性强度达到国家规定的放射性安全范围，也可取出来使用，但此时珠宝玉石会继续放出多余的能量，直到放完为止。

三、放射性比活度豁免限值

1. 放射性比活度豁免限值的概念

放射性比活度豁免限值是指对人体是安全的、不需要对放射性强度进行监测的放射水平，即安全水平。在安全水平以下的放射性，对人体无害。

2. 我国放射性比活度豁免限值的国家标准

根据我国国家环保局发布的《辐射防护规定》(GB 8703—1988)放射性比活度豁免限值为“人工放射性物质比活度小于70Bq/g，天然放射性物质比活度小于350Bq/g”。

所以，经过反应堆辐照处理改色的珠宝玉石，产生的人工放射性在放置一段时间后，用放射性测量仪器监测，只要当放射性比活度小于70Bq/g时，就可以上市售卖或自己使用。天然珠宝玉石做成首饰后，其放射性比活度都小于350Bq/g，锆石磨成戒面或项链坠后，绝大部分饰品的天然放射性比活度都小于350Bq/g，故对人体健康没有影响。

3. 放射性比活度豁免限值的国际标准和其他国家标准

(1)国际辐射单位与测量委员会(ICRP)制定的《放射性防护基本标准》中规定放射性比活度豁免限值为“人工放射性物质比活度小于100Bq/g,天然放射性物质比活度小于350Bq/g”。

(2)各国的放射性比活度豁免限值标准有的相同,有的不同。根据现有资料,可归纳如下:天然放射性物质的比活度小于350Bq/g,这个值世界各国都一样;不同点在于人工放射性物质的比活度豁免限值,英国的为小于100Bq/g,中国香港和中国台湾地区及法国、意大利、日本的为小于74Bq/g,美国为小于37Bq/g(有资料称,美国于1990年9月25日发布的海关对珠宝玉石类检验的放射性比活度豁免限值为15Bq/g,15Bq/g基本上是室内外放射性本底的数值,因此,若将珠宝玉石输入美国时,要特别测定珠宝玉石中的放射性强度,尤其是经过放射性辐照处理改色过的珠宝玉石。)

中国的人工放射性物质的比活度豁免限值为70Bq/g,比我国儿童玩具及儿童食品中的规定值(74Bq/g)还低,所以在此标准以下的都是很安全的。

4. 反应堆中子辐照处理托帕石的人工放射性强度

资料显示(向长金,1992;王树根等,1996),天然放射性形成的本底辐射产生的年辐射剂量为2mSv;一次胸部X射线照射对患者辐照剂量典型值是8mSv;飞机在12 000m高空飞行时,乘客所受宇宙射线辐照剂量为0.006mSv/h;而佩戴一枚5ct(1g=5ct)经反应堆中子辐照改色的蓝色托帕石戒指(比活度控制在70Bq/g以下)第一年手指所受年累积辐射剂量相当于乘10h飞机时所受的有效剂量,或相当于胸部X射线照射所受剂量的10%,或相当于天然放射性年辐照量的2.5%,并且,放射性强度随时间的增加而不断降低,厂家在测量值小于70Bq/g后才能让改色托帕石出厂,再佩戴1年以后,放射性强度就微乎其微、可以忽略不计了。由此可见,佩戴经反应堆中子辐照改色的蓝色托帕石首饰是安全的。

第七节 珠宝玉石辐照改色的核心——色心的形成与消除

在辐照处理中,色心的形成是由于带一定能量的射线把原子核的外层电子打掉或者把整个原子打掉后形成的。

一、射线与珠宝玉石的相互作用

射线是带有一定能量的粒子,对珠宝玉石进行辐照处理的实质是用射线轰击珠宝玉石中的原子或离子。众所周知，原子由原子核和外层电子组成，原子核带正电，电子带负电，由于电场力的相互作用，使它们处于一定的轨道上运动。射线如果恰巧打上电子，就能把电子打掉（指离开原来位置，处于游离状态），使那儿出现空缺，即形成缺陷或者形成色心。同理，射线的能量很大时，也可把整个原子打掉（离开晶体结构点阵位置），形成晶格缺陷；还可打入原子核内，使原来稳定的原子核变成不稳定的，在放出能量的同时产生人工放射性。

二、色心的形成与分类

1. 形成颜色的条件

原子核外层电子的运动有一定的轨道，每个轨道上运动的电子都具有一定的能级，不同能级上的电子如果吸收了一定的能量，就可以跃迁到较高能级的轨道上去，此时称该电子处于激发态。如果电子吸收的能量恰好是可见光范围中某一波长的能量，我们就能见到颜色。创造这样的条件是优化处理使珠宝玉石颜色变得更漂亮的关键。

2. 辐照处理中形成颜色的条件

射线与珠宝玉石相互作用的结果是使珠宝玉石产生缺陷，打掉的电子位置出现一个能级的“空穴陷阱”（即色心），它能俘获电子。“空穴陷阱”也是由不同能量的能级组成的。这些被俘获在“空穴陷阱”中的电子吸收可见光中某一波长的能量后，仍可从基态能级向上跃迁。如果“陷阱”能很低，则电子可跳出“陷阱”，则颜色消除；如果跳不出“陷阱”，这个电子又会跳回“陷阱”的基态能级，然后再吸收可见光中的能量跃迁到较高能级后又跳回来，如此往返不断，我们就能看到珠宝玉石呈某种颜色。

3. 色心又可分为电荷缺陷色心和离子缺陷色心

（1）电荷缺陷色心。指晶体结构中的离子外层电子被打掉后形成的色心。因为晶体绝大多数是由阳离子和阴离子组成的，如果是阴离子的外层电子被打掉，形成的色心称“电子色心”，也叫“F”心。如果是阳离子的外层电子被打掉，形成的色心称“空穴色心”，也叫“V”心（图 3-28、图 3-29）。

（2）离子缺陷色心。指晶体正常晶格位置上的离子被打掉后形成的色心。又分正离子空位、负离子空位、空位聚集和填隙离子等缺陷形成的色心。

三、辐照样品的后处理与色心的消除

不同种类的珠宝玉石或不同产地的同一种珠宝玉石，在辐照处理前就存在着各种不同的缺陷，在辐照过程中又形成不同的缺陷，这些不同的缺陷主要反映为"陷阱深度"或"陷阱能"大小不一样。因此，这些色心中电子吸收可见光的能量就不一样。而可见光的不同能量代表不同的颜色，所以，众多不同的"陷阱能"色心会形成不同颜色的混合体，颜色会不鲜艳、不漂亮、不好看。因此，要消除不需要的色心，留下需要的色心，就需要进行后处理——热处理。加热就是给辐照处理后的珠宝玉石提供能量，帮助被俘获在较低"陷阱能"中的电子跳出"陷阱"，从而消除不需要色心；留下那些"陷阱能"比较高的，就能达到使珠宝玉石颜色漂亮的目的了。

给辐照处理后的珠宝玉石加热，必须掌握好温度，如果加热温度过高，就会破坏所有的色心，即经辐照处理后的珠宝玉石会被"漂白"。但被"漂白"后的珠宝玉石样品再经辐照处理后，它的颜色又能"变回来"（图3-30、图3-31）。

第八节 珠宝玉石辐照处理的主要影响因素及可能产生的破坏

一、晶体生长速度及缺陷

通常晶体生长越快，其缺陷越多，对辐照处理越敏感，越容易致色或改色；反之，晶体生长越慢，其缺陷越少，对辐照处理越不敏感，越不容易致色或改色。

二、杂质含量

(1)通常被辐照处理的珠宝玉石中含容易辐照后形成色心的杂质含量越高，辐照处理后颜色越深，或辐照时间很短就可以变色。反之，颜色越浅，辐照时间越长。

(2)辐照后放置时间的长短也与辐照样品中的杂质有关。样品中所含杂质同样受到辐照，会产生人工放射性，有的半衰期短，只需几小时或几天，例如，若不含杂质的托帕石中所含化学元素仅Al、Si、O、F等，这几个元素被辐照处理后的半衰期分别为2.24min、2.62h、11.0s和26.9s，可见，放置几天后人工放射性的残余量就接近于0，十分安全。但由于天然托帕石中或多或少都含有杂质，这些杂质元素辐照后产生的人工放射性有的半衰期很长，如钪(46)的半衰期为83.9d，铁(59)的半衰期为45.1d，铯(134)的半衰期为5.26a等，这些半衰期较长的杂质元素含量越高，则辐照处理后样品需放置的时间越长。当然，还要看杂质含量的多少，只要放射性比活度达到豁免限值以下就行。由于被辐照处理的样品来自不同的地方，所含杂质含量不同，故需放置的时间长短也不一样，样品在辐照处理前应先测定一下杂质元素的种类及其含量，做到对辐照处理后样品需放置的时长有预估值。最终的决定权应以放射性检测仪器测定的数值为准。

三、辐照源的能量和辐照剂量

对于同一个辐照处理样品，辐照源的能量越高、辐射剂量越大，则样品辐照致色或改色的效率就越高，辐照时间越短；反之，则辐照致色或改色的效率越低，辐照时间越长。

四、原材料的原始颜色

实践证明，辐照处理珠宝玉石后的颜色与采用的辐照方法有关。

若采用 γ 射线或低能加速器进行辐照，则处理后的颜色与材料的初始颜色有关，通常以白色为佳。例如，天然浅蓝色的托帕石，经辐照处理后很难变成深蓝色，但天然无色托帕石经辐照处理后，再经热处理可获得深蓝色；又如，天然浅茶色水晶辐照处理后很难变成深茶色，而无色水晶经辐照后能变成深茶色。

若用加速器或高能加速器辐照处理珠宝玉石时，处理后的颜色与原材料的初始颜色无关。中国原子能科学研究院高级工程师高秀清告诉笔者：如托帕石的颜色为白色、褐色或淡蓝色，经反应堆中子辐照处理后都会变成蓝色，仅个别会出现黄色和橙色，十分稀少；又如钻石经高能加速器辐照处理后，若初始颜色是褐色或黄白色，绝大多数都会变成绿色，少数会呈金黄色。实践证明，经反应堆或高能加速器辐照处理后的珠宝玉石颜色，与材料的初始颜色无对应关系。

五、辐照处理前后的预处理及后处理

实践证明，对不同的珠宝玉石进行辐照处理，有的要进行预处理，有的要进行后处理。例如，对浅茶色的水晶在辐照处理前要先加热使之褪色后再进行辐照处理；对无色托帕石必须在辐照后进行热处理才能得到漂亮的深蓝色。

六、辐照处理可能产生的破坏

(1)辐照处理时射线所携带的能量会转移到被辐照的样品上去，所以，样品在极短的时间内会产生局部高温，这会使导热性不太好的珠宝玉石样品产生内应力，出现爆裂现象。故在用高能加速器和反应堆进行辐照处理时，样品不能太大。

(2)当辐射源能量很大，且辐照时间很长时，容易打掉样品中太多的离子而形成较大的“空位聚集区”缺陷，这种晶体缺陷对形成色心不利，使辐照处理后的样品呈现灰暗的颜色或黑色。

（3）辐照处理时，射线首先作用于样品表面，当射线能量足够大，并恰好打中样品表面的原子或离子，这些原子或离子接受了射线的能量后，可能脱离原有晶体的束缚而飞到空气中去，这种现象称为辐照汽化，可造成样品表面的破坏。

第九节 珠宝玉石辐照处理的鉴定

总的来说，珠宝玉石辐照处理的鉴定，到目前为止，还没有一个通用的鉴定方法。有些经 γ 射线源辐照的珠宝玉石并不表现出辐照处理后的特征；有些珠宝玉石经辐照处理后，可能会在红外光谱或吸收光谱中见到一些新的谱线，但只适用于特定的珠宝玉石，并且这些谱线特征会随着辐照条件的变化而变化，只有经验丰富的人才能鉴别，所以此类鉴定比较困难。

目前可以鉴定的是经反应堆中子辐照处理的珠宝玉石。由于处理后的珠宝玉石会产生人工放射性，可以用中子活化分析的方法对样品进行鉴别。中子活化分析方法灵敏度很高，可以检测到样品中含量为 $1\times10^{-9}\sim1\times10^{-12}$ ppm 的某种元素，此方法的原理是通过被中子辐照处理后，珠宝玉石中某些元素产生的人工放射性 γ 射线谱，样品用低本底锂漂移锗半导体探测器和多道能谱仪联合测定。多道能谱仪上会自动显示各元素的 γ 射线谱，如果预先输入标准谱，还能定量测出各元素的含量。例如天然彩色钻石与辐照处理彩色钻石的价格差别很大，若想分辨它们，可采用此法。没有经过辐照处理的天然彩色钻石，没有人工放射性，只能测到钻石本身的谱（包括《元素周期表》中含放射核素的谱）；但经反应堆中子辐照的彩色钻石，会出现人工放射性元素谱，这些元素在多道能谱仪中能自动显示。故只要看到彩色钻石中多出了很多原来没有的谱线，即产生的人工放射性元素谱线，就可断定被检测的样品是经过反应堆中子辐照处理的彩色钻石。

陆太进博士告诉笔者：NGTC（国家珠宝玉石质量监督检验中心）主要根据光谱学数据和特征差异来鉴定经辐照处理的珠宝玉石。经验证明，对比辐照处理前后的同一样品，可发现在紫外—可见光—近红外吸收光谱，以及光致发光光谱特征上存在微小的差异可以用来鉴定。如果有条件的话，光谱最好在低温或液氮环境下采集，在此条件下分辨率较高。

第十节　珠宝玉石辐照处理实例

一、托帕石的辐照处理

托帕石的辐照处理可以使用 γ 射线源，也可以用电子加速器高能粒子，或者用反应堆中子。其效果不尽相同，后处理工艺也不相同。

1. 使用钴(60)γ 射线源辐照处理托帕石

实验证明，用钴(60)γ 射线源辐照托帕石后不产生放射性。当钴(60)γ 射线源的强度在 2 万～32 万 Ci 时，辐照时间应当在 20～60d，辐照源强度越大，辐照时间越长，效果越好，颜色越深(但实验证明辐照时间加长到一定程度后，继续辐照不会使颜色进一步加深或加深不多)；托帕石累计吸收剂量在 2000Mrad 以上时，才能使托帕石最终成浅蓝色(实验证明，1000Mrad 的辐照剂量不能使托帕石变蓝)；辐照后的托帕石是黄棕色—褐色，经过热处理后变成浅蓝色(图 5－16)；热处理温度随辐照剂量的增加而提高，2000Mrad 时，热处理温度为 230℃(200℃时有褐色残留)；3000Mrad 时为 240℃(加热恒温时间均为 2.5～3h)。

图 5－16　托帕石的辐照处理

(左为原色，中为辐照处理后的颜色，右为热处理后的颜色)

(高秀清　赠)

2. 使用 4MeV 加速器辐照处理托帕石

4MeV 加速器辐照托帕石的时间只要几天(1 个星期左右)，经辐照处理后托帕石没有放射性。辐照后要进行热处理，热处理温度为 270～280℃。颜色比用 γ 射线源辐照处理的好，大约有 15％深蓝色、75％中等蓝色、10％浅蓝色。

3. 使用10MeV以上的加速器辐照处理托帕石

10MeV以上的加速器，由于射线的能量大，托帕石样品会产生两种色心：蓝色色心和蓝紫色色心，颜色比较深，国外称为“天空蓝”。在辐照中会产生高温，需要用水冷却，故不需要另外进行热处理。辐照处理后的托帕石带有人工放射性，要用放射性测量仪器进行监测，只有在放射性比活度处于豁免限值以下时才可使用。

4. 使用反应堆中子辐照处理托帕石

用反应堆中子辐照托帕石时要选好辐照孔道，一般选择中子通量为 $5\times10^{12}n/(cm^2\cdot s)$ 的孔道，对无色托帕石进行辐照处理后，可以获得颜色稳定的蓝色托帕石。其特点是辐照效率高，颜色深，不需要热处理就能得到深蓝色，国外称为“伦敦蓝”，但带有灰色色相。如果再进行一次热处理，加热温度为400℃，可以提高蓝色的亮度（明度）。反应堆辐照处理的托帕石有人工放射性，需要放置相当长的时间，让放射性比活度降低到豁免限值以下才可使用。

5. 联合使用反应堆中子辐照与电子加速器高能粒子辐照处理托帕石

如果联合使用反应堆中子与电子加速器高能粒子辐照托帕石，效果最好，可以得到最深的蓝色。

6. 辐照处理后蓝色托帕石的颜色稳定性

辐照处理后的蓝色托帕石“通过褪色模拟实验”及近5a置于阳光下的曝晒考验表明，5a内仅褪色2%～3%，故推算在50a内肉眼看不出明显的褪色（向长金，1992）。

二、钻石的辐照处理

1. 使用镭盐辐照钻石

19世纪末，居里夫人发现了放射性元素，并从沥青铀矿中提炼出放射性元素镭。1904年，W.克鲁克斯把钻石埋在镭盐中一年多，结果发现原来无色的钻石变成了似电气石（碧玺）的绿色，这应该是最早的钻石辐照处理实验。人们猜测是放射元素镭放出的 α 射线对钻石进行了辐照，取出来时带有人工放射性残余。检测方法是将样品与照相底片或感光板接触，在一个不透光的暗室中放一晚，底片就会明显变黑。此法所产生的人工放射性剂量经测定很低，小于早期夜光手表上镭的辐射量。W.克鲁克斯还曾把一块八面体金刚石置于镭盐中，结果金刚石变成绿色，这块辐照后呈绿色的金刚石于1914年赠送给大英博物馆，至今仍保持辐照处理后的颜色。

后来还发现，如果把金刚石放在放射性气体氡中，获得辐照处理绿色金刚石的时间要短得多。一般说来，金刚石在放射性气体氡中放 10d 所产生的颜色变化，相当于在镭盐中放几个月的颜色变化。

2. 人工生产的放射性元素镅辐照处理钻石

人工生产的放射性元素镅不断地放出 α 粒子，用它来作放射源辐照金刚石是一种现代新技术，不仅能使金刚石变成色彩鲜艳的绿色，而且对这种绿色金刚石进行强有力的冲洗后，将不再带有人工放射性残余(彭明生，1995)。

1971 年，美国学者 Haynes 在一项美国专利中介绍了这种方法：他将一块金刚石置于镅氧化物粉末中，经 7～11d 取出金刚石，然后在砂中翻滚几分钟，再用清洁的纯硝酸试剂在超声波搅动下反复冲洗，最后用洗涤剂冲洗干净，便得到一块鲜艳的祖母绿色金刚石，而且这种辐照处理的金刚石不具有人工放射性残余。不仅如此，这种辐照处理得到的祖母绿色金刚石在 500℃左右的温度下加热，还会变成金黄色。

3. 使用 γ 射线辐照处理钻石

用 γ 射线辐照钻石，可得到不同色相的绿色、蓝绿色，且颜色在钻石中分布均匀，不会产生人工放射性。但 γ 射线使钻石致色的过程比较缓慢，完成辐照处理的时间很长，少则几个月，多则 1a，并且颜色较浅，不能令人满意，现已基本不予使用。

4. 使用加速器辐照处理钻石

加速器辐照钻石，大多数只能使钻石产生浅绿色或浅蓝绿色，且不产生放射性。若想得到深绿色或深蓝绿色，就必须加长辐照时间，少则数月，多则几年，设备的承受力不够，经济效益低，故一般也不会采用。另外，如果用 10～15MeV 的加速器辐照，钻石的颜色变化与加速器束流强度和辐照时间长度有关，累积剂量越大则颜色越深。一般情况下，5～7d 即可获得颜色鲜艳的彩色钻石。但是，在高能加速器辐照钻石的过程中，会产生大量的热量，可在极短的时间内使钻石局部达到很高的温度，引发我们不希望的变化，故必须配备好冷却循环系统来冷却钻石。

5. 使用反应堆中子辐照处理钻石

利用核反应堆中的高能量中子进行辐照处理来获得彩色钻石，是目前最常用的方法之一。中子有热中子和快中子之分，进行辐照处理钻石时，需要屏蔽热中子，只用快中子。通常选择中子通量为 5×10^{12} n/(cm^2 · s)的孔道，辐照处理后能得到较深的颜色。实验表明：辐照 1h 后，金刚石会产生一种非常浅的绿色色相；2h 后，颜色稍加深；5h 后，变成非常明显的绿色。故辐照时间越长，颜色越深，但时间不能太长，若辐照 50h，钻石就会变黑且不透明（彭明生，1995；吕新彪等，1995）。故选择好合适的中子通量孔道后，还要选择合适的辐照处理时间，不同地区的钻石可能会有稍许差异。

经过反应堆中子辐照处理后的金刚石，颜色并不纯净，因此，最好在真空或氩气环境中进行热处理，温度为 800～1000℃，便能得到单一的颜色（注意，不能在空气中进行热处理，因为钻石的成分主要是碳，碳在空气中加热会燃烧掉）。

此法的优点是时间短、效率高，颜色改善效果好、成本低，是目前钻石辐照处理中最主要的工艺之一。

反应堆中子辐照处理的钻石带有人工放射性，需要放置一定的时间。当放射性测量仪器的监测结果在放射性豁免限值以下后，就能上市了。

三、珍珠的辐照处理

1. 使用反应堆停堆后的 γ 射线辐照处理珍珠

中国原子能科学研究院是国内最早研究珠宝玉石辐照处理的单位之一，在反应堆中对珍珠进行 γ 射线辐照是他们的绝招之一。原理是利用反应堆停止工作后，反应堆内仍然保存有较强的 γ 射线、β 射线和电离射线（被称为综合射线），可以用来辐照珍珠，是目前最好的方法。该院高级工程师高秀清（2016）做了这方面的研究，现介绍如下。

珍珠以其绚丽的色彩、特殊的珍珠光泽、浑圆精巧、洁白美丽，备受人们喜爱。但从养殖场采收来的原珠多数色彩各异，光泽暗淡，并且带有色斑和污物，需要经过一系列的优化处理工艺以改善其颜色、光泽和光洁度，才可使它真正具有商品价值。

即使经过优化处理，总还有些不易漂白、色泽晦暗的低档珍珠。为了提高这类低档珍珠的商品价值，可采用化学染色，使其珠体变成黑色。日本早在 20 世纪 50 年代就开始采用钴（60）γ 射线辐照珍珠，获得黑色、蓝灰色等颜色的珍珠。但颜色较灰暗，晕彩欠佳。

中国原子能科学研究院于 1994 年开始在轻水实验室反应堆上进行珍珠辐照改色实验，近年来又研究出利用反应堆停堆后堆内残余的 γ 射线、β 射线和电离射线（称之为综合射线）辐照珍珠。实验所选取的珍珠为浙江诸暨产的淡水养殖珍珠和广西北海的海珠。

实验证明，有核的海水养殖珍珠经辐照后，只有体内的核变成黑色，而珠体略呈银灰色，且光泽和晕彩不佳，改色效果不理想。淡水珍珠经辐照处理之后，体色变黑，光泽艳丽，色彩丰富，有深紫色、孔雀绿色、古铜色、银灰色，还有极少数珍贵的金黄色。晕彩明显强于原珠，类似天然成色的塔希提海珠。表面颜色分布均匀，颜色稳定，久不褪色。

采用综合射线辐照改色，辐照剂量控制在 $1.2\times10^8\sim2.6\times10^8$R(1R＝0.93rad)之间。辐照剂量不同，同种类型珍珠处理后的颜色不同。一般情况下，辐射剂量越高，辐照时间越长，颜色越深，但超过一定剂量，珍珠层就会变得灰暗且不透明，失去晕彩，变成类似瓷白色，产生裂纹，甚至完全被破坏。因此采用合适的辐射剂量，可使珍珠体色变黑，带孔雀绿色等的伴色鲜艳，在黑色背景下的晕彩更为明显(图 5－17、图 5－18)。

图 5－17 辐照处理前的各色淡水珍珠
(高秀清 提供)

图 5－18 辐照处理后的各色淡水珍珠
(高秀清 提供)

辐照剂量相同时，不同种类珍珠的改色效果不完全相同。淡水无核珍珠的颜色较海水珍珠的深，海水珍珠核的颜色比外层的深，珍珠层呈现银灰色，里面的核呈黑色。淡水珍珠体色黑色，伴色丰富而鲜艳。相同皮色的珍珠在相同辐射剂量下，其颜色改变也不相同。例如，一批黄白色的珍珠经辐照后，可出现多种颜色个体，虽然体色都是黑色的，但伴色可呈现出暗紫色、玫瑰紫、孔雀绿、古铜色、银灰色等多种颜色。淡粉色的原珠辐照后也会产生上述的颜色。但颜色的深浅和晕彩的强弱各不相同，并且获得各种颜色珍珠数量的比例不可控。

辐照改色的珍珠不含残余放射性物质，对人体不会造成伤害，且颜色稳定，久不褪色。颜慰萱、李立平(2002)曾对辐照改色的珍珠和天然呈色的塔希提黑珍珠进行紫外线光照实验，经过 360h 的光照，发现它们皆无明显褪色迹象。

2. 珍珠辐照处理后的研究

李立平等(2002)在中国原子能科学研究院利用上述方法对珍珠进行辐照处理，并在进一步研究中指出以下几点。

(1)珍珠辐照处理后呈黑色的原因有两种：①传统理论认为珍珠中含有微量的 $MnCO_3$，在辐照下会被氧化成 Mn_2O_3 或 MnO_2。通过化学分析发现，淡水无核珍珠的含锰(Mn)量比海水有核珍珠的高 60～64 倍。这似乎可以解释,在同等辐照剂量下,淡水无核珍珠的颜色较海水有核珍珠的颜色深,而海水有核珍珠的核的颜色明显比其外层珍珠层的颜色深(海水养殖珍珠的核是由淡水贝壳磨成的)。②除锰(Mn)的氧化作用外,珍珠内其他化学物质尤其是有机成分在辐照下也会发生化学变化,这可能在珍珠辐照改色中也起了重要的作用。

(2)对辐照处理效果较好的珍珠进行人工残余放射性测定,发现其放射性活度结果仅为 0.17Bq,相当于正常雨水的强度,远低于国家安全豁免限值标准,不会对人体造成伤害。

(3)辐照处理珍珠的主要鉴定特征:①辐照产生的热量使珍珠层膨胀,加上珍珠层中的水分散失,导致辐照处理的珍珠层发生龟裂;②淡水无核珍珠辐照处理后显中—弱黄绿色荧光;海水有核珍珠经辐照处理后显很弱的蓝白色荧光或显惰性。

四、碧玺的辐照处理

1. 使用钴(60)γ 射线辐照处理碧玺

图 5-5 是中国农科院原子能研究所进行的钴(60)辐照处理碧玺的效果图,该单位有一个国际和平利用原子能机构赠送的 40 万 Ci 的钴(60)γ 射线辐照源,主要用于农作物种子的辐照处理。其辐照的具体参数:辐照总剂量 8 万 Ci,辐照时间 3500min(约 58.3h)。如果想要颜色再深一些,可以增加辐照时间。此法辐照的碧玺没有人工放射性,取出来后就能使用。经过实验,钴(60)γ 射线辐照处理后的碧玺以红色最好,其他颜色如绿色、蓝色等都不太理想。但是,如果辐照处理以后,再进行适当温度的热处理,可以去除碧玺中的灰色相等,从而提高碧玺的质量。

2. 使用高能加速器辐照处理碧玺

吴瑞华(1998)采用 12MeV 电子加速器对碧玺进行辐照处理,辐照总剂量为 20 万～50 万通用剂量,辐照后有少量的人工放射性。对辐照后的碧玺进行了 200℃左右的加热处理,以消除不稳定色心。实验后,碧玺的颜色有的变化很明显,有的变化不明显,但总体上颜色往加深的方向发展。实验后碧玺的折射率几乎不变。

五、绿柱石的辐照处理

1. 使用反应堆快中子和反应堆 γ 射线辐照处理绿柱石

高秀清等(1997),选取新疆阿尔泰地区产微蓝色(近无色)和无色绿柱石样品 20 块，分成两组，在反应堆中分别使用快中子和 γ 射线进行辐照处理。

(1)反应堆快中子辐照处理：将第 1 组样品放入一个镉板和铅皮特制的、屏蔽热中子的辐照装置中，透过快中子进行辐照，辐照积分通量为 $1\times10^{18}\sim5\times10^{18}n/cm^2$，辐照温度不高于 200℃。会产生人工放射性，需要放置一段时间才能用。

(2)反应堆 γ 射线辐照处理：将第 2 组样品放入一个铝筒中，置于 γ 源辐射区内，辐照总吸收剂量为 $1\times10^8\sim5\times10^8Gy$，辐照温度为常温。利用这个方法辐照之后还要对样品进行热处理，热处理温度为 200～350℃，恒温 2h(没有人工放射性)。

实验结束后，样品的颜色有明显的变化，由原来的近无色(微蓝)和无色变成非常漂亮的金黄色和浅黄色。第 1 组的样品颜色比第 2 组的深，第 1 组样品对光和热的稳定性也好些。另外，样品的吸收剂量越大，处理后的颜色越深，但并不成正比关系，而且有一定的饱和度。热处理会使辐照处理后的样品颜色变浅，当升温到 450℃时，颜色完全褪掉，但再进行辐照后颜色能恢复。

2. 使用低能加速器辐照处理海蓝宝石

北京师范大学低能物理研究所有一台 BF-5 电子直线加速器(图 5-10)，该机容量为 3～5MeV，平均束流为 200μA，扫描宽度为 60cm，束流均匀度为 ±6%。由于该加速器的能量较低，辐照剂量越大，在珠宝玉石晶体上的电子沉积也越大，在这种情况下，易造成放电现象。还需要注意的是辐照产生热效应，当辐照剂量不够使珠宝玉石产生稳定的色心时，热效应会产生相反的作用——珠宝玉石会褪色，或使辐照剂量更高才能达到改色的目的。因此，水冷却是在低能加速器上辐照改色珠宝玉石工艺中非常重要的环节，低能加速器必须配有冷却水装置。笔者将新疆产海蓝宝石(绿柱石的一种)送去低能物理所进行辐照处理，辐照总剂量当量为 360～760kGy，辐照剂量率为 100Gy/s，束流 200μA，辐照时间为 1～2h，得到浅黄色—金黄色效果。海蓝宝石原样品蓝色越深，金黄色效果越显著(图 5-19)。图 5-19 中，左上者为海蓝宝石刻面原石，右上者为热处理后的海蓝宝石，下排 3 个是经北京师范大学 BF-5 电子直线加速器辐照处理后的海蓝宝石，由于海蓝宝石辐照处理前的蓝色深度不一样(共 30 多粒)，辐照处理后的黄色或金黄色的颜色也不一样。原样品的蓝色越浅，则辐照处理后的黄色越浅；蓝色越深，则辐照处理后的黄色也越深，甚至可以达到金黄色的效果，如图 5-19 下排中间的那颗。辐照处理后的样品没有人工放射性，可以随时使用。

3. 使用钴(60)γ 射线辐照处理海蓝宝石

康雪雅等(1991)用钴(60)γ 射线对新疆海蓝宝石进行了辐照处理，辐照剂

图 5-19 低能加速器辐照海蓝宝石

量为 4.7×10^7 rad，辐照时间为 50h，实验结束后，淡蓝、浅蓝色海蓝宝石都变成黄绿色。在空气中加热，加热温度在 430℃以下时不褪色；加热至 430℃并恒温 30min，随炉子冷却至室温后取出，则黄绿色的海蓝宝石又变回原来的淡蓝、浅蓝色；加热温度若高达 800～1200℃，样品变成白色不透明的陶瓷状物；若将在 430℃时变为淡蓝、浅蓝色的海蓝宝石再进行辐照处理，颜色又会变成黄绿色。

综上所述，在一定条件下辐照和加热构成海蓝宝石颜色的可逆性转变。经此法辐照处理的样品没有人工放射性。

第六章 珠宝玉石化学处理技术

第一节 珠宝玉石化学处理技术的概念及分类

珠宝玉石化学处理技术是指，通过化学反应净化或漂白珠宝玉石，或通过高温化学扩散和化学沉淀等方法把某种致色元素渗入到珠宝玉石晶体或晶格之中，或把某种着色剂和覆盖物沉淀于珠宝玉石的裂隙、孔隙之中或表面之上，使珠宝玉石的外观（主要是指颜色）发生改变，从而使珠宝玉石更加漂亮的技术。

珠宝玉石化学处理技术的特点：在化学处理过程中，都要向被处理的珠宝玉石中加入一定量的外来物质以达到改变颜色的目的。除玛瑙染色被人们认可为优化范畴以外，其他化学处理珠宝玉石样品的技术至今没有得到珠宝界和广大消费者的认可，属于处理的范畴。在销售时应加以说明，价格相对较低。

珠宝玉石化学处理技术的分类：根据目前珠宝市场流行的珠宝玉石样品和所使用的技术，可以分4类，即①高温化学热扩散处理；②净化处理；③漂白处理；④化学沉淀处理。

第二节 高温化学热扩散处理

一、高温化学热扩散处理的概念

高温化学热扩散处理是指，在高温或超高温条件下，使珠宝玉石达到软化状态，然后让某种或某几种着色化学元素在珠宝玉石中以扩散到珠宝玉石内部的方式来改变珠宝玉石致色元素的种类、含量和元素间的比例，从而达到改善珠宝玉石外观特征（如颜色、透明度等）的一种化学处理技术。通常把高温化学热扩散处理后得到的颜色扩散层称为“扩散渗层”，简称“渗层”，通常不厚，大多为0.3～1.0mm。

二、高温化学热扩散处理的适用范围和效果

高温化学热扩散处理适用于珠宝玉石，目前主要用于刚玉类宝石，如红宝石、蓝色蓝宝石等，也用于托帕石。由于此方法获得的扩散渗层比较薄，很容易在高温化学热扩散处理后的加工（如重新抛光）中被磨去，所以通常使用成品作为样品。其作用主要是改变珠宝玉石的颜色和提高珠宝玉石的透明度。

三、高温化学热扩散处理的特点

（1）加热温度要很高，一般接近珠宝玉石的熔点，使珠宝玉石处于软化状态（在软化状态下致色元素才容易扩散到珠宝玉石中去）。但温度太高又容易将珠宝玉石熔融，所以精确地控制好温度很重要。就像大家熟知的打铁匠打铁一样，加热至铁变红且软化后，才能把它打成我们需要的形状，温度太低打不动，温度太高容易使铁熔化。在高温使珠宝玉石软化的状态下，原子在原点的振动幅度加大，原子之间的孔隙加大，从而使外界原子或离子往珠宝玉石中的扩散变得更为容易。

（2）用不同的致色化学元素（一种或几种）进行高温热扩散处理，可以使珠宝玉石得到不同的颜色。如向刚玉类无色或浅色蓝宝石中扩散铍元素可得到橙黄色蓝宝石或蓝色蓝宝石，扩散铬元素可以得到红宝石，扩散铁和钛元素可以得到蓝色蓝宝石，扩散镍元素可以得到黄色蓝宝石等。

四、高温化学热扩散处理的渗剂组成

进行高温化学热扩散处理时，先将珠宝玉石埋在含有致色元素的混合渗剂中，混合渗剂主要由 3 部分组成。

（1）致色元素的氧化物或无机盐，或含扩散元素的矿物。

（2）表面活性剂。通常用卤化物，它们可以与致色离子发生化学反应生成活性离子或活性离子团，以利于致色离子向珠宝玉石晶体内渗透；也可以与珠宝玉石表层原子发生化学反应，使表面原子活性加强、表面能加大，对渗入元素的吸附能力和界面反应能力加强。

（3）防黏剂和填充剂。通常致色剂的熔点较低，在高温下会因熔化而产生烧结现象。为防止这种现象的发生，一般要用较多的填充剂配合使用，这样还可以使传热均匀。常用三氧化二铝粉或高岭土粉作填充剂，同时也起到防黏剂的作用。

五、影响高温化学热扩散处理的主要因素

1. 温度的影响

(1)温度越高,混合渗剂的化学反应速度就越快,产生的活性离子(或原子)就越多,热扩散效果就越好。

(2)随着温度的升高,珠宝玉石晶格点上原子的热动能增大,具有高动能的原子在一定条件下可以克服晶格势能而向附近迁移,某些表面原子甚至会脱离晶体而进入介质,从而使珠宝玉石的空位浓度随温度的升高而增加,十分有利于扩散元素的内扩散作用。

(3)选择温度时要同时考虑活化剂的熔点及致色元素与珠宝玉石相互作用的氧化/还原环境,不能破坏珠宝玉石的晶体结构。所以,并不是温度越高越好,温度选择的原则是尽可能地使扩散速度加快,而又不损坏珠宝玉石。

2. 扩散时间的影响

总体上来说,随着扩散时间的延长,扩散渗层的厚度会增加。但实验表明,当扩散渗层达到一定厚度后,厚度的增加是随时间的延长而递减的,所以,扩散时间延长到一定程度后,再延长扩散时间对渗层厚度增加的作用不明显。

3. 珠宝玉石晶体结构和缺陷的影响

(1)珠宝玉石晶体结构中原子排列越紧密,晶格能就越大,越不利于热扩散。

(2)晶体缺陷如位错、空位等越多,越有利于热扩散。

(3)进行热扩散处理前,先进行辐照处理,使珠宝玉石表面产生缺陷,可提高扩散渗层厚度的增长率和热扩散处理的效率。

4. 压力的影响

高压有利于渗剂扩散到晶体中去,故可使珠宝玉石表面的扩散效果更好。

六、高温化学热扩散处理的方法

1. 粉末包渗法

粉末包渗法是将样品(珠宝玉石成品或半成品)埋在盛有渗剂粉末的耐高温容器中,通常进行密封后再放入高温炉中进行高温化学热扩散处理的方法。它是在高温化学热扩散处理中使用得最多的方法。

粉末包渗法的优点:设备简单,适用于各种珠宝玉石的热扩散处理。

粉末包渗法的缺点:①进行密封的高温容器比较小,每次能处理的珠宝玉石量比较少;②通常用的渗剂具有强腐蚀作用,故易损坏容器;③在高温热扩散处

理的过程中，客观实验条件(氧化/还原环境)无法控制。

2. 盐浴法

由于使用的渗剂绝大部分为无机化学盐类，故称作盐浴法，又称熔盐法。选择此法时，要选用熔点较低的渗剂，并把样品埋在渗剂中。在高温加热时，渗剂呈熔融状液体，样品沉入液体中，致色离子慢慢渗入样品的表面而致色。

盐浴法需使用耐火材料制成的盐浴炉或盐浴池，这些耐火材料不仅要能耐高温，还要耐酸和碱的腐蚀。另外，有些盐浴炉还可以对热扩散的氧化-还原条件进行控制。

盐浴法的优点：比较简单，操作容易，它比粉末包渗法的扩散速度更快、效率更高，适用于各种珠宝玉石。

盐浴法的缺点：①由于渗剂中盐类的密度较大，因而熔体的黏度也较大，受表面积张力的影响，在珠宝玉石的不同部位可能形成不同厚度的扩散渗层；②无机化学盐类的腐蚀性一般比较大，并会产生大量的有害气体，污染环境，危害人体，所以要采取一定的防护措施；③如果热扩散处理的温度太高、时间太长，样品表面容易受到腐蚀，使样品受到损害。因此，在实际中，此法用得不多。

3. 熔烧法

熔烧法需先把渗剂制成“料浆”，把“料浆”涂在样品的表面，放入干燥箱中烘干，再置于热处理炉中，在惰性气体或真空环境中，以稍高于“料浆”熔点的温度加热炉子，使“料浆”处于半熔融状态，并通过液-固相扩散的方式在样品表面形成扩散渗层。

熔烧法的优点：扩散渗层的厚度比较均匀，扩散速度比较快。

熔烧法的缺点：“料浆”被涂在样品表面后，致色离子的浓度就为固定值，扩散渗层的颜色和“料浆”的渗入深度受到了限制。

4. 高温高压水热法

高温高压水热法要使用高压釜，把含致色离子的化学试剂溶解在水中，与样品一起倒入高压釜反应腔中，然后将高压釜密封。密封后的高压釜放在加热炉上加热，当温度高于100℃时，水沸腾产生水蒸气，水蒸气被密封在高压釜中出不来，便形成水压。温度越高，水蒸气越多，压力越大。在高温高压环境下，若化学试剂溶液中某种化学元素的浓度比样品中该化学元素的浓度低，则该化学元素会从样品向外扩散，起到降低样品浓度的效果，即颜色变浅。实验证明，若将山东蓝色蓝宝石用高温高压水热法处理，可以将原来必须用手电筒照射才能见到深蓝色的蓝宝石，变成透明度较高的、与斯里兰卡蓝宝石相仿的浅蓝色蓝宝石；若化学试剂溶液中某种化学元素的浓度高于样品中该化学元素的浓度，则高压会把致色离子“压入”样品中，从而使样品致色或改变样品的颜色。实验证明，在高压釜中进行翡翠染色时，可以用很短的时间，达到较理想的效果。

七、高温化学热扩散处理技术举例

（一）高温化学热扩散处理红宝石

1. 方法

（1）进行高温化学热扩散处理的红宝石原料最好是无色的蓝宝石也可以是非常浅颜色的蓝色蓝宝石或浅色粉红色蓝宝石，还可以是人工合成的无色蓝宝石。

（2）混合渗剂由三氧化二铝（Al_2O_3）粉末和着色剂三氧化二铬（Cr_2O_3）组成，将两者混合均匀备用。处理后的红色深浅由三氧化二铬（Cr_2O_3）加入量的多少决定，通常认为鸽血红的 Cr_2O_3 含量为 2.6%。

（3）将无色蓝宝石样品埋在混合渗剂中，放入高温炉中加热，按照设定的加热速率缓慢加热，最高温度为 1850℃，恒温时间为 3～5d（若扩散渗层厚度不够，可以适当延长恒温时间），再按设定的降温速率使样品随炉降至室温后取出。按此工艺流程，扩散渗层厚度一般为 0.5mm 以下，处理后的红宝石质量与样品的产地及成因有一定的关系。

2. 鉴定特征

（1）高温化学热扩散处理红宝石的红色中带有明显的橙色色相，在边棱和尖角处较容易看到。

（2）当样品表面有裂隙、孔隙或孔洞时，这些地方都会出现比较深的红色色斑或红色团块。

（3）高温化学热扩散处理红宝石的折射率很高，达 1.8。

（4）高温化学热扩散处理红宝石的二色性特殊，可见到奇怪的褐黄色，而且多色性不均匀。

（5）荧光性不同。高温化学热扩散处理的红宝石在长波紫外光下，可见微弱—弱的橙红色和红色荧光；在短波紫外光下，呈现斑状的蓝白色磷光；没有经高温化学热扩散的红宝石，在长波紫外光下，呈弱—强的红色和橙红色荧光；在短波紫外光下，呈无—中等强度的红、粉红、橙红色，少数呈强红色。

（6）颜色分布不均匀，可从比较每两个刻面的颜色深浅看出。

（7）在油浸显微镜中观察，高温化学热扩散处理的红宝石在二碘甲烷浸液中具有光滑的边缘，而合成红宝石或天然红宝石在浸液中观察到的边缘较模糊（图

6-1);另外,用肉眼或油浸显微镜观察,高温化学热扩散处理红宝石的斑块状颜色均明显可见,高温下产生的特殊表面损伤也可见到。

图 6-1 在二碘甲烷浸液中观察合成红宝石(左)、扩散处理红宝石(中)和天然红宝石(右)(张蓓莉,2006)

(二)高温化学热扩散处理蓝宝石

铁、钛高温化学热扩散处理蓝宝石(以下简称热扩散处理蓝宝石)的技术出现于 20 世纪 80 年代,这种扩散处理只能在蓝宝石表面形成很薄的一层颜色,在处理完后进行重新抛光时很容易被磨掉,所以,这种高温化学热扩散处理的样品一般采用成品。

1. 方法

(1)进行高温化学热扩散处理的蓝宝石原料最好是无色的蓝宝石,也可以是颜色非常浅的蓝色蓝宝石或浅粉红色蓝宝石,还可以是人工合成的无色蓝宝石。

(2)混合渗剂由三氧化二铝(Al_2O_3)粉末和着色剂三氧化二铁(Fe_2O_3)、二氧化钛(TiO_2)组成,将三者混合均匀备用。处理后的蓝色深浅与三氧化二铁和二氧化钛加入量的多少有关。

(3)将无色蓝宝石样品埋入混合渗剂,然后放入高温炉中加热,按照设定的加热速率缓慢加热,最高温度为 1850℃,恒温时间为 3~5d(若扩散渗层厚度不够,可以适当延长恒温时间),再按设定的降温速率使样品随炉降至室温后取出。按此工艺流程得到的扩散渗层厚度一般为 0.5mm 以下,热扩散处理蓝宝石的质量与样品的产地及成因有一定的关系。

热扩散处理蓝宝石非常漂亮,从中间切开,可以发现其蓝色仅集中于边缘,中间基本上还是无色的(图 6-2)。

2. 鉴定特征

(1)最有效的鉴定方法是把样品放在二碘甲烷浸液中,热扩散处理蓝宝石的刻面接合处清晰可见,刻面接合处及腰围处的蓝色明显更深,整体也呈现出清晰的

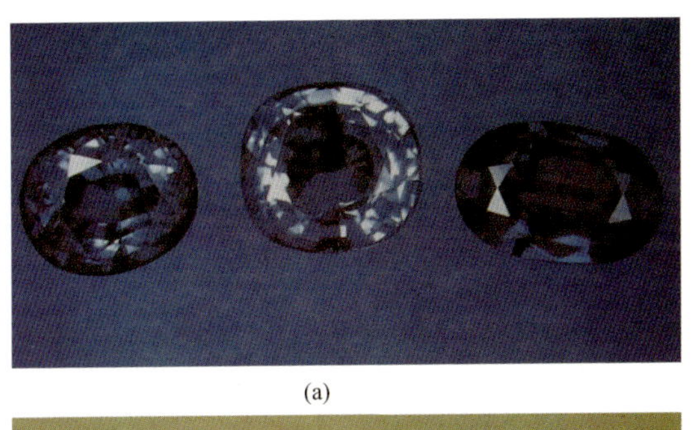

(a)

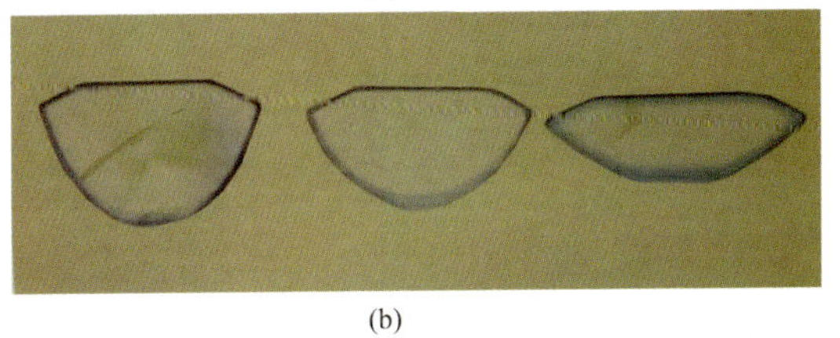

(b)

图 6－2　热扩散处理蓝宝石(a)从中间切开的剖面图(b)

(吴瑞华等，1994)

蓝色轮廓；天然蓝宝石则看不到刻面界线，整体边缘也不清晰(图 6－3、图 6－4)。

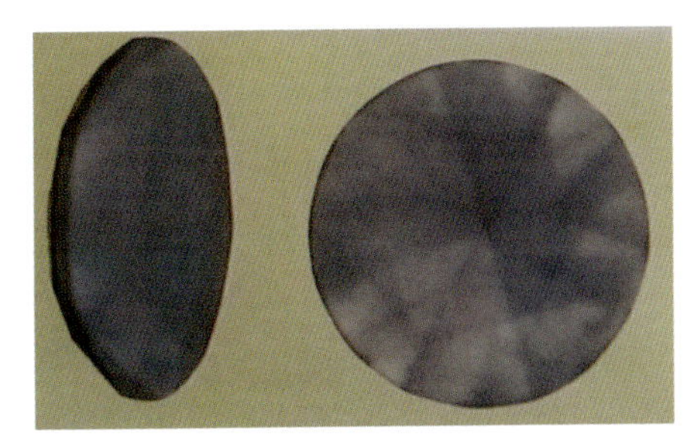

图 6－3　在二碘甲烷浸液中观察天然蓝宝石(左)与热扩散处理蓝宝石(右)

(吴瑞华等，1994)

图 6－4　在二碘甲烷浸液中，热扩散处理蓝宝石的刻面接合处和腰围处的颜色明显更深

(吴瑞华等，1994)

(2)从外观来看，热扩散处理蓝宝石的蓝色浓艳，色彩自然，内部洁净、缺陷少，十分类似天然优质蓝宝石。但在显微镜透射光下观察，其蓝色明显减弱。

(3)热扩散处理蓝宝石各刻面之间的颜色不均匀，特别是棱角处的颜色较深。对已镶好热扩散处理蓝宝石的戒指而言，在蓝宝石戒面的腰围和底托接触处，常见一个深色环。

(4)热扩散处理蓝宝石的颜色不均匀，蓝宝石面上小裂纹及小麻坑处的颜色较深。

(5)在高倍放大镜下观察，刻面的表层常见气泡群，有时可见气泡群周围的颜色较深。

(6)由于热扩散处理蓝宝石都需要重新进行抛光，故在40倍以上的放大镜下仔细观察，可发现二次抛光中局部颜色被磨掉的现象。

(7)折射率出现异常，即单个戒面上的读数，大多高于天然蓝宝石的折射率。

(8)在相同颜色的情况下，其光谱吸收量比天然蓝宝石的要弱，尤其是蓝色区的铁线模糊，甚至消失。

(9)热扩散处理蓝宝石中常见高温化学热扩散处理的痕迹，如盘状裂纹，粗糙面等。

(三)高温化学铍扩散处理刚玉类宝石

2002年初，一些用新技术处理的刚玉类宝石，在没有做任何声明的情况下流向了世界珠宝市场。AGTA于2002年1月8日首先向世界各大珠宝实验室通报了这一情况，并发现它们源于泰国，使用的技术为高温化学铍扩散处理，且颜色种类丰富(图6-5)。经高温化学铍扩散处理后的刚玉类宝石，很像斯里兰卡产的名贵珠宝玉石帕德玛(Padparadscha)蓝宝石(一种非常漂亮的名贵宝石)，并且还可以减少蓝宝石中过重的蓝色相，可使我国山东蓝色蓝宝石的颜色明显变浅。

1. 方法和特点

高温化学铍扩散处理刚玉类宝石的加热温度和其他条件与前述两种技术相近，都是在高温、氧化条件下进行的。不同的是，铍元素可以扩散到刚玉类宝石内部较深的地方，可使整个刚玉类宝石都产生颜色。原因是铍(Be)的原子序数为4、原子量为9，氧(O)的原子序数为8、原子量为16，铍原子比氧原子小很多，故在高温热处理的过程中，铍进入刚玉类宝石内部的能力更强，使整个刚玉类宝石产生颜色的可能性更大。随着铍向刚玉类宝石内部扩散的深入，刚玉类宝石的主色相从黄色变为红色。

高温化学铍扩散处理不仅可使刚玉类宝石产生漂亮的颜色，还会在刚玉类宝石表面形成典型的刚玉外生长层，它们在重加工后依旧能保留下来(图6-6)。

2. 鉴定特征

(1)最科学有效的方法是对珠宝玉石的表面进行成分分析，未经高温化学铍扩散处理的刚玉类宝石表面铍含量为1.5～5ppm，而经高温化学铍扩散处理的

图 6-5 高温化学铍扩散处理的各色刚玉类宝石
（张蓓莉，2006）

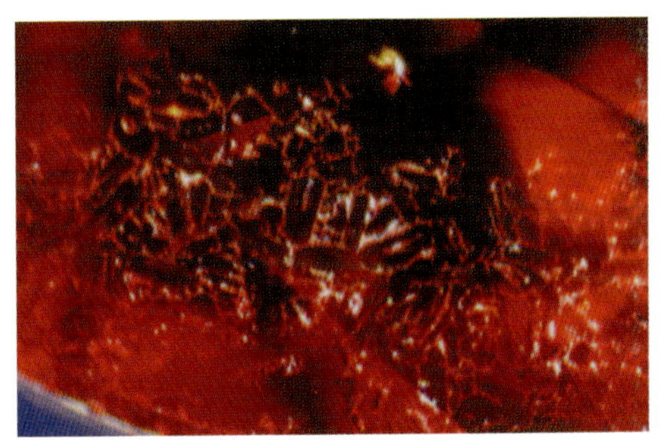

图 6-6 高温化学铍扩散处理后的表面重结晶
（张蓓莉，2006）

刚玉类宝石表面铍含量为 5～35ppm。并且，分析数据表明，在经高温化学铍扩散处理的刚玉类宝石中，铍含量呈有规律的分布（近表面铍浓度大，往珠宝玉石中心的铍浓度逐渐降低）。目前实验室通常使用 LIBS（激光诱导击穿光谱仪）对刚玉类宝石表面的铍含量进行半定量对比检测，以最终确认该检测样品是否经过高温化学铍扩散处理。

（2）在二碘甲烷浸液中观察，高温化学铍扩散处理的刚玉类宝石颜色可以从刚玉类宝石表层到达内部的任何深度，有时甚至穿透整颗宝石。颜色可以是黄色、橘红色，也可以是无色；被色域包裹的中心一般为粉红色和红色，但也可能为无色、蓝色或其他颜色。所以，颜色可检测性不高。

（3）由于高温化学铍扩散处理在高温下进行，因此红、蓝宝石的表面容易生长附晶。新生的小晶体，并没有像普通热处理形成的那样覆盖整个宝石刻面，而是呈细小的板状存在于红、蓝宝石表面的空洞中。尽管这些小晶体经常在进一步的抛光中被去除一部分，但在表面上仍会留下一些痕迹，这些痕迹可作为其鉴定特征，在镜下用透射光很容易被看到。另外，作为指示性特征，镜下观察刚玉内矿物包裹体的变化特征也是鉴定的重要方面。如锆石包裹体在高温下会炸裂并发生相变，在高温化学铍扩散处理刚玉内常见锆石包裹体相变为氧化锆。另外，盘形裂隙等现象也可以作为其鉴定特征。

第三节　净化处理

一、净化处理的概念

净化处理是通过使用某种化学试剂，除去附着在珠宝玉石裂隙、裂纹和晶粒间隙中的杂质或脏点，从而消除不美观的杂色，并保留珠宝玉石原来颜色的技术。

二、净化处理的对象

净化处理的对象一般为矿物集合体类的珠宝玉石，如翡翠、珍珠、珊瑚、玛瑙、欧泊等。

三、净化剂

净化处理使用的净化剂一般为各种强酸，如浓盐酸、浓硝酸、浓硫酸、王水等，处理后一般还要用强碱(如氢氧化钠等)中和残留的强酸。

四、净化处理的方法

将样品洗净后投入净化剂中浸泡，强酸会通过裂纹、裂隙等进入珠宝玉石中，与附着的杂质和脏点发生化学反应。杂质和脏点被强酸溶解或溶蚀后，用水冲去净化剂和反应物，再用强碱中和残留的酸，最后用水洗净即可。但由于强酸有可能使样品的结构受到损坏，故有时还需要进行充胶处理，以加固结构。

五、净化处理的效果

经净化处理的珠宝玉石从外观上来看，颜色比原来的纯净，体色更加鲜艳，透明度也大大得到改善。因此，也有人把净化处理叫作“去脏增水法”。

六、净化处理的温度和时间

净化处理的温度一般在200℃以内；净化处理的时间从几小时到几十小时不等，按需要而定。

七、净化处理的后遗症及其补救措施

由于净化剂是强酸，强酸与裂纹、裂隙、晶粒间隙中的杂质和脏点发生化学反应，把它们溶解或溶蚀的同时，也会破坏珠宝玉石样品的结构，使珠宝玉石变得易碎。为了弥补这个缺点，提高珠宝玉石经净化处理后的稳固性，人们采用了在净化处理后的珠宝玉石中注入石蜡、阿拉伯树胶、环氧树脂、玻璃等充填物，如市场上常见的翡翠B货就是例证。

八、净化处理与染色处理相结合

净化处理后，有时可在充填加固前对样品进行染色处理，使样品的颜色更漂亮，如市场上见到的翡翠B+C货。

九、净化处理的举例——翡翠B货的制作方法和鉴定特征

1. 翡翠B货的制作方法

著名翡翠专家欧阳秋眉教授在《翡翠全集》(下册)(2002)一书中，对翡翠B货的制作作了很详细的描述，现摘要如下。

(1)样品选择。绿色但存在黄色污染物(由褐铁矿或针铁矿形成)、看起来绿得很脏的翡翠，处理后的效果最好；黑乌砂种(底中常被次生的黑色物质污染，使原有的绿色不突出或发暗)翡翠处理后的效果较好；花青种及猫豆种翡翠原料处理后的效果也好。

(2)油脂清洗。目的是去除翡翠在切片等加工过程中留下的油脂和油污，方法是将样品放在清水中煮2h。

(3)浓酸除黄去脏。将样品浸泡于由浓盐酸和浓硝酸混合而成的净化剂中，容器放在烘箱中加热到80℃，恒温20d(结构较松的八三玉只要15d)，即可将样品裂隙或孔隙中的黄色及脏点通过化学反应去除。若浸泡时间过长，强酸也会与翡翠晶粒中所含的铬发生化学反应，使“色根”的边界不清。

(4)样品清洗。用清水清洗样品，洗掉样品中的大部分酸和反应生成物。

(5)在碱溶液中浸泡样品以中和酸，并使翡翠结构变疏松。清洗好的翡翠投入碱溶液中浸泡1个月左右，除了起中和酸的作用以外，碱还可以与翡翠颗粒间隙里的钠辉石发生化学反应而使翡翠结构变疏松。此时翡翠为又干净(变白)又疏松的状态，这为充胶创造了条件。

(6)清洗碱。将样品放在清水中煮几次，直至不含碱为止，然后烘干备用。

(7)染色处理。若做翡翠B+C货，则在此步进行染色处理，具体方法参见本章第五节。

(8)抽真空充填环氧树脂。将样品放在密封的抽真空设备中，将裂隙中的空气抽出来，然后注入环氧树脂，环氧树脂会很容易进入翡翠疏松的裂隙中。之后，再往容器中充气加压，以保证裂隙充胶完全。取出后，再在100℃恒温箱中

保持 8h，使环氧树脂干燥即可(图 6－7 和图 6－8)。图 6－8 中间最上方的样品上还保留着环氧树脂。

图 6－7　翡翠 B 货各种戒面样品
(张惠来　赠)

图 6－8　翡翠 B 货原料(带无色胶)
(曹华松　赠)

2. 翡翠 B 货的鉴定特征

(1)结构。翡翠"翠性"的关键在于结构，颗粒具有镶嵌、定向、连续的结构。这种结构经过净化处理后被破坏了，表现为结构松散(镶嵌结构被破坏)，长柱状晶体的错开、"折断"，晶体的定向排列被破坏，晶体颗粒边界模糊等。有人认为，看翡翠结构有没有被破坏是鉴定翡翠是不是 B 货的关键。

(2)透明度。将翡翠放在玻璃杯中，加水没过，用聚光手电在玻璃杯底部从下往上打光：样品边缘呈亮边的是翡翠 B 货，呈暗边的是翡翠 A 货；另外，翡翠 B 货在空气中的透明度较高，在水中呈微透明乳白色蜡状物，而翡翠 A 货在水中比在空气中透亮，在水中能见到其内部纹络。

(3)光泽。翡翠的光泽与抛光程度有关，而抛光程度又与翡翠的质地有关。A 货翡翠为玻璃光泽，B 货翡翠由于质地较差和充胶，所以，其光泽暗淡，呈带蜡状玻璃光泽—蜡状光泽。

(4)颜色。净化处理过的翡翠 B 货，由于铁质(次生颜色)被"洗"掉，绿色往往较鲜艳，有种不自然的感觉，有时绿色偏黄，即人们常说的颜色"发邪"。另外当绿色与白色同时存在时，翡翠 B 货的绿色与白色分开得过于截然，令人感觉异样。

(5)沟槽现象。翡翠 B 货被强酸浸泡时，从表面向内部会出现由大变小的喇叭状沟槽，经环氧树脂充填和抛光后，由于二者的硬度不同，但折射率相近，故从上往下垂直观察翡翠 B 货表面，沟槽现象不明显；从 45°角观察时，就可以看到较明显的沟槽现象，也称为"橘皮"现象。

(6)胶的老化——表面龟裂现象。由于环氧树脂是有机化合物，使用一段时间后，往往会不可避免地出现老化问题，这是有机物在空气中随着时间的推移而产生的固化现象，固化过程中产生晶化或体积缩小，体积缩小时会形成许多不规则的裂纹，称为龟裂纹。行家可以根据样品表面龟裂纹的大小和龟裂纹对颜色与“水头”的影响，较准确地说出翡翠B货从制作至观察时的时间长度。

(7)红外光谱测定。用环氧树脂充填的翡翠B货，用红外光谱测定时，会出现碳氢化合物特征的吸收峰，通常为 $2800 \sim 3200cm^{-1}$，很容易看出来。出现此吸收峰时，可以较肯定地判断样品为经过净化处理的翡翠B货。如果充填物不是有机化合物，而是无机物如含铁或钒的化学试剂，此方法失效。

(8)测密度。由于翡翠B货在强酸中浸泡时去掉的物质比充填的环氧树脂重，所以翡翠B货的密度应当比翡翠A货的小。但翡翠A货本身由于结构的不同，密度有一个变化的范围，所以，没有一个绝对值作为标准。此方法只能用于同一翡翠种的比较，在已知该种翡翠种密度的前提下，测定样品的密度才能确定它是否为翡翠B货。

(9)紫外线荧光分析。在紫外线的照射下，翡翠A货通常是没有荧光的，有的只是由裂隙中的杂质引起的局部荧光；翡翠B货由于充填了环氧树脂，所以在短波紫外光的照射下，会有乳白色的荧光。但是，铁对荧光有淬灭作用，故深绿色翡翠由于含铁也可能看不到乳白色荧光，这种情况要注意。

(10)敲击声音(适用于手镯)。用一根细线将手镯吊起来，用玛瑙刀或另一只手镯敲击它，翡翠A货会发出清脆的金属声，翡翠B货会发出发闷而混浊的声音。

(11)热针试验。将烧红的铁针触到样品裂隙处，翡翠B货由于环氧树脂的缘故，会出现熔化点和往上翻的喇叭口现象；翡翠A货的初熔点高达920℃，不会出现上述现象。

(12)加热试验。由于翡翠B货充填有环氧树脂，所以，放在酒精灯上约烧3min后，可出现黄褐色的网络结构，为环氧树脂变焦前的特征。继续加热，样品会冒白烟和气泡，再加热样品会冒黑烟并燃烧。最后，样品变白，体积变大，并且不牢固，易折断(图6-9)。加热试验是破坏性试验，在进行鉴定时别轻易使用。实验表明，加热翡翠A货至900℃时绿色会褪去，出现红色，翡翠仍然很硬(图6-10)。

(13)滤色镜检验。在强光源的照射下，用滤色镜看样品，翡翠A货的颜色不变，翡翠B货的绿色呈白色(比原来的颜色明显变白)，翡翠C货呈红色。

(14)触感。翡翠A货的触感很光滑，翡翠B货不光滑，且有一些黏手。

图 6-9 用酒精灯加热翡翠 B 货的前(上)后(下)对比图

图 6-10 天然翡翠加热至 900℃的前(左)后(右)对比图

第四节 漂白处理

一、漂白处理的概念

利用强氧化类漂白剂使珠宝玉石的颜色消除或变浅的处理技术称为漂白处理。

二、漂白处理的对象及条件

1. 漂白处理的对象

漂白处理主要适用于有机宝石,如珍珠、象牙、珊瑚等;也可用于无机珠宝玉石,如木变石等。

2. 漂白处理常用的漂白剂

漂白处理最常用的漂白剂是过氧化氢(H_2O_2),其他可用作漂白剂的强氧化剂有氯气(Cl_2)、次氯酸盐类、亚硫酸盐类等。

3. 常用漂白剂的浓度

其浓度一般为 2%～5%。

4. 漂白处理的温度

漂白处理的温度一般在 40℃左右;

5. 漂白处理的时间

漂白处理的时间通常为 1～2 周,时间太长会损坏有机宝石。

6. 注意事项

漂白处理过程中，应避免有机宝石中的有机质和水分遭受破坏或损失。

三、漂白处理的原理

由于有机宝石中含有一定量的有机化合物，有些有机化合物具有生色基团，可以产生黄色—黄褐色等杂色。将有机宝石（如珍珠）浸入由强氧化剂（如过氧化氢）组成的漂白剂溶液后，生色基团与有机体之间的联结键会被破坏，成为单个游离基团，导致有机物失去颜色，从而达到漂白的目的。

但是，有些有机宝石经漂白后，在阳光的长时间照射下，或随着时间的推移，又会发生变色、甚至恢复原色的现象。这是由于漂白过程中形成的单个游离基团又重新与有机体结合，恢复了生色功能，或形成了新的生色基团。出现这种现象后，可以对有机宝石再次进行漂白处理。例如：珍珠经漂白后，可以变得很白、很漂亮，但在佩带的过程中，一方面由于太阳和光的照射，另一方面由于人体出的汗，与珍珠发生化学反应，漂白效果逐渐减弱，生色基团功能逐渐恢复，珍珠慢慢变黄。

四、漂白处理举例——珍珠的漂白处理

珍珠被人们称为珠宝玉石中的“皇后”，以珠光灿灿、圆润凝重的特性而深深地吸引着古今中外的女士们。珍珠的最迷人之处在于它的“虹彩光泽”，“虹彩光泽”与珍珠的结构及有机物有关。珍珠的成分以碳酸钙为主，约占91%～96%，有机质占2.5%～7.0%，水占0.5%～2.0%（不同种类和质量的母贝产珍珠，成分的含量稍有差异）。碳酸钙可形成方解石和文石两种同质异构体矿物，方解石和文石呈叠瓦状生长排列，层与层之间由有机质胶结而成。这样的结构使光线照射珍珠时，在两层不同矿物间的反射和散射会引起对光线的干涉和衍射作用，从而出现“虹彩光泽”的特殊光学现象。但若在漂白操作时，由于温度过高或时间过长等原因破坏了有机质，那么胶结作用也会被破坏，珍珠的结构也会被破坏，这是不允许的。所以，在珍珠的漂白过程中，不能破坏其有机质。

珍珠需要经过一系列的工艺处理才能呈现出美丽的特性，其原因有两点：①刚采获的珍珠表面吸附有海水、湖水、江水、河水，并且带有珠蚌分泌的有机质和污渍，如果不作处理，表面就会在细菌的作用下发生变质，破坏珍珠质层；②珍珠在生长的过程中，生长层和表面均会混入一些杂质和黄褐色生色基团，影响美观。天然彩色珍珠极少，大多数彩色珍珠都是采用各种染色或辐照等方法进行优化处理才得到的。

珍珠的漂白处理工艺没有统一标准，但各种方案大同小异。基本步骤如下。

1. 珍珠的预处理

(1)表面清洗。用洗涤剂把珍珠表面的污渍和水渍清除，具体方法是用软毛刷轻轻擦洗，或用洗涤液浸泡一段时间，并不断搅拌，取出后用清水冲洗几遍，晾干并用无水乙醇作脱水剂进行脱水处理。

(2)打孔。若是作串项链用，则打全孔(孔要通过珍珠中心，全孔通常采用对打技术)；若是作耳钉、项链坠、戒指用，则打半孔。孔眼一般打在珍珠的坑点上，以消除部分瑕疵。打孔还有利于漂白，可增加漂白的深度、加快漂白的速度、缩短漂白的时间。

2. 制作漂白箱

漂白箱的大小根据需要而定。通常做成长方形，两头开门，箱内安装一定数量的日光灯作为加热用的光源，箱内放温度计观察实际温度，并用开灯的数量调节温度高低。

3. 准备化学试剂

一般需要准备以下化学试剂。

(1)去离子水或蒸馏水(因自来水中含杂质较多，故一般不予采用)。

(2)95%的乙醇(酒精)。

(3)30%的过氧化氢(H_2O_2)。

(4)助剂 A：0.5%焦磷酸盐(焦磷酸钾或焦磷酸钠)和 0.2%尿素的混合水溶液(作 pH 缓冲液)。

(5)助剂 B：用酒精和 OP(曲拉通 X-100，也叫聚乙醇辛基苯基醚)配成 1∶1的溶液(作表面活性剂)。

4. 配漂白液

在漂白瓶中依次放入助剂 A(2 份)、助剂 B(6 份)、过氧化氢(5～10 份)、酒精(全部试剂加起来为 100 份)。若瓶内出现浑浊，则表明焦磷酸盐出现沉淀，此时可适当加水，让焦磷酸盐溶解。要求漂白液的 pH 值为 7.5 左右。

5. 漂白操作

(1)把打好孔的珍珠放在纱布口袋中，然后放入水中煮沸 2～8h，以去除珍珠孔中的浮粉和其他可溶性杂质。

(2)把沥干水的珍珠放入漂白瓶的漂白液中，摇动漂白瓶 1min，去除珍珠孔中可能出现的气泡(珍珠孔比较小，容易出现小气泡，阻止水溶液进入)，待漂白的珍珠不应超过 1kg，漂白液液面应高出珍珠表面 1cm 以上。

(3)控制漂白箱的温度在35～40℃之间，漂白时间一般3～7d。

(4)每隔2～3h摇动漂白瓶1min左右，摇动的目的有两个：一是使珍珠能够均匀地接受日光灯的照射；二是赶跑因过氧化氢(H_2O_2)分解而滞留在珍珠孔中的气泡，同时可加快珍珠的内外和瓶中漂白液的交换。

(5)过氧化氢分解后，不仅漂白液的浓度会变，还会改变溶液的pH值，所以除了要经常补充过氧化氢溶液外，还要注意调节pH值，使pH值保持在7.5左右。

(6)把已达到漂白要求的珍珠取出来，未达到漂白要求的珍珠继续进行漂白。注意要将因漂白时间长而表面已被腐蚀的珍珠也取出来。

(7)把漂白好后取出来的珍珠用水反复冲洗，直到OP洗净为止。只要还残留有OP，冲洗的水中就会出现泡沫，故洗到没有泡沫即可。然后将这些珍珠泡在蒸馏水中过夜。

(8)第二天，把浸泡的珍珠倒出，过滤掉水，让它们自然干燥。

6. 漂白珍珠的增白处理

上述步骤完成后还要经过一道增白处理工艺，使珍珠表面呈现出醒目的白色。增加这道工艺的原因：①珍珠的生色基团不能仅仅通过漂白处理就被完全消除，但我们不能对珍珠进行太长时间的漂白处理，否则珍珠层会受到损伤。②漂白后的珍珠基本上以白色为主体，但有些仍带黄色相，为此要利用颜色互补原理进行增白处理。增白处理使用的增白剂是一种特殊的荧光试剂，这种试剂的吸收光谱为300～400nm，而发射的荧光波长为400～500nm，这种蓝色的荧光正好与珍珠的黄色成互补色(根据颜色理论，等强度的两个互补色混合时，会形成白色，因而珍珠的外观看上去会呈蓝白色—白色)。荧光增白剂分水溶性和分散性两种，水溶性荧光增白剂可在珍珠漂白过程中与漂白液同时使用。

珍珠漂白属于传统的、被人们广泛接受的方法，因此，属于优化的范畴。图6-11为珠宝展上的珍珠手链和珍珠项链照片。

五、养殖海水珠与淡水珠及仿珍珠的简易鉴别法

1. 养殖海水珠与淡水珠的区分(以项链为例)

将项链拉直，用中指将某一粒珍珠转动一圈，很圆的可能是海水珠，椭圆形的可能是淡水珠。因为海水珠插入的珠核是蚌壳磨成的圆珠，故生长出来的珍珠是圆的；淡水珠插入的珠核是切成块的蚌肉，通常是长条形或正方形的，故生长出来的珍珠以椭圆形为主。

图 6-11 珠宝展上的珍珠手链和项链

图 6-12 淡水珍珠项链(大珠)与仿珍珠项链

2. 海水圆珠与淡水圆珠的区分

往海蚌中插入圆珠核养殖海水圆珠的方法，于21世纪初在淡水蚌中也成功实现了，淡水养殖珍珠中也出现了圆珠。海水圆珠与淡水圆珠之间的差别主要是微量元素的种类及含量不一样，凭肉眼一般不可分辨，必须用大型仪器进行微量元素分析才能予以区分。

3. 海水珠、淡水珠与仿珍珠的区分

仿珍珠的类型很多，区分方法如下：

(1)仿珍珠都特别圆，且规格一致，但光泽和颜色过分统一、单调；没有典型的珍珠晕彩光泽，只有亮光，无虹彩般珠光，总体平滑(图 6-12)。

(2)无论是海水珍珠还是淡水珍珠，表面总会有凹坑或凸起，用10倍放大镜检查很容易看到，但仿珍珠一般看不到。

第五节 化学沉淀处理

一、化学沉淀处理的概念

化学沉淀处理是指，含有着色物质组分的溶液在珠宝玉石表面或裂纹、孔隙中发生化学反应，沉淀出不溶性的有色物质，附着于珠宝玉石的表面或裂纹、孔隙的壁上，或者加热珠宝玉石，使存在于裂纹、孔隙中的化学试剂分解，形成不溶于水的有色氧化物，从而使珠宝玉石颜色发生改变，获得漂亮颜色的方法。这实际上是一种染色法。

二、化学沉淀处理的适用范围

本方法适用于多裂纹或多孔隙的矿物集合体，如玛瑙、珍珠、欧泊、珊瑚、绿松石等。

三、化学沉淀处理的方法

1. 方法一

将可溶性的着色金属盐溶于水，制成水溶液浸泡珠宝玉石，然后加热(加热温度100℃以内)，以加速着色离子渗入珠宝玉石的裂纹或孔隙之中。最后加热珠宝玉石，使着色试剂在裂纹或孔隙中分解成不溶于水的有色氧化物。

2. 方法二

将样品先放入化学试剂1中浸泡，使化学试剂1渗入到珠宝玉石的裂纹或孔隙中去，然后取出，投入化学试剂2中浸泡，使化学试剂2与已经进入裂纹和孔隙中的化学试剂1发生化学反应，产生不溶于水的有色沉淀，附着于珠宝玉石的表面及裂纹、孔隙的壁上。

3. 方法三

将染料溶于溶剂中制成染色液，浸泡珠宝玉石，同时进行低温加热，使染色液充分渗入到珠宝玉石的裂纹或孔隙中，然后加热珠宝玉石，使溶剂蒸发，颜料留在珠宝玉石的裂纹、孔隙中。再进行上蜡抛光，把颜色固定在珠宝玉石的裂纹和孔隙中，这是一种老的染色法，市场上或电影里用岫玉加热淬火形成裂纹后再浸泡在一定浓度的高锰酸钾溶液里(课堂实验可直接用红墨水)，最后取出烘干并上蜡，做成所谓的“血丝镯”，即是此法。如果最后不上蜡，玉镯里的颜色遇水会溶解，玉镯就会恢复原色。

四、预处理

化学沉淀处理方法使用前，最好将样品先进行预处理，具体方法如下。

(1)用苏打(碳酸氢钠)溶液加热清洗，主要去除加工过程中出现的油脂状物质。

(2)用含量为5%～10%的稀盐酸浸泡样品1d，煮沸10min，主要去除加工过程中留下的铁迹。

(3)用浓硝酸或浓盐酸将珠宝玉石(有机宝石不能用)浸泡1～2d，再将温度慢慢升高至沸点后降至室温，取出后用水冲洗几遍，主要去除裂纹和孔隙中的杂质，使着色溶液进入裂纹和孔隙更为容易。

五、过蜡处理

化学沉淀处理的最后一道工序常为对珠宝玉石表面进行过蜡处理，但过蜡处理后的产品很容易吸附灰尘，擦不干净，也擦不亮。

六、化学沉淀处理举例

(一)玛瑙染色处理工艺

通过对国内外10多种玛瑙进行染色处理，笔者发现有些玛瑙难以被染色，有些玛瑙很容易被染色，这与玛瑙的结构致密程度及排列方式有关。通常由火山喷发形成的玛瑙是难以被染色的，地下热水或沉积形成的玛瑙容易被染色。国内最容易被染色的玛瑙是辽宁阜新地区十家子、老河土等地产的玛瑙；国外最容易染色的玛瑙是巴西产的玛瑙。通过电子显微镜观察玛瑙切片可知，凡是好染色的玛瑙内部必定存在无数的微小通道，它们有利于化学试剂往玛瑙内部的渗透。地下热水溶液具有一定的温度和压力，当其流经花岗岩、沉积岩时，会把硅从岩石中带出来，并以可溶于水的硅酸钠(Na_2SiO_4)或硅酸钾(K_2SiO_4)的形式进入地下热水溶液。当这些热水溶液流经含有酸性介质的地区时，溶液中的硅酸钠或硅酸钾会由于处在不稳定状态而分解，硅会以二氧化硅(SiO_2)胶体的形式沉淀下来，带有大量的水。随着时间的推移，胶体沉淀会慢慢失水变硬。在这个过程中，外层变硬时会保留水蒸发时的通道，后期蒸发的水会沿着早期形成的通道跑出去，如此不断地蒸发，最后玛瑙内部形成像羽毛一样的通道。因此，我们将玛瑙浸泡在化学试剂中时，化学试剂能沿着这些通道进入玛瑙内部，达到被染色的目的。

玛瑙染色处理工艺历史悠久，是传统的、被人们广泛接受的方法，所以属于优化范畴。玛瑙染色有的要进行加热处理，但由于玛瑙的传热性不好，所以在加热时必需慢慢加热，然后慢慢降温，否则容易因内应力而破碎。用于制作手链或项链的玛瑙珠，应选乳白色、均匀一致、无纹路、无矾的。这样可使染色玛瑙的颜色鲜艳，并且均匀一致(图6-13)。用于制作装饰品的玛瑙片，想要染出美丽的花纹不应含矾①或含少量矾，也不要有裂缝或空洞。

1. 玛瑙染色处理工艺的操作流程

(1)先将玛瑙进行预处理，用5%～10%的稀盐酸浸泡1d，然后加热至沸腾，5min后，冷却至室温。

---

①矾即石英晶体出现的地方，是玛瑙产地人的称法，有矾的地方难以染色。

(2)配 2 种溶液：着色剂溶液和固色剂溶液。着色剂溶液配成饱和溶液，固色剂溶液配成浓度为 5%～10%的稀溶液。

(3)将玛瑙珠放入着色剂溶液中，在烘箱中加热到 70℃后保持恒温加热，加热时间长短视玛瑙珠大小而定，直径为 10mm 的玛瑙珠一般恒温 20d，已经打孔的只需恒温 15d。

(4)取出玛瑙珠，用水快速清洗(清洗时间过长会把表层已经浸入的化学试剂洗掉，形成无色层)，然后投入固色剂溶液中浸泡，进行化学沉淀反应。此步骤有时需要加热。操作到此步时，要定期观察浸泡中的样品，把染色完成的玛瑙珠取出来，防止染色太深。颜色合适时取出来用水冲干净，再用布擦干即可。例如，染色黄玛瑙就是将玛瑙先浸泡在重铬酸钾($K_2Cr_2O_7$)溶液中，泡好后取出，用水快速冲净玛瑙后，放入醋酸铅[$Pb(CH_3COOO)_2$]溶液中，可形成黄色重铬酸铅($PbCr_2O_7$)沉淀，不用进行加热处理。凡是用此类方法得到的染色宝石，在洗热水澡时可能会褪色，浸泡在某些酸性溶液或碱性溶液中也会因染色物质溶解而褪色。

(5)若采用一次性染色并通过加热分解着色剂形成有色氧化物(不溶于水)的工艺，应使用下列方法：取出浸泡好的玛瑙，用水快速洗净，去除玛瑙表面的吸附水，在 105℃的干燥箱中恒温 24h，然后埋在砂子中进行加热处理。由于玛瑙的导热性不好，所以加热和降温都应缓慢进行。可以快一些从室温上升到 80℃，从 80℃开始缓慢加热，最好按 10℃/h 升温，直至达到预先设计好的最高温度。在最高温度处保持 2h 以上后，按 10℃/h 的速率降温，降至 80℃时可以断电，让它随炉温自然下降，至室温时取出，并将表面的浮灰擦拭干净即可使用。这种方法加热过程中形成了难溶于水及普通酸和碱的氧化物，所以处理后的玛瑙颜色很稳定。

例如，颜色非常漂亮的染色绿玛瑙就是将玛瑙浸泡在重铬酸铵[$(NH_4)_2Cr_2O_7$]溶液中经过上述处理，使重铬酸铵分解成三氧化二铬(Cr_2O_3)得到的(图 6-14)。

需要说明的是，同一批玛瑙珠在相同条件下进行染色处理，得到的颜色可能并不一致，这是因为玛瑙的内部结构不相同，故致色离子进入玛瑙内部的量就会有差异，染上的颜色也就不一样。串珠子时，同一串要挑选颜色一致的。

2. 玛瑙染色的部分配方

1)染红色玛瑙配方

除了将黄褐色玛瑙放在砂子中缓慢加热使之变成红色玛瑙(俗称烧红玛瑙)外，还有 4 种方法。

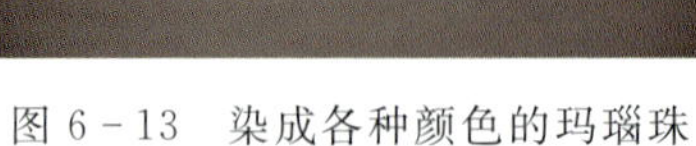

图 6－13　染成各种颜色的玛瑙珠　　　　图 6－14　不同颜色的染色玛瑙项链

(1)着色剂 $FeCl_2$，固色剂 Na_2NO_3，然后埋在砂子中加热(300℃)，得红色玛瑙。

$FeCl_2 + Na_2NO_3 \longrightarrow Fe(NO_3)_3 + NaCl$

$Fe(NO_3)_3 \longrightarrow Fe_2O_3 \downarrow + NO_2 \uparrow$　　(红色)

(2)着色剂 $Fe(NO_3)_3$，固色剂 KI。

$Fe(NO_3)_3 + KI \longrightarrow FeI_3 \downarrow + KNO_3$　　(铁红色)

(3)着色剂 K_2CrO_4，固色剂 $AgNO_3$。

$K_2CrO_4 + AgNO_3 \longrightarrow AgCrO_4 \downarrow + KNO_3$　　(砖红色)

(4)着色剂$(NH_4)_2Cr_2O_7$，固色剂 $Co(NO_3)_2$。

$(NH_4)_2Cr_2O_7 + Co(NO_3)_2 \longrightarrow CoCr_2O_7 \downarrow + NH_4NO_3$　　(枣红色)

2)染黄色玛瑙的配方

(1)着色剂 $K_2Cr_2O_7$，固色剂 $Pb(CH_3COO)_2$(醋酸铅)。

$K_2Cr_2O_7 + Pb(CH_3COO)_2 \longrightarrow PbCr_2O_7 \downarrow + K(CH_3COO)$　　(铬黄色)

(2)着色剂 $K_2Cr_2O_7$，固色剂 HNO_3。

$K_2Cr_2O_7 + HNO_3 \longrightarrow K_2CrO_4 \downarrow + KNO_3$　　(柠檬黄色)

3)染蓝色玛瑙的配方

(1)着色剂 $Co(NO_3)_2$，固色剂 NH_4OH，热处理分解温度为 240℃。

$Co(NO_3)_2 + NH_4OH \longrightarrow [Co(NH_3)_6]^{3+} + NO_3^-$

$[Co(NH_3)_6]^{3+} \longrightarrow Co_2O_3 \downarrow + NH_3 \uparrow$　　(钴蓝色)

(2)着色剂 $Cu(NO_3)_2$，固色剂 NH_4OH。

$Cu(NO_3)_2 + NH_4OH \longrightarrow [Cu(NH_3)_4]^{2+} + Cu(OH)_2 \downarrow + NO_3^-$　(铜蓝色)

(3)着色剂 $K_4[Fe(CN)_6]$，固色剂 $Fe_2(SO_4)_3$。

$K_4[Fe(CN)_6] + Fe_2(SO_4)_3 \longrightarrow Fe_4[Fe(CN)_6]_3 \downarrow + K_2SO_4$　　(普鲁士蓝)

(4)着色剂 $K_3[Fe(CN)_6]$，固色剂 $FeSO_4$。

$K_3[Fe(CN)_6]+FeSO_4 \longrightarrow Fe_3[Fe(CN)_6]_2\downarrow+K_2SO_4$ （滕氏蓝）

4）染绿色玛瑙的配方

（1）着色剂 $K_2Cr_2O_7$，固色剂 NH_4Cl，热处理分解温度为 300℃。

$K_2Cr_2O_7+NH_4Cl \longrightarrow (NH_4)_2Cr_2O_7+KCl$

$(NH_4)_2Cr_2O_7 \longrightarrow Cr_2O_3\downarrow+NH_3\uparrow$ （铬绿）

（2）用化学试剂重铬酸铵 $(NH_4)_2Cr_2O_7$ 浸泡后直接加热分解，热处理分解温度为 300℃。

$(NH_4)_2Cr_2O_7 \longrightarrow Cr_2O_3\downarrow+NH_3\uparrow$ （铬绿）

5）染黑色玛瑙的配方

（1）古方：将玛瑙浸泡在蜂蜜或糖水中，然后利用浓硫酸使之碳化变黑的原理进行操作，此方法处理后的玛瑙不是纯黑色，故现在一般不用。

（2）着色剂 $Fe(NO_3)_3$，固色剂 NH_4SCN，加热处理（热处理温度为 240℃）后，可获得黑色、稳定的硫化亚铁产物。抛光后，玛瑙很亮。

$Fe(NO_3)_3+NH_4SCN \longrightarrow [Fe(SCN)_6]^{3-}+NH_4NO_3$

$[Fe(SCN)_6]^{3-} \longrightarrow FeS\downarrow+SCN\uparrow$ （黑色）

此法形成的硫化亚铁不透光，很黑，比用糖浸泡后再用浓硫酸碳化形成的灰黑色好很多，但加热过程中会挥发有毒气体（SCN），需要对实验室进行通风。此法曾用于制作围棋的黑色棋子，风靡一时（图 6－15）。

（3）着色剂 $AgNO_3$，固色剂 Na_2S。

$AgNO_3+Na_2S \longrightarrow AgS\downarrow+NaNO_3$ （黑色）

（二）染工艺品玛瑙片

在珠宝展销会上，经常能看到染成各种颜色的薄玛瑙片，有打眼后吊起来当作观赏品销售的，还有将不同颜色的玛瑙片串起来做成风铃的，稍被吹动就能听到清脆悦耳的声音（图 6－16）。这些都是经过染色的玛瑙片，很受欢迎。

图 6－15　染黑色玛瑙围棋子

图 6－16　珠宝展上的玛瑙风铃

制作染色玛瑙工艺品时，应选择内部有花纹、没有裂纹、不含矾的玛瑙。有花纹，说明玛瑙结构变化较大，由于染色液进入不同结构的能力不同，故染色的深浅在不同地方会有所不同，可形成一定的图案，增加其观赏性。

另外，由于玛瑙片较大，在同一块玛瑙片上可以染两种及两种以上的颜色，图 6－17即是在同一块玛瑙片上染蓝色和绿色的试验品。方法如下：先把一半玛瑙浸泡在染绿色配方的溶液里，经过十几天后，再将另一半浸泡在染蓝色配方的溶液里，浸泡十几天后取出。在 105℃烘箱中烘干，埋在砂子中进行缓慢加热处理，加热至 300℃后，恒温 4h，最后，缓慢降温至室温后取出。

图 6－18 是一块玛瑙上切下来的 4 块薄片，用不同染色配方可染出不同颜色。

图 6－17　同一块玛瑙上染蓝色和绿色

图 6－18　同一块玛瑙切片后用不同染色配方染出 4 种不同颜色

图 6－19 是在珠宝展销会上拍摄的染色玛瑙片，因为玛瑙片内部存在花纹，故染色后可制成很好的观赏品。图 6－20 是笔者自制的染红色玛瑙片，采用不需要加热处理的配方，原有花纹仍旧保留，由于颜色深浅不一，看起来别有风味。

图 6－19　珠宝展上的染色玛瑙片

图 6－20　笔者自制的染红色玛瑙片

(三)天珠的制作与染色方法

天珠有一定的外形，表面还有一定形状的花纹，花纹通常是白色的，故天珠的染色方法比较特殊。图 6-21 是市场上常见的天珠，图最右侧的残品是一颗折断的天珠成品，从断面可见，天珠的颜色仅在表面。因此，可以肯定它是经过染色处理的。

天珠的制作步骤如下。

(1)制形。将玛瑙打磨成两头较小、手指粗细、3～4cm 长的天珠外形。

(2)绘图。绘图时可先用铅笔在玛瑙原料上画好图案，再用油漆填满图案，晾干待用；也可在画好图案后，粘贴不干胶纸；或者迅速将融化的蜡涂在已在干燥箱中加热至 40℃左右的玛瑙片图案上。使用这 3 种绘图工艺都必须注意不能让化学试剂与玛瑙接触，使花纹部分不被染色。

(3)染色。将玛瑙放在化学试剂中浸泡，选择合适的配方进行染色处理。染色完成后，需要清除花纹中的油漆、不干胶或蜡。①如果染色配方是不需要加热处理的，则染色完成后，用手术刀把油漆、不干胶或蜡清除干净，玛瑙的天珠图案就出现了。②如果染色配方需要进行加热处理，则油漆、不干胶或蜡在加热处理过程中会自动消除，如果还有残留，再用手术刀清除干净即可。

(4)在玛瑙片上染图案实验。在玛瑙片上画出梅花鹿图案，然后将玛瑙片放在干燥箱中加热至 40℃左右，将蜡加热熔化成液体，迅速涂在玛瑙片上，待蜡冷却后，用手术刀将梅花鹿的图案从蜡中雕刻出来(务必将玛瑙表面的蜡清除干净)，再浸泡在蓝色配方的染色溶液中，一只蓝色的梅花鹿就出现了(图 6-22)。把蜡全部清除后，突然发现蜡与玛瑙粘接处有些地方不紧密，染色溶液跑了进去，不该出现蓝色的地方也出现了蓝色，破坏了梅花鹿的形象。因此，如果能找到一种能与玛瑙贴合紧密的材料，如油漆、不干胶等，不仅能染出梅花鹿，还可染出十二生肖或更复杂的图案。

图 6-21　染色天珠

图 6-22　玛瑙片染梅花鹿图案实验

七、毒玛瑙

大约从2014年起，有报道称染色玛瑙有毒，主要有两种：

(1)染色漂亮的绿色玛瑙，因为绿色玛瑙的染色化学试剂中含有重铬酸铵[$(NH_4)_2CrO_7$](此中的铬为六价)，但在300℃下热处理后，分解形成Cr_2O_3(此中的铬为三价，非有害化学元素)，所以染色绿玛瑙有毒的说法是不对的。铬是人体必需的微量元素之一，但过量的铬可能会使人体中毒。

(2)染黄色玛瑙中的铅也是有害化学元素，但检测证明染黄色玛瑙中的铅并未超标，故也不存在玛瑙有毒。

按照有关规定，饰品中的有害元素主要有5种：砷(As)、铬(Cr^{6+})、汞(Hg)、铅(Pb)、镉(Cd)(表6-1)。

表6-1 饰品中有害元素含量的最大限量规定

元素	砷(As)	铬(Cr)$^{6+}$	汞(Hg)	铅(Pb)	镉(Cd)
最大限量(mg/kg)	1000	1000	1000	100	100

在上述介绍的玛瑙染色配方中，这5种有害元素中只用到了铬(Cr^{6+})和铅。但是，从表6-1中可见，其最大限量值，Cr^{6+}为1000mg/kg，铅为100mg/kg。而染色玛瑙饰品中最重的是项链和手链，其重量一般不超过1kg，最多为几百克，并且染绿色玛瑙中的铬在热处理后会形成稳定的Cr_2O_3，Cr_2O_3是一种稳定性很好的氧化物，在自然界中稳定存在，不溶解于水和一般的酸或碱，即便是佩带时与皮肤接触，渗到皮肤中去，渗入铬的含量极低，远远低于最大限量。

铅与铬一样，染黄色玛瑙时，重铬酸钾与醋酸铅反应，生成难溶于水的沉淀重铬酸铅，与铬一样，染黄色玛瑙中铅的含量极低，不会对人体产生伤害。

第七章 珠宝玉石充填注入处理

第一节 珠宝玉石充填注入处理的概念

一、珠宝玉石充填注入处理的概念

珠宝玉石充填注入处理是指，通过某种工艺方法把无色透明或有色物质注入到珠宝玉石的裂隙、孔洞或孔隙之中，使珠宝玉石的颜色、透明度、牢固性等都得到改善的技术。这种优化处理方法属于处理范畴，在销售时应当说明。但祖母绿的无色油注入处理是传统的、人们认可的方法，属于优化范畴，不必专门说明。

二、适用的珠宝玉石类型

适用于充填注入处理的珠宝玉石主要是多裂隙和多孔隙的多晶体玉石和某些多裂隙或有孔洞的单晶体宝石。例如绿松石、祖母绿、红宝石、碧玺等。

第二节 珠宝玉石充填注入处理的目的

一、使珠宝玉石的颜色更加鲜艳

通过向珠宝玉石的裂隙中注入某种无色油或浅色油，可以大大提高它们的色相和颜色鲜艳程度。例如向裂隙比较发育的祖母绿宝石中注入无色油，向"千层板"型红宝石中浸入混合机油，都能使其颜色得到改善，变得更加鲜艳。

二、提高珠宝玉石的透明度

选用折射率与待处理珠宝玉石的折射率接近的无色透明或有色透明物质，顶替珠宝玉石裂隙或孔隙中的空气，可以减少珠宝玉石对光线的散射或漫反射，使透射光强度增大，从而使珠宝玉石的透明度得到明显的提高。

三、增加多裂隙、多孔隙珠宝玉石的牢固性

珠宝玉石出现多裂隙、多孔隙现象的主要原因有下列4种情况。

(1)本身结构的缺陷。有些珠宝玉石是由大量微晶集合体组成的，微晶之间由胶结物胶结在一起，当胶结物少或胶结强度不高时，会出现大量的孔隙，结构比较松散，稳定性较差，例如绿松石。

(2)天然珠宝玉石形成后，由于地质作用而使结构受到破坏，出现微细裂隙。

(3)有些珠宝玉石在开采过程中受到人为作用力的破坏而产生裂隙。例如用炸药炸矿石的开采作业，就可能使很多珠宝玉石产生裂隙。另外，从围岩上取下珠宝玉石的方法不当也可使之产生微裂隙。如祖母绿的脆性较大，从围岩上取下来时，打击岩石的振动就能使祖母绿宝石产生很多裂隙。研究发现，若祖母绿宝石产于碳酸盐围岩中时，可以采用30%左右的盐酸滴加在祖母绿晶体周围，盐酸会溶解碳酸盐岩而不会溶解祖母绿宝石，就可以取出完整的祖母绿晶体。

(4)在进行珠宝玉石优化处理的过程中(例如热处理)，操作不当或设计条件不合理时，可产生裂隙，有些优化处理技术(如净化处理中的翡翠B货制作)会使珠宝玉石的原有孔隙度增大、稳定性降低。

充填注入处理可以增加上述4类珠宝玉石的结构稳定性，使它更牢固。

四、掩盖珠宝玉石的各种缺陷

凡是存在裂隙、孔隙或孔洞的珠宝玉石都会被看作是有缺陷的，不仅不好看，而且会大大降低珠宝玉石的价值。采用不同的材料和不同的技术进行充填注入处理后，可以修复和掩盖这些缺陷，从而达到优化处理和提高价值的目的。有时在优化处理某种珠宝玉石时，会产生需要修复和掩盖的新缺陷，例如，当钻石中出现暗色固体包裹体时，人们会采用激光器把暗色固体包裹体去掉，但会留下明显的孔洞，这时，就需要用充填注入处理把孔洞充填，以掩盖新缺陷。

五、给珠宝玉石加色

若向充填注入剂中预先加入所需颜色后再进行充填注入处理，在充填原有珠宝玉石的裂隙、孔隙或孔洞空间的同时，还可以给珠宝玉石加色。不仅可以使珠宝玉石原有颜色加深，还可以使无色宝石、白色或灰白色珠宝玉石变成彩色珠宝玉石，有时还会出现一些意想不到的效果。例如对祖母绿宝石进行有色油注入处理，不仅可以加深颜色，还可以因充填了孔隙而提高透明度，达到意想不到

的“增色又增水”效果。但对祖母绿注入有色油属于处理范畴，销售时需要进行说明。

第三节　珠宝玉石充填注入处理的分类

珠宝玉石充填注入处理分无色充填注入处理和有色充填注入处理两种。

一、无色充填注入处理

它指充填注入处理所用的材料基本上是无色透明的。常用的材料：石蜡、植物油（如椰子油、棕榈油、蓖麻油、亚麻子油、玉米油、花生油、杉木油、雪松油等）、动物油（如鲸油、牛油等）、无色矿物油、轻润滑油、加拿大树胶、无色塑料或树脂（如环氧树脂等）、无色玻璃、无色硅胶、有机硅等。

具体操作时选用何种无色充填注入剂，要考虑珠宝玉石本身的特点、无色充填注入剂的性能、工艺条件、经济合理性等多方面的因素。

1. 无色油的使用

此方法的工艺就是把珠宝玉石长时间地浸泡在无色油中。利用无色油对珠宝玉石进行充填注入处理是一种古老的、传统的方法，现在有些珠宝商仍在使用。此方法的主要优点：工艺比较简单，成本低，容易掌握。此方法的主要缺点：无色油在裂隙中一般以液体的形式存在，很容易渗出裂隙，特别是在气温较高或受到烘烤的情况下，无色油渗出得更快；随着时间的增长，注入的无色油会由于挥发而逐渐干涸，使原来的裂隙显现出来，这样会使珠宝玉石的透明度降低，颜色也变差。由于这些缺点的存在，它逐渐被无色固体充填注入剂代替。

2. 无色塑料或树脂的使用

常用的无色塑料或树脂主要是加拿大树胶（也称加拿大树脂）和环氧树脂。树脂类无色固体充填注入剂不仅具有无色油的所有优点，而且由于树脂的性质比较稳定，其折射率比无色油的高，一般为1.52～1.54，比较接近大多数珠宝玉石的折射率，因而对裂隙有更好的掩盖作用。不仅如此，树脂最终以固态形式充填于珠宝玉石的裂隙和孔隙之中，对于加强珠宝玉石的稳定性也有很好的作用。由此可见，无色透明树脂充填注入剂比无色油充填注入剂有更多的优点。无色透明树脂充填注入剂的主要缺点是树脂类塑料属于高分子有机化合物，时间长了会老化，一方面被氧化产生微黄色相，对珠宝玉石的颜色产生不利影响；另一方面有机物时间长后会产生晶化作用，进而产生龟裂纹，对光线产生散射作用，同样会对颜色产生不利影响，但其影响与无色注入油的相比要小很多。

3. 无色玻璃的使用

无色玻璃是1980年以后出现的新型充填注入剂，最初主要用于充填激光处理钻石包裹体后留下的微细孔洞。随着充填注入技术的不断提高和充填注入处理设备的不断改进，利用无色玻璃充填注入其他珠宝玉石的应用越来越多。使用中，对无色玻璃充填注入料的要求：玻璃的熔点要尽量低，但其化学性质和物理性质要稳定；不要求充填注入用玻璃的折射率与钻石、红宝石等的接近，因为高折射率的玻璃往往硬度较低，且化学性质不太稳定。常用的无色玻璃充填注入剂有硼砂玻璃、铅玻璃和焊接用玻璃。其主要缺点是充填注入处理温度比较高，有些珠宝玉石不能使用此法作充填注入处理。例如，电视机屏幕玻璃是铅玻璃，软化点温度约550℃；含硼铅玻璃软化点温度可低至280℃；电子仪器上用的晶体管与金属丝焊接用的玻璃（统称低温玻璃）最低软化点温度仅260℃。但是，即使如此，对有些珠宝玉石（如有机宝石）而言还是温度太高。所以，对不同的珠宝玉石进行充填注入处理时，要对珠宝玉石的耐热性加以考虑。

4. 石蜡的使用

石蜡作为珠宝玉石的充填注入剂已有很悠久的历史。我国一直把石蜡用作玉雕制品和某些玉饰品的表面上光剂及保护剂。过蜡处理是玉雕工艺中一项必不可少的工序。蜡质渗入玉器的裂隙中，不仅可以隐去裂隙，还可以提高玉制品的表面光泽度和玉质的温润质感，起到了注蜡处理和表面处理的双重作用。另外，石蜡的注入温度比较低，大约为120℃，比玻璃的充填注入温度低很多，并且，石蜡无色、无味、无毒，也不会发生氧化变质。

二、有色充填注入处理

采用有色充填注入处理的主要目的是给珠宝玉石加色，同时也起到加固作用。充填注入剂由两部分组成：一部分是充填注入剂，与无色充填注入剂完全相同，包括注入油、玻璃、树脂和石蜡等；另一部分是着色剂。常用的着色剂有两类：一类是有机染料，有色油充填注入剂就是在无色油中加入有机染料配成的；另一类是颜料，大部分颜料是无机化合物，少数是有机化合物，颜料一般不溶于水，通常将分散剂调制成悬浮液与充填注入剂混合使用，在这里，充填注入剂实际上充当了着色剂的载体。

有色充填注入剂进入珠宝玉石的裂隙和孔洞中后，珠宝玉石的颜色将发生很大的变化，不仅色相加深，而且颜色亮度也会增加。但是，如果有色充填注入剂中的着色剂用的是有机染料或有机颜料时，在今后使用过程中，由于长时间的光照或与有机溶液接触(如人体的汗液、酒精等),着色剂会产生褪色、变色或脱色的现象。

第四节　珠宝玉石充填注入处理的条件

由于不同珠宝玉石的性质不同,充填注入处理的目的也不同,因此,所需的充填注入处理的工艺条件也不同。例如给祖母绿注油处理是为了改善颜色和透明度,只要浸入无色油或有色油就行;给钻石孔洞充填注入玻璃是为了掩盖瑕疵,要在较高的温度下将玻璃熔化后充填注入钻石孔洞。综合起来,充填注入处理的基本工艺条件如下。

一、珠宝玉石本身具有空隙结构

矿物集合体组成的多晶体珠宝玉石具有孔隙结构(晶体粒间间隙)和裂隙构造,这些空隙空间既是充填注入剂进入珠宝玉石的通道,也是充填注入剂赋存的空间场所。若孔隙结构和裂隙构造不发育,就不能进行充填注入处理。

单晶体宝石的裂隙和孔洞是主要的空隙空间,可决定充填注入剂的充填深度、分布均匀性和方向性。采用有色充填注入处理技术的单晶体宝石,裂纹应分布均匀,有一定深度,但不能太深,处理后的宝石才会颜色均匀,同时有一定的牢固性。当然,没有裂隙和孔洞的单晶体宝石是不能进行充填注入处理的,除非人为地制造裂隙。

二、温度

充填注入处理工艺中,除了注入油处理可以在常温下进行外,其他几种充填注入剂在常温下都是固态物质,所以,都要先进行加热,使充填注入剂熔化成流体状态才能充填注入到珠宝玉石的裂隙和孔隙中去。由于不同类型的充填注入剂有不同的熔化温度,所以,在进行充填注入处理时,要根据选用的充填注入剂设计相应的加热温度和加热设备。石蜡的熔化温度在120℃左右,树脂的熔化温度为90~150℃,用于充填注入处理工艺的玻璃是玻璃中熔点最低的,但熔点相较其他充填注入剂而言还是高的,大约在300~500℃之间,有的甚至更高,如红宝石充填注入处理的温度为1250~1450℃。设计好适当的温度条件,可以加快充填注入剂的流动速度,降低黏度,使充填注入剂渗入孔隙和裂隙的速度加快。要注意的是,选择加热温度的时候,不仅要考虑充填注入剂的熔化温度,还要考虑进行充填注入处理的珠宝玉石在该温度下的承受能力,以不破坏珠宝玉石的结构为准。例如，有些珠宝玉石含有结晶水，若结晶水在加热过程中丢失，就会破坏该珠宝玉石的结构稳定性，这样的加热温度就不合适。另外，对有色充填注入处理来说，还要考虑着色剂在设计温度下的稳定性，若着色剂分解，必然失去作用。因此，充填注入处理所选用的加热温度一定要控制在合理的范围内。

三、时间

由于珠宝玉石中的孔隙和裂隙都很小，往孔隙和裂隙中注入油或其他充填注入剂时，会产生毛细现象，即充填注入剂液体的表面张力很大，不容易进入细小的裂隙和孔隙中去；另外，充填注入剂在熔化状态下的黏度比水和空气大，流动性相对较差。因此，要将充填注入剂充分填满这些细小的孔隙和裂隙需要很长时间，少则十几小时，多则数周，这在经济上是不合算的。为了加快充填注入处理的速度，缩短充填注入处理的时间，提高充填注入处理的效率，人们在具体的处理工艺上采取了相应的措施，如真空充填注入法和高压充填注入法等。

第五节　珠宝玉石充填注入处理技术的工艺方法

珠宝玉石充填注入处理技术的工艺方法有多种，从珠宝玉石的具体情况及采用的充填注入剂类型考虑，主要有4种：静态充填注入法、加热充填注入法、高压充填注入法和真空充填注入法。

一、静态充填注入法

此方法只适用于充填注入剂在常温下是液态的情况，如无色油或有色油。设备很简单，可以是玻璃烧杯，也可以是塑料容器或别的容器。方法是将油倒入容器中，再将珠宝玉石浸泡在油中，待油渗入和充填满所有裂隙和孔隙即可，需要很长的时间。需经常观察被浸泡的珠宝玉石和浸泡液，并经常对油进行搅拌，以免发生凝聚或沉淀作用。此法的主要缺点是耗时太长，效率较低。

二、加热充填注入法

此方法是在加热条件下进行的，所用充填注入剂在常温下为固态。在充填注入处理之前，必须先加热充填注入剂，使它熔化成流体（液态），然后把珠宝玉石浸入其中，让充填注入剂慢慢渗入到珠宝玉石中去。这个充填注入处理工艺的设备，只要用低温加热设备即可，如电炉、烘箱、干燥箱等。在操作中要注意的地方如下：

(1)加热温度不能使珠宝玉石的结构遭到破坏，也不能使着色剂分解，所以要选择一个合适的温度范围。

(2)珠宝玉石在浸入加热成液体的充填注入剂前，应先进行预热，预热温度可接近或稍高于充填注入剂的加热温度。因为绝大多数珠宝玉石是热的不良导体，骤然受热会使珠宝玉石的内外温差扩大，产生过大的内应力，使珠宝玉石发生炸裂。为保险起见，也可以将珠宝玉石与充填注入剂一起缓慢加热。

(3)对充填注入剂的加热温度不能超过充填注入剂的熔点太多，否则充填注入剂会被破坏。如石蜡的熔点为120℃左右，若加热到160℃以上，石蜡液体会大量地冒白烟，并且石蜡本身会分解、碳化变黑；树脂加热温度不宜超过150℃，否则会使树脂老化，甚至分解和碳化，达不到优化处理的目的。

(4)玻璃充填注入剂的操作温度比较高，而一般的珠宝玉石进行处理时的温度最好不要超过500℃，因为太高的温度会给充填注入处理的珠宝玉石造成损害，甚至会使珠宝玉石的原有颜色消褪。对于高熔点珠宝玉石(如红宝石和蓝宝石的熔点为2050℃)，温度可以提高，如用硼砂充填处理时可以加热到1450℃。所以，用玻璃进行充填处理前，要了解珠宝玉石的性质和充填注入玻璃的性质，最好先查一下《矿物差热分析鉴定手册》，弄清楚需进行充填注入处理的珠宝玉石失去吸附水、结晶水、结构水和结构被破坏的温度范围及最高温度，这样可以保证在进行充填处理的过程中，珠宝玉石既得到了优化处理，又完好无损。充填注入玻璃的处理温度较高，用陶瓷坩埚或高铝坩埚作容器、用带自动控温装置的马弗炉加热较好。

三、高压充填注入法

采用高压充填注入法时，要将充填注入剂和珠宝玉石一起密封于能耐一定高压的玻璃容器或金属容器中。在充填注入处理时，除按上述方法加热外，还要向密封的容器中通入压缩空气，使容器内产生一定的压力，将充填注入剂强力压入珠宝玉石细小的裂隙和孔隙中去，故能加快充填注入处理的速度，缩短充填注入处理的时间。此法的设备相对比较复杂，成本也比较高，通常用于较高档珠宝玉石的充填注入处理。

四、真空充填注入法

真空充填注入法的原理：抽真空可以把珠宝玉石内细小裂隙和孔隙中的空气或水抽掉，使充填注入剂较容易地进入并充填这些裂隙和孔隙的空间，然后打开抽真空阀门，使其内部恢复到正常大气压，并进一步将充填注入处理剂压到裂隙和孔隙的空间中去，具体步骤如下。

(1)当充填注入剂为油时，把珠宝玉石密封在玻璃容器或金属容器内，容器上端连接一个分液漏斗，用真空泵把密封容器抽成真空，分液漏斗的阀门以下也被抽成真空，故此时打开分液漏斗的阀门，油就可以较容易地进入珠宝玉石的裂隙和孔隙的空间中，达到充填注入处理的目的。

(2)当充填注入剂在常温下是固体时，把充填注入剂和珠宝玉石一起密封在玻璃容器或金属容器内，先用真空泵把密封容器抽成真空，然后加热，让充填注入剂熔化，并浸没珠宝玉石，此时，部分熔化的充填注入剂会进入珠宝玉石内部。经过一段时间后，打开阀门，让容器恢复常压。此时，熔化后的充填注入剂已经自动渗进珠宝玉石的裂隙和孔隙之中，充填注入操作由真空状态到恢复正常大气压的过程相当于加压，充填注入剂会进一步被压入珠宝玉石的裂隙和孔隙之中，使充填注入更加完全，能更好地达到优化处理的目的。真空充填注入处理法的设备较简单，易操作，成本也不高，但效率却很高，而且充填注入处理的效果比较理想，很有发展前途。在对翡翠 B 货进行环氧树脂充填注入处理时，常将真空充填注入法与高压充填注入法联合使用，效果更好。

珠宝玉石的高压充填注入法和真空充填注入法的结合，也可用于无色油和有色油的充填注入处理，但此时不需要加热。

第六节　珠宝玉石充填注入处理举例

一、祖母绿的充填注入处理及其鉴定特征

祖母绿是脆性比较大的珠宝玉石，所以常见样品内部有很多裂隙和孔隙。传统的、被大众所认可的优化处理方法是注入无色油填充这些裂隙和孔隙，这样的充填注入处理属于优化范畴；但若充填注入有色油或充填注入树脂，则属处理范畴，销售时应注明。

1. 祖母绿的充填注入处理

(1)预处理。目的是将祖母绿宝石裂隙和孔隙中的杂质清除。如果祖母绿比较干净，可以选用甲醇、乙醇等有机试剂或超声波清洗，不太干净的可以采用浓的强酸浸泡，把裂隙和孔隙中的杂质、切割加工过程中表面的杂质及抛光中残留的抛光剂等溶解掉。预处理时间视裂隙发育程度、杂质多少及样品大小而定，通常需要 12～24h。在酸中浸泡的样品，取出后需用水或稀碱溶液反复清洗，然后用去离子水浸泡几个小时，最后干燥即可。

(2)充填注入处理。①如果充填注入剂是无色油或有色油，只要将样品浸入

油中，用静态充填注入法让油慢慢渗入裂隙和孔隙中即可，如果想加快充填注入速度，可以采用常温下的高压充填注入法或常温下的真空充填注入法（图 7－1、图 7－2）。②如果充填注入剂是加拿大树脂或环氧树脂，则要采用加热充填注入法、高压充填注入法或真空充填注入法。这些树脂的折射率与祖母绿的比较接近，并且，这些被加热熔融的树脂降到常温时又会呈固态存在，所以，可以增加祖母绿样品的牢固度；若进一步在树脂中加入祖母绿色的颜料作着色剂，则可使祖母绿样品的颜色加深。图 7－2 是祖母绿宝石在充填注入处理前后的对比，可明显看出，充填注入处理后的祖母绿比充填注入处理前的漂亮很多。③抛光工序。把充填注入处理技术处理过的祖母绿样品放在纸巾或棉纱上擦干，再用凡士林作抛光剂，在布盘上进行抛光。

图 7－1　充填注入无色油的祖母绿

（张蓓莉，2006）

图 7－2　充填注入处理前（左）、后（右）的祖母绿

（何雪梅，2014）

2. 鉴定特征

(1)充填注入剂为无色油时:①用灯泡或用烧红的针接近样品,在10倍放大镜下观察,可以见到祖母绿样品有“发汗”现象,这是由于油受热后渗出引起的。②把样品放在水中,水表面有油花出现;在水中或其他无色透明液体中,用10倍放大镜或显微镜可观察到裂隙和注入剂的特征,油与其他固体注入剂是不一样的。

(2)充填注入剂为无色固体时:①往往有气泡和未被完全充填的裂隙和孔隙,会形成气体包裹体,它与祖母绿特有的钉状气液包裹体是不一样的。②转动祖母绿时常可见到闪光效应,甚至用散射光可以模糊地看到裂隙的轮廓。

(3)充填注入剂为绿色染料时:在透射光下,用10倍放大镜可以清楚地看到沿裂隙分布的“丝状”绿色,即裂隙中的绿色比非裂隙处的绿色深。

(4)充填注入剂为加拿大树脂或环氧树脂时:①用紫外线照射祖母绿样品,加拿大树脂在长波紫外光下发黄色荧光,而祖母绿发红色荧光。②用反光显微镜观察祖母绿样品表面,可见“蛛网状”光泽比较暗的裂隙充填物。③最简单的办法是将祖母绿样品在布(如衣服或裤子)上反复摩擦几下,立即放到鼻子下闻,可闻到特殊的、类似松香的气味。④若用烧红的针刺入祖母绿的裂隙或凹坑处,会闻到塑料熔化或烧焦的刺鼻气味。⑤若有气体包裹体存在,转动祖母绿样品会出现闪光效应。⑥放在水中或无色透明液体中,用10倍放大镜或显微镜可见祖母绿样品裂隙中的充填物。

二、绿松石的充填注入处理及其鉴定特征

绿松石有一定的孔隙,故可采用充填注入处理技术使外观较差、结构较松散的绿松石得到改善。绿松石的充填注入剂有油、石蜡、塑料及水玻璃等,可以是无色充填注入,也可以是有色充填注入。充填注入处理的作用是加深原有颜色或加其他色、掩盖裂隙和孔隙、提高透明度、增强结构的稳定性等。

1. 绿松石的充填注入处理

(1)最早的绿松石充填注入剂是石蜡和油,方法是把绿松石在石蜡液或热油中浸泡一段时间,待石蜡或油注入绿松石中后冷却,可以使某些绿松石的颜色变深,这是由于绿松石的孔隙和裂隙被石蜡或油充填后,对光的散射减少了,透明度提高了,从而使绿松石的体色更加突出。此法的主要缺点是容易褪色,尤其是在受到太阳光照射或受热时,褪色更快。需要说明的是,绿松石充填注入石蜡后,会增加绿松石的天蓝(绿)色,故属于处理范畴(图7-3)。

(2)现在常用的充填注入剂为无色或有色的聚丙烯酸酯、环氧树脂、塑料等

(图 7－4)。除了具有充填注入石蜡和油的所有优点外，还可大大增强绿松石的牢固度。方法是先在 105℃下把绿松石样品烘干，然后采用加热充填注入法、加压充填注入法或真空充填注入法把聚丙烯酸酯或环氧树脂注入绿松石中。

图 7－3　充填注入石蜡的绿松石
(张蓓莉，2006)

图 7－4　充填注入塑料的绿松石
(张蓓莉，2006)

(3)实验表明：甲醛聚合物的充填注入处理效果较好(李友华，1994)。其方法如下：将绿松石按最紧密堆积方法装入内衬有塑料的不锈钢或玻璃容器中，于 105℃下烘干 5h，冷却密封备用；将各种助剂(催化剂、渗透剂 OT、表面活性剂 OP 和稳定剂 FP)按一定比例依次溶于经特殊方法处理过的甲醛中，即配好了加胶液；然后，将适量的加胶液倒入已烘干的绿松石中，密封放置 24～48h(视绿松石大小而定)，取出绿松石，加热使加胶液聚合即可。甲醛的分子量为 30，在能聚合的单体中几乎是最小的，并且甲醛的极性与绿松石表面的极性接近，经加热产生聚合反应后，甲醛聚合物充填注入绿松石内部的深度深，均匀性好，故总体充填注入效果好。另外，甲醛聚合物的折射率为 1.62，与绿松石的折射率(1.61～1.65)接近。所以，充填注入处理后的绿松石颜色自然，经抛光后与优质的纯天然绿松石十分相近。

2. 鉴定特征

绿松石的鉴定特征因充填注入剂的不同而不同。

(1)充填注入剂为油或石蜡时：用烧红的针靠近(不要接触)绿松石不太重要的位置，再用放大镜观察，可以见到“出汗”现象，这是油受热渗出或石蜡受热融化而出现的特征。另外，放置一段时间后，绿松石会褪色，尤其经太阳暴晒或受热后褪色更快。

(2)充填注入剂为无色有机聚合物时：

· 用烧红的热针接触绿松石的表面，特别是裂隙或凹坑处，可闻到塑料熔化的特殊刺鼻气味。但注意接触时间不要超过3s,因为天然品与优化处理品遇热都可能会遭到破坏。

·用红外吸收光谱检测,可见高分子聚合物产生的几组吸收峰,分别为$2943cm^{-1}$、$2850cm^{-1}$、$1453cm^{-1}$、$1389cm^{-1}$和$1730cm^{-1}$,据此可作为有机聚合物注入处理的有力证据。

·在样品的隐蔽部位切削极小的样品碎屑,放入试管中加热,加热后能在试管壁上见到析出的树脂液滴及凝结物,并伴有塑料气味。

·天然绿松石为油脂光泽,有机聚合物充填注入后的绿松石呈蜡状光泽。

·充填注入有机聚合物的绿松石颜色呆板,外部色深,内部色浅。

·充填注入处理品的手感黏滞,与天然绿松石的手感不一样。

·向样品哈气,天然绿松石表面的水汽消失快,充填注入处理品明显滞后。

·有机聚合物充填注入绿松石后,常出现气体包裹体或收缩纹,但由于绿松石一般不透明,故看不到此鉴定特征。

(3)充填注入剂为有色油或有机带色聚合物时:

·用无色油或无色有机聚合物充填注入绿松石所形成的鉴定特征,在用有色油或有色有机聚合物充填注入的绿松石中也都存在。

·绿松石的裂隙和孔隙处的颜色明显深于其他地方。

三、红宝石的充填注入处理及鉴定特征

大部分红宝石都存在一些裂纹、孔洞。对于这些裂纹、孔洞,尤其是微细的裂纹,目前比较常用且有效的方法就是进行充填注入处理,以达到掩盖裂纹、减少内反射、提高红宝石的亮度和透明度的目的。

1. 红宝石的充填注入处理

最常见的红宝石充填注入处理方法是注入油或玻璃(称为玻璃充填)。

(1)对红宝石进行充填注油处理的方法很简单,只要配好与红宝石颜色基本接近的混合机油,把红宝石浸泡其中即可。此法适用于具有平行裂隙的“千层板”红宝石。其缺点与祖母绿充填注入油处理技术一样,混合机油容易挥发而使红宝石褪色,并暴露出原来的缺陷。

(2)红宝石的玻璃充填注入处理需要在高温下进行,目前常采用硼砂或高铅玻璃。

·硼砂充填注入处理技术。硼砂的化学名称为硼酸钠,化学分子式为$Na_2B_3O_7 \cdot 10H_2O$。矿物差热分析实验表明,当温度上升到85℃时硼砂便开始大量失水,上升至249℃后,则完全失水形成无水硼酸钠,当温度高于885℃时,便熔化形成液态流体,进入红宝石的微细裂隙,冷却后变成玻璃固态充填物留在

其中，可达到改善红宝石品质的目的。实际操作时，可把红宝石与化学试剂硼砂一起放到可以加热、抽真空及加压的设备中。先将系统抽真空至 1×10^{3} Pa 的水平，把红宝石裂隙中的空气抽干净，然后加热至 1250～1450℃，此时化学试剂硼砂被熔融成液态流体，进入红宝石的裂隙中。同时，硼砂可以当作助熔剂使用，使红宝石的熔点降低很多，促使红宝石中的裂隙表层因与熔融的硼砂接触而发生熔化，形成局部熔融体。恒温一定时间后，打开抽真空阀门并通入压缩空气，可协助熔融的硼砂压入红宝石内的小裂缝或小裂隙深处。恒温一定的时间后，缓慢降温，红宝石裂隙中的硼砂熔融体便开始重结晶形成玻璃而使裂隙愈合。硼砂熔融体没有到达的地方，裂隙中仍会留有气体并形成气体包裹体，这些气体包裹体在转动红宝石时会产生闪光效应，可作为其鉴定特征。

经过这种技术处理后的红宝石，无论在色彩、透明度上，还是在裂隙的愈合上，都得到了极大的改善。

· 高铅玻璃充填注入处理技术。用高铅玻璃充填注入的红宝石是在 2004 年开始进入市场的，由日本宝石协会（GAAJ）首次检测发现。此后，一些著名的实验室（AGTA、GIA）也陆续发现了用同样方法处理的红宝石。由于铅玻璃的熔点比硼砂低，在 600～800℃ 即可进行充填注入处理，具体操作步骤与硼砂熔融体充填注入红宝石的操作步骤基本相同。经高铅玻璃充填注入处理后的红宝石看起来非常漂亮（图 7－5）。

图 7－5　经高铅玻璃充填注入处理后的红宝石

（张蓓莉，2006）

2. 鉴定特征

（1）充填注入剂为油时：与祖母绿及绿松石充填注入油技术处理后的鉴定特征一样，可以用烧红的针靠近红宝石，用放大镜看有没有“出汗”现象；也可以投入水中，看有没有油花现象。

(2)充填注入剂为硼砂时：①用放大镜或显微镜沿珠宝玉石的原有裂隙在透射光下观察样品，可见气体或固体包裹体(图 7－6)。而天然红宝石的裂隙中一般没有气体或固体包裹体。②天然红宝石在长波紫外光下发红色荧光，在短波紫外光下发无色—中红色荧光；充填注入硼砂的红宝石，在短波紫外光下呈现中—弱的蓝白垩状暗红色荧光(亓利剑，1995)。③成分分析表明，充填注入硼砂后的红宝石中往往出现硅、钠、硼等外来物质，而天然红宝石中没有这些成分。④把充填注入处理的红宝石放在漫射光或盛有二碘甲烷的玻璃皿中，用 10 倍放大镜或宝石显微镜进行观察，可以发现裂隙中充填的硼砂由于折射率与红宝石的折射率相差很大而呈线状沿裂隙分布。⑤在正交偏光显微镜下，可以看到全消光的硼砂充填物。⑥用反光镜可见到硼砂充填物表面的凹陷面，这是由于硼砂与红宝石硬度相差很大，重新抛光后形成的(图 7－7)。

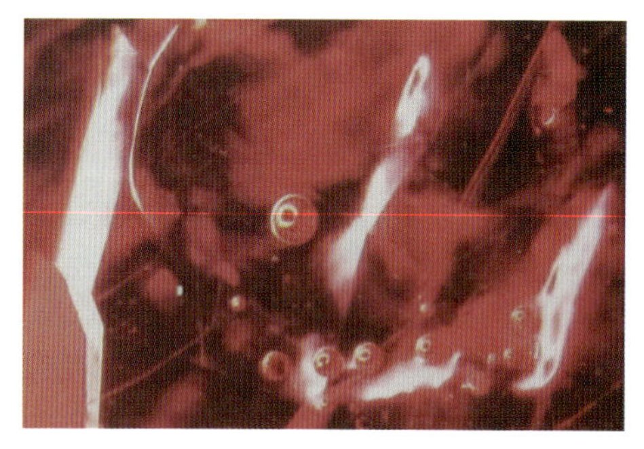

图 7－6　充填注入硼砂的红宝石中残留有气泡(张蓓莉，2006)

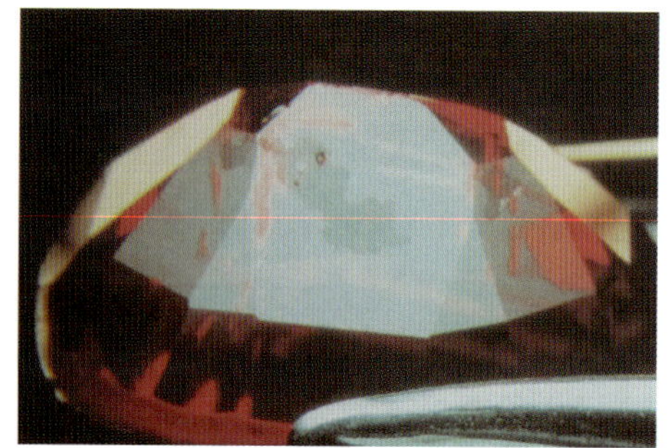

图 7－7　充填注入硼砂的红宝石的表面特征(凹坑)(张蓓莉，2006)

(3)充填注入剂为高铅玻璃时(亓利剑等，2005)：

·成分分析表明，裂隙中含有约 75％的 PbO，而天然红宝石中一般不含铅或含量较低，这是主要的鉴定特征之一(图 7－8)。

·沿红宝石原有裂隙面寻找，可发现蓝色或蓝绿色闪光效应，以及具有面状分布的扁平状气泡群特征。这是鉴别充填注入高铅玻璃的主要依据之一(图 7－9、图 7－10)。

·用 EPMA 电子像分析发现，处理红宝石中的高铅玻璃充填物呈不规则网脉状、斑块状沿红宝石原裂隙连续分布，且与红宝石基体的边界清晰，未出现局部熔合现象，整体充填度较高。这点与硼砂充填注入的红宝石不同。

·高铅玻璃充填注入处理的红宝石折射率与未充填注入处理的天然红宝石

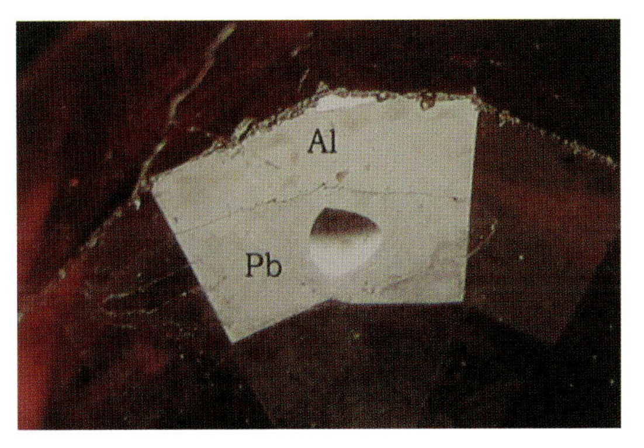

图 7-8　高铅玻璃充填注入红宝石(25×)
(亓利剑等,2005)

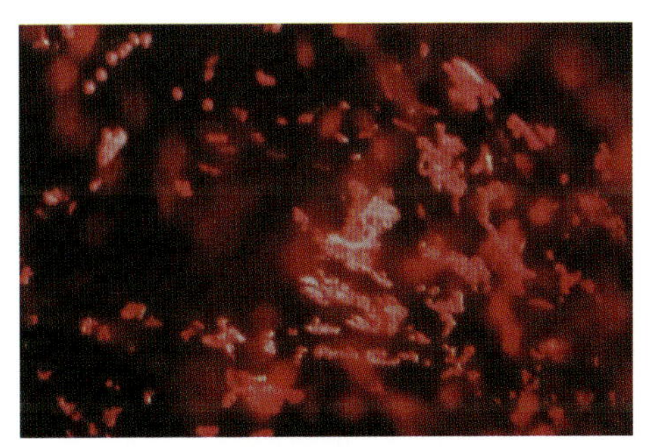

图 7-9　高铅玻璃充填注入处理的红宝石残留有扁平状气泡群(35×)
(亓利剑等,2005)

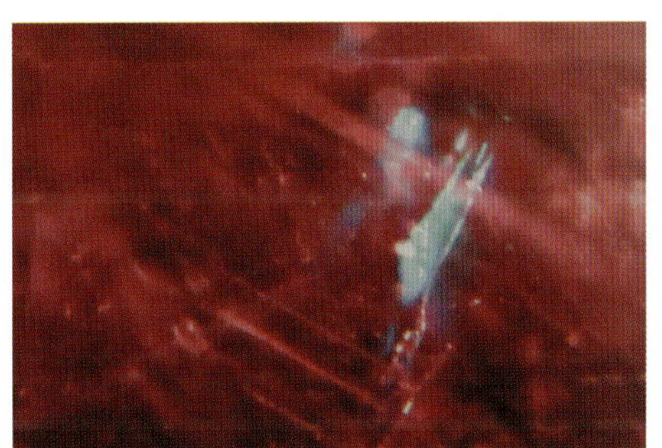

图 7-10　高铅玻璃充填注入处理的红宝石可见蓝绿色闪光效应(30×)
(亓利剑等,2005)

基本相同。在长波紫外光(365nm)下发强红色荧光,在短波紫外光(254nm)下发暗红色弱荧光。

四、蓝宝石的充填注入处理及其鉴定特征

蓝宝石的充填注入剂一般采用带蓝色铅玻璃。将带蓝色铅玻璃充填注入蓝宝石中,效果好且不易分辨。

国家珠宝玉石质量监督检验中心资深质检师邓谦先生在检测中发现了用带蓝色铅玻璃充填注入蓝宝石的样品(图 7-11～图 7-16)。图 7-13 和图 7-14 明显可见蓝宝石裂隙处的蓝色比周围的深,并且没有充填到的缝隙中会出现蓝色闪光效应;另外,充填注入带蓝色铅玻璃的样品中可见气体包裹体。

图 7-11　充填注入带蓝色铅玻璃的蓝宝石
（邓谦　提供）

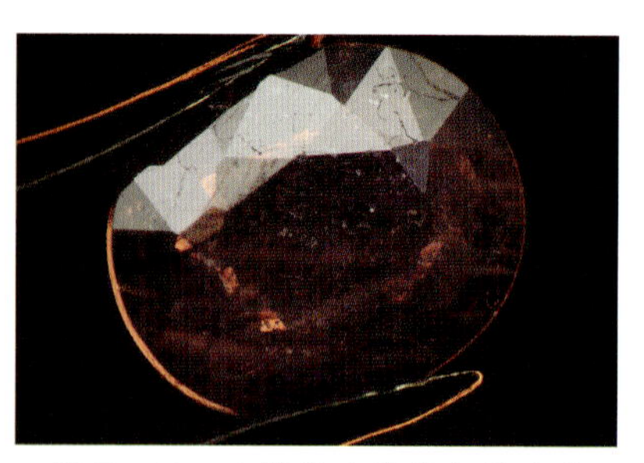

图 7-12　充填注入带蓝色铅玻璃的蓝宝石（细节图）
（邓谦　提供）

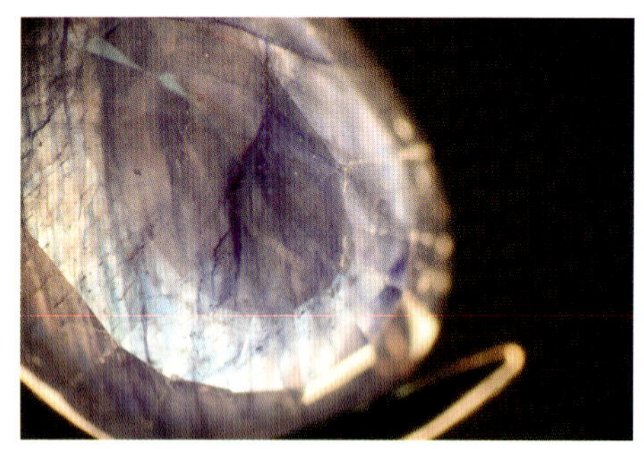

图 7-13　充填注入带蓝色铅玻璃蓝宝石的裂隙处颜色较深（20×）
（邓谦　提供）

图 7-14　蓝宝石未充填缝隙中的闪光（40×）
（邓谦　提供）

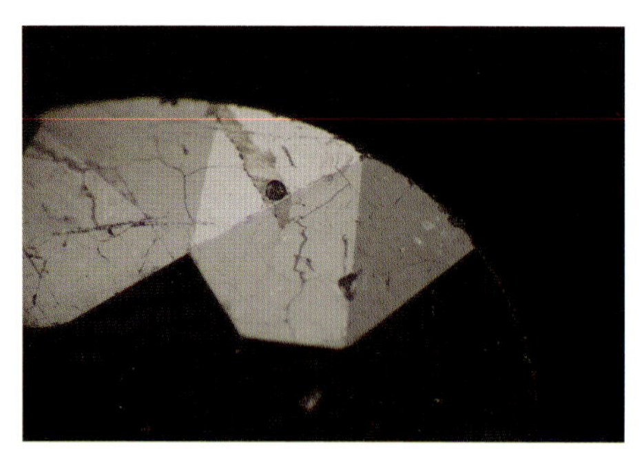

图 7-15　充填带蓝色铅玻璃蓝宝石的外观及内部气泡（20×）
（邓谦　提供）

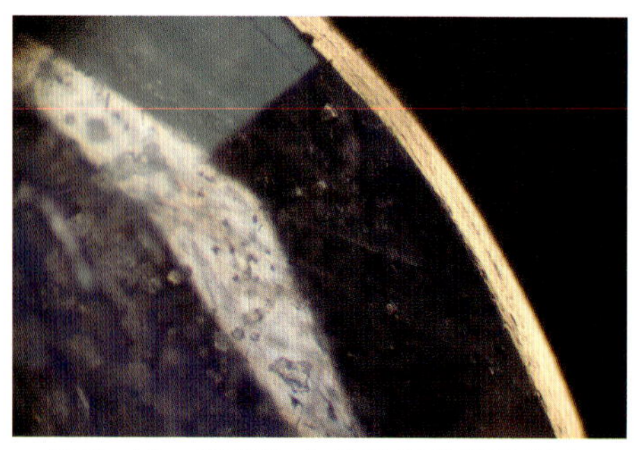

图 7-16　充填注入处理后的蓝宝石内可见大量气泡（40×）
（邓谦　提供）

充填注入带蓝色铅玻璃的蓝宝石的鉴定特征基本上与充填注入硼砂或高铅玻璃的红宝石的鉴定特征相似,此处不再重复。

实验室通常根据X射线荧光光谱(XRF,X - ray fluorescence)分析检测铅含量、硅含量等方法确认。

第八章　珠宝玉石表面处理

第一节　珠宝玉石表面处理的简介

一、珠宝玉石表面处理的概念

珠宝玉石表面处理是指，用无色或有色的薄膜状物质均匀地附着于珠宝玉石的表面，或者在珠宝玉石表面植入离子、生长薄层，以达到改善珠宝玉石表面颜色和光洁度、增强珠宝玉石光泽及掩盖表面缺陷（如坑、裂、擦痕等）为目的的技术。例如“穿衣翡翠”“虹彩项链”“镀膜合成立方氧化锆”“镀膜托帕石”等均是经过表面处理的珠宝玉石产品。

二、常见的珠宝玉石表面处理方法

常见的珠宝玉石表面处理方法：表面涂覆法、表面镀膜法、底层贴箔法、表面离子植入法及表面珠宝玉石生长法（也叫附生法）。其中以表面镀膜法应用最广。

另外，珠宝玉石表面处理技术属于优化处理中的处理范畴，在鉴定证书上应当注明。

第二节　表面涂覆法

一、表面涂覆法的概念

表面涂覆法是指，将一些涂料类物质均匀地涂在珠宝玉石的表面，以改善珠宝玉石的表面颜色、增强珠宝玉石的表面光洁度和光泽、掩盖表面缺陷（如坑、裂、擦痕等）的方法。这个方法在行内俗称“穿衣”，主要应用于有色珠宝玉石的表面处理。

二、表面涂覆法的常用原料

表面涂覆法的常用原料:蜡、油漆、无色清漆、混有染料的各种树脂,以及无机薄膜等。

三、表面涂覆法的要求

表面涂覆技术的要求:涂层尽量厚薄均匀、表面光洁度高、清洁度高、不含明显的杂物。

四、表面涂覆法举例

(一)"穿衣"翡翠的制作方法与鉴定特征

1. 制作方法

"穿衣"翡翠,一般是在已经加工好的翡翠戒面、玉镯或挂件等成品上涂一层带胶的绿色涂料,"穿衣"翡翠常用的涂料有英国产的"808 翠绿胶"及其他绿色油漆。加工过程中,一定要让涂层厚薄均匀,避免涂层内混进杂质。通常要涂多次油漆才能达到目的。在翡翠成品表面涂上涂料后,可增强其观赏性,并增加其辨别难度。

2. 鉴定特征

(1)在查尔斯滤色镜下不变色,并且颜色特别均匀。

(2)折射率偏低,点测法为 1.56 左右(薄膜的折射率),而天然翡翠点测法的折射率为 1.66。

(3)在反射光下,用 10 倍放大镜观察,可见表皮略有细波纹及细擦痕,这是油漆干后的特有鉴定特征,偶尔还能发现小气泡。

(4)光泽改变,由翡翠的玻璃光泽改变为油漆的胶状光泽。

(5)由于油漆比较软,在使用过程中涂膜容易被刮破或磨破;用细砂纸轻擦或抛光,涂膜部位极易脱落,且磨破或脱落地方多出现在成品的边缘部位(图 8-1)。

(6)用手摸,有发涩的感觉。

(7)用热针刺,翡翠表面出现"卷边"现象,卷边层发黑,并露出原色。同时还能闻到油漆被烧后的刺鼻气味。

3. 翡翠戒面底部涂膜

2016年，国家珠宝玉石质量监督检验中心资深质检师邓谦先生在常规检测中，发现一枚铜镶嵌翡翠戒指有问题，征得货主同意后，取下翡翠戒面检测发现：这是一个底部涂有绿色油漆的“穿衣”翡翠。戒面底部一边的绿色油漆稍有缺损(图8-2)，侧过来看更明显，除底部为绿色外，其余部分都是无色透明的(图8-3)，镶嵌成戒指后，底部包在戒指里，从上面看为翠绿色。随后，邓谦先生又对戒指进行了荧光测试，发现涂膜处的荧光颜色不一样(图8-4)。

图8-1　穿衣翡翠涂膜脱落

(张蓓莉，2006)

图8-2　翡翠戒面底部涂膜

(邓谦　提供)

图8-3　翡翠侧过来看的效果

(邓谦　提供)

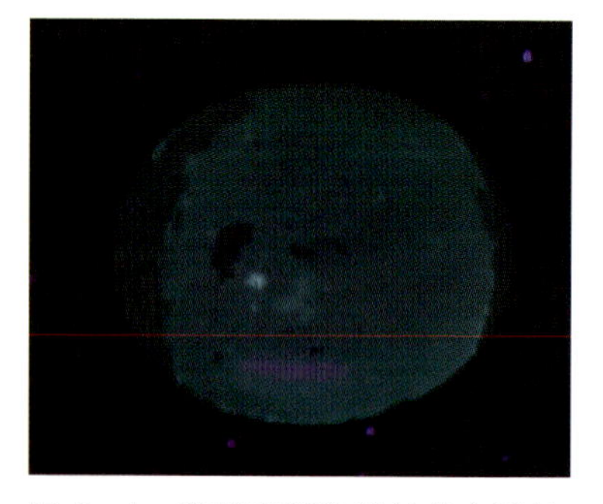

图8-4　翡翠底部涂膜的荧光照片

(邓谦　提供)

(二)喷漆处理

喷漆处理被用于很多珠宝玉石的表面优化处理之中，如翡翠、琥珀等。喷漆比涂漆更容易控制均匀性和涂层厚度。

雷威等(1999)介绍了市场上使用这种表面处理方法的翡翠饰品,主要应用于翡翠的小雕件,通过在翡翠表面喷上一层无色透明的清漆,达到改善翡翠外观、提高翡翠商业价值的目的。

喷漆处理翡翠的内部结构与天然翡翠相同,但漆层会产生不同程度的掩盖作用,喷漆处理翡翠不具翠性。喷漆处理翡翠的外部结构为天然翡翠所不具备,表现为颗粒结构。当漆层较薄时,漆料附着在翡翠表面呈点状密集排列;当漆层较厚时,漆料因重力原因下流,形成流动结构。

喷漆处理翡翠的鉴定特征如下:

(1)表面呈明显的蜡状—树脂、油状光泽,受光面均匀反光,不存在因抛光工艺产生差异面而出现的光泽差;饰品的孔洞、沟线内外光亮如一。虽然由于漆层对折射率的影响而无法直接测出样品的折射率,但光泽特点表明其折射率小于1.66。

(2)放大观察,喷漆处理翡翠的表面凹凸感强,呈橘皮状;有时可见漆层中的气泡,多呈规则的圆形,有时呈串珠状;也可见被漆层固着的各类杂物;孔洞不圆,有时可见孔洞中胶质留下的毛刺物;偶见漆层固结时形成的梅花状收缩凹坑。

(3)热针试验时,可见表面熔蚀现象,并发出特有的刺鼻气味。

(4)相互敲击,声音异常沉闷。

(5)手摸有温感和润滑感。

(6)用指甲刻划可留下痕迹。

第三节　表面镀膜法

一、表面镀膜法概念

表面镀膜法是指,在珠宝玉石表面镀上一层极薄的膜,厚度通常是分子或原子层级的,且易产生光的干涉作用,从而出现漂亮的干涉色,达到优化处理的目的。如虹彩水晶(又称光辉水晶),就是在无色水晶的表面镀上一层薄膜,漂亮的颜色即是薄膜层产生干涉色引起的(详见本书第三章第二节)。

在无色宝石上镀膜可以规模生产,产品颜色漂亮,且受广大消费者欢迎。

二、表面镀膜法和虹彩现象的原理

珠宝玉石的表面镀膜一般是在真空镀膜机中进行的。真空镀膜分为磁控溅镀、蒸发镀、多雾离子镀等，镀的膜又分硬质膜和软质膜等。一般采用真空高温硬质膜系列，处理步骤如下：将干净且干燥的珠宝玉石成品放在真空镀膜机的底板上，产生薄膜的金属片放于阴极，先抽真空，然后用触发器触发阴极，引起阳极和阴极间的弧光放电，弧光放电产生的几千度高温能将放于阴极的金属片中的原子蒸发到放电室中形成等离子态，电磁场使等离子态的金属离子向底板方向运动，即可将金属离子镀覆到样品表面形成薄膜。由于薄膜层的厚度与光波波长相近，光线射到薄膜表面的反射光与射到珠宝玉石表面的反射光（即薄膜底面的反射光）会产生光的干涉作用，形成鲜亮的彩虹闪光。

根据实验经验，表面镀膜后的颜色与镀膜层厚薄有直接关系，不同镀层厚度会出现不同主色相的颜色，如表 8-1 所示。

表 8-1　不同镀膜厚度与颜色的关系表（周峰　提供）

厚度（μm）	130	260	380	500	620	750	880	1000	1100	1220	1350
颜色	土黄	茄紫	深蓝	浅蓝	浅黄	黄色	金黄	粉红	紫红	蓝紫	绿色

近年来，镀膜托帕石技术不断改进，截至 2016 年，已更新到第三代。随着镀层增厚、附着力增加、颜色加深，镀膜表面出现膜层脱落和划痕等状况（何雪梅，2007）越来越少。

不管原材料是水晶、托帕石还是合成立方氧化锆，镀膜后的颜色与原材料几乎无关，只与镀膜层厚度有关，故外观颜色几乎相同（图 8-5～图 8-8）。

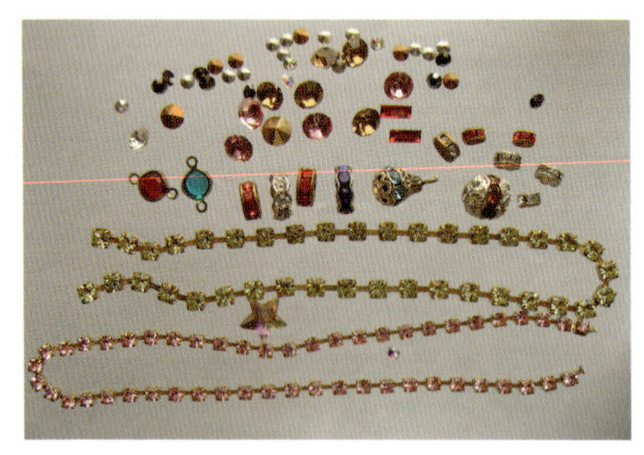

图 8-5　玻璃镀膜产品

（洪涛阳　赠）

图 8-6　托帕石戒面镀膜前后

（周峰　赠）

图 8-7　镀膜厚度不同的水晶
（周峰　赠）

图 8-8　镀膜处理合成立方氧化锆的正反面
（周峰　赠）

三、表面镀膜法的常用材料

表面镀膜法的常用金属材料有金、镍、铜、钴、铬等，其中金的薄膜微带蓝色相，具有极强的虹彩效果。

四、表面镀膜产品的特点

表面镀膜产品不仅色彩艳丽，而且有一定的抗热、抗酸碱的性能，附着牢固性（即稳定性）较好。

五、托帕石的表面镀膜及其鉴定特征

1989年秋，市场上发现了表面镀膜的托帕石产品。托帕石经镀膜后的外观颜色常呈中偏淡蓝—中偏深蓝—绿蓝色（图8-6）。所有镀膜托帕石朝上的一面都呈现出十分均匀的色彩。在颗粒较大的珠宝玉石上，还可见到弱—中等强度的虹彩色。经鉴定，这些镀膜处理的托帕石与未经处理的托帕石在珠宝玉石学性质上基本相同，其折射率、双折射率、光学性质、密度等也一致；在长波、短波紫外光的照射下也没有差别；在切尔西滤色镜下呈棕绿—绿色。它们与未经镀膜的托帕石的不同仅仅表现为镀膜托帕石在二色镜下没有多色性。

值得注意的是，镀膜托帕石是一种表面处理方法获得的产品。因此，在重新琢磨或抛光时，镀膜会脱落；在使用时间稍长后，由于经常磨、擦，棱角处也会出现磨蚀，从而会失去虹彩色。

表面镀膜产品的鉴定特征如下：

（1）镀膜层虽然附着牢固性较好，但禁不起磨、擦，珠宝玉石的亭部翻面接合处与棱角处易磨损或脱落成白色。用10倍放大镜观察，可以看到刻面棱角处的彩色晕圈、表面擦痕及不规则的凹斑，另外，镀膜层中偶见气泡（图8－9、图8－10。）

（2）用针轻划镀膜层，可见划痕。

（3）虹彩现象。天然托帕石等珠宝玉石的表面一般不出现虹彩现象。

（4）在表面反射光下，用放大镜可以观察到表面镀膜的不规则物。

图8－9 镀膜珠宝玉石的表面划痕
（何雪梅，2007）

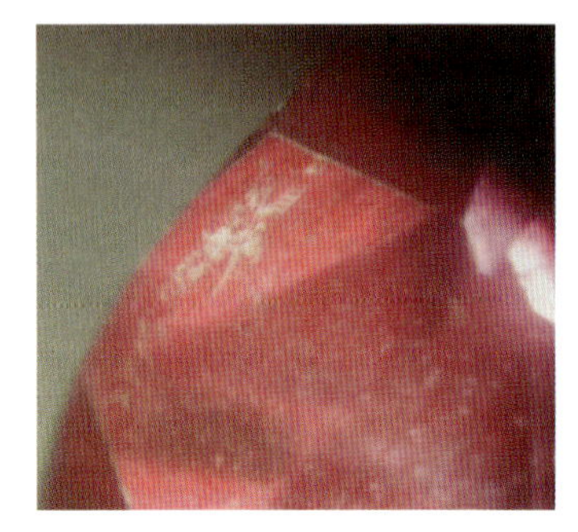

图8－10 镀膜珠宝玉石的表面膜层脱落
（何雪梅，2007）

第四节 底层贴箔法

一、底层贴箔法的概念

底层贴箔法是指采用薄膜、薄片状的金属或有机物粘贴到珠宝玉石的底面，以改善珠宝玉石颜色、光泽等的方法。

二、底层贴箔法的原理

在珠宝玉石的底层粘贴金属片，可以增加珠宝玉石底面的反射强度；在珠宝玉石底层粘贴有机薄膜，可以改变珠宝玉石的颜色和光泽（类似于照相机镜头上贴一层光学有机膜后，会呈现出特殊的色彩及强光泽）。

三、底层贴箔法的适用范围

底层贴箱法只适用于无色或有色透明的珠宝玉石，是一种传统方法。

市场上偶尔还会发现一些玻璃工艺品采用了底层贴箔法。在江苏无锡灵山的灵山大佛纪念品商店中,比较畅销的玻璃工艺品“灵山大佛”就是一例。该工艺品呈圆柱状,高 8.5cm,直径 3.5cm,从顶部往下 7cm 左右处有一个斜劈,正对斜劈的圆柱体背面用喷砂工艺做了一个站在莲花宝座上的“灵山大佛”,从正面可以看到大佛的全景。圆柱体的底部贴有光学有机薄膜,当圆柱体直立时,就能看到灵山大佛四周出现五彩光芒,并且随着手持者的转动,五彩光芒的颜色会发生变化。另外,由于劈面的作用,画面感似乎扩大了不少,很受游客欢迎(图 8－11、图 8－12)。

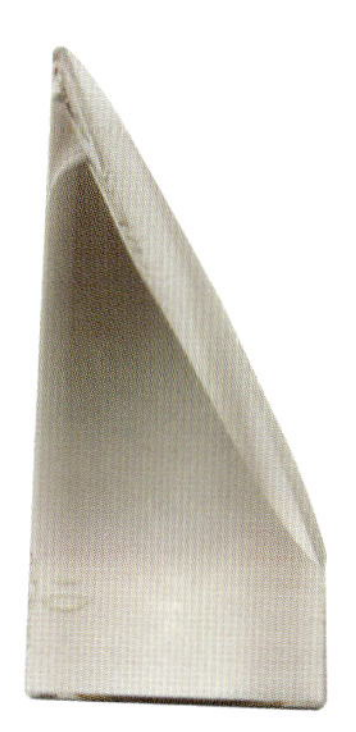

图 8－11　底部贴膜的灵山大佛工艺品侧视图(左)和正视图(右)
(余正午　赠)

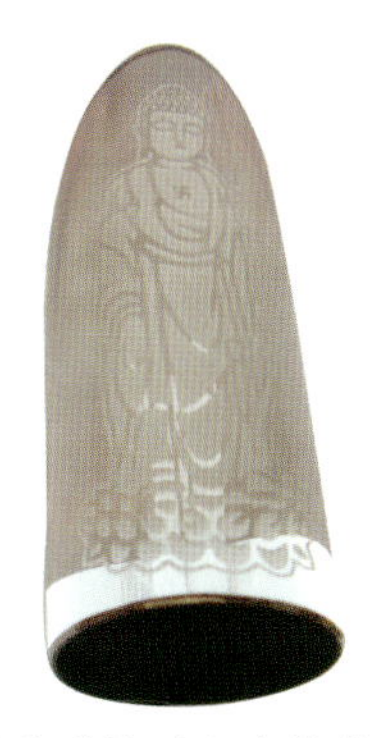

图 8－12　底部贴膜的灵山大佛背面朝上平放(左)和正面立放(右)效果图
(余正午　赠)

四、底层贴箔产品的鉴别特征

经底层贴箔法处理后的产品很容易鉴别，先从珠宝玉石正面平视观察其颜色和光泽，再从侧面带一定角度或从顶面观察其颜色和光泽，若两者相差很大，或完全不同，即可怀疑它是底部贴膜工艺品，最后看其底部有无粘贴物就能确定。也可以用10倍放大镜找粘贴缝隙及边缘出现的小气泡来确定。破坏性的方法是用小刀把粘贴层取下来看个究竟。

第五节　表层离子植入法

一、表层离子植入法的概念

表层离子植入法是指，用专用设备产生的高能高速离子打击珠宝玉石表面，使高速离子植入（注入）到珠宝玉石表面及很浅的表层，从而改变珠宝玉石表面颜色的方法。

此法所用设备较贵重，运行成本较高，颜色层较薄，效果不太理想。

二、表层离子植入法与高温化学扩散法的区分

表层离子植入法是将高速运动的离子植入（打进）珠宝玉石很浅的表层，使珠宝玉石改变颜色；而高温化学扩散法是将样品与致色剂放在一起，用高温加热的方法使珠宝玉石处于软化状态，使致色离子扩散到珠宝玉石表面及表层。

三、表层离子植入法工艺

选好需植入离子的样品作为衬底材料，将具体植入离子的金属材料作为离子植入设备的阴极，用触发器触发阴极引起阳极和阴极间产生弧光放电，从而将阴极的金属材料蒸发到放电室中，被蒸发的原子在等离子放电过程中被电离形成正离子。这些离子通过阳极和多孔的阴极形成宽的金属离子束，再经加速电压将离子加速打入底衬材料（即珠宝玉石）表面，改变珠宝玉石表面颜色，达到优化处理的目的。但是，要把珠宝玉石表面均匀植入一层带色离子是很难的。漂亮好看是进行珠宝玉石优化处理的唯一目的，一般经此工艺处理后样品的颜色不好看，大都呈灰白色或灰褐色，需经过一次或几次热处理才能使颜色好看。

四、表层离子植入法举例

(一)表层离子植入法处理人工合成无色蓝宝石(肖志松等,2000)

1. 表层离子植入法工艺

利用金属蒸气真空弧(MEVVA)离子源将铁离子、钴离子、铬离子、钛离子和钕离子注入人工合成的无色蓝宝石。在一定的注入条件下和退火过程中,获得了不同颜色的蓝宝石。

采用人工合成的无色蓝宝石作为衬底材料,分别植入铁离子、钴离子、铬离子和钛离子,加速电压45kV,离子的平均能量为80～100keV,离子植入量为$1\times10^{17}cm^{-2}$时,样品呈灰白色;离子植入量为$3\times10^{17}cm^{-2}$时,样品颜色加深,呈灰褐色。

2. 后处理工艺——热处理

在剂量为$1\times10^{17}cm^{-2}$的植入条件下,实验样品经热处理后,分别出现下列情况:

(1)在650℃时退火,植入铁离子的蓝宝石样品变成了浅黄色;植入其他离子的蓝宝石样品,颜色没有变化。

(2)退火温度升到850℃时,植入铁离子的蓝宝石样品,颜色加深至橘黄色;植入钴离子的蓝宝石样品,呈浅蓝色;植入其他两种离子的蓝宝石样品,颜色呈灰白色甚至更浅。

(3)退火温度上升到1000℃时,植入铁离子的蓝宝石样品,橘黄色更深;植入钴离子的蓝宝石样品,蓝色继续加深;植入铬离子和钛离子的蓝宝石样品,颜色继续褪色变浅。

(4)退火温度继续上升到1150℃时,植入铁离子的蓝宝石样品,深橘黄色开始变浅;植入钴离子的蓝宝石样品,从深蓝色也开始变浅;植入铬离子和钛离子的蓝宝石样品,变成无色透明的。

3. 植入剂量与颜色的关系

离子植入量为$3\times10^{17}cm^{-2}$时,蓝宝石样品经不同温度退火后,其颜色变化规律与离子植入量为$1\times10^{17}cm^{-2}$的颜色变化规律相同。不同之处仅仅在于退火温度相同时剂量大的蓝宝石样品颜色更深。

4. 使用钕离子植入珠宝玉石

实验证明,在相同剂量下植入钕离子,蓝宝石的颜色稍深。

由此可见，利用表层离子植入法可以改变珠宝玉石的颜色，但所用设备比较贵重，成本比较高，植入的颜色层很薄，植入后蓝宝石的颜色并不理想，若植入处理后再抛光，可能会破坏颜色。在实践中，此法较少使用。

（二）表层离子注入法在山东蓝色蓝宝石优化处理中的应用

此部分为《离子注入技术在山东蓝色蓝宝石优化处理中的应用》（程佑法等，2009）的部分内容摘要：

1. 实验条件

（1）注入铍离子（Be^{2+}）：采用LC24型高能离子注入装置，在300keV的离子能量条件下，以金属铍为钯源，注入时间为65h，离子剂量强度为1.6×10^{16} ions/cm^2。

（2）注入钛离子（Ti^{4+}）：金属蒸气真空弧离子源（MEVVA）装置，实验电压45kV，电流1mA，剂量5×10^6 ion，束流面积直径120mm，计数1900。

2. 实验结果

（1）注入铍离子（Be^{2+}）后，山东蓝色蓝宝石的表面光泽明显增强，表面光洁度保持良好；颜色较前更深，说明注入的铍离子（Be^{2+}）虽然不是致色离子，但可对蓝宝石颜色产生明显的影响。

（2）注入钛离子（Ti^{4+}）后，山东蓝色蓝宝石的颜色变浅、变艳了。证明山东蓝色蓝宝石的颜色深是由亚铁离子的浓度高，而钛离子浓度相对太低所致，注入钛离子后，其比例得到了改善，故颜色变浅、变艳，但仅仅与原来样品比有改善，离优化处理的目标还相差较远。

总的来说，采用表层离子注入法优化处理山东蓝色蓝宝石的效果，到目前为止还不理想，需要进一步的研究开发。

第六节　珠宝玉石生长法（附生法）

一、珠宝玉石生长法的概念

珠宝玉石生长法是指，用人工合成珠宝玉石的方法使珠宝玉石表面长出一层很薄的珠宝玉石。通常这层人工生长的珠宝玉石与原天然珠宝玉石的化学成分、物理性质及晶体结构均相同，但颜色等其他性质通常能达到较高的档次，从而使珠宝玉石的颜色更漂亮、质量更高，达到优化处理的目的。

二、珠宝玉石生长法的常用方法

珠宝玉石生长法通常采用人工合成珠宝玉石的设备和原理，其中最常用的是水热法和助熔剂法。

三、珠宝玉石生长法与高温化学热扩散法的区别

高温化学热扩散法属化学处理，是将样品与致色元素混合在一起，用高温将样品加热至软化状态，使致色离子扩散到样品表面从而改变颜色。而珠宝玉石生长法是采用人工合成珠宝玉石的设备和原理，在天然珠宝玉石样品表面长出薄层的珠宝玉石以改变样品的颜色和质量。

四、鉴定特征

(1)看侧面，可见仅在珠宝玉石表面有一层很薄的漂亮颜色，其余部分为颜色较差、质量较差的天然珠宝玉石原石。

(2)其珠宝玉石学的各项指标完全反映出人工合成珠宝玉石的特征。

(3)用放大镜检查，在样品和生长珠宝玉石接触的位置，可见水热法或助熔剂法形成的籽晶表面特征。如水热法人工合成祖母绿时，籽晶表面常见到麦苗状排列、钉状包裹体及平行水纹状包裹体；助熔剂法人工合成红宝石时，籽晶表面可见云雾状和不规则的包裹体。

(4)对于使用助熔剂法处理的珠宝玉石，用电子探针检测，可见助熔剂阳离子(如铅离子、钼离子)。

五、珠宝玉石生长法处理后的珠宝玉石与人工合成珠宝玉石的关系

珠宝玉石生长法是奥地利的 Lechetzer 于 1959 年发明的，他用水热法，使祖母绿样品上长出了一层人工合成的祖母绿，也使刚玉类宝石上长出了红宝石和蓝宝石。后来，他也曾采用助熔剂法在刚玉类无色蓝宝石表面长出了红宝石。利用此法长出珠宝玉石层的厚度一般为 0.1～0.3mm。由于人工合成珠宝玉石的设备比较特殊、方法工艺比较难，所以，市场上用珠宝玉石生长法进行优化处理的珠宝玉石并不多。

作为例子，如图 8 - 13 所示，水晶晶簇的下部为粉红色，而上部为淡蓝色。这样的天然水晶很少见，从结晶矿物学的角度考虑也不太可能，但如果在粉红色水晶晶簇的基础上再进行水晶合成，是有可能的，如图 8 - 14 所示，水晶晶簇的顶部是在原有结构的基础上人工生长的。顶部水晶与其下部水晶的检测数据不同。由此可见，此水晶晶簇是经过珠宝玉石生长法处理过的。

图 8 - 13　上下颜色不同的水晶晶簇

图 8 - 14　顶部是人工生长的水晶晶簇

第九章　珠宝玉石的激光处理技术

自1960年第一台激光器——红宝石激光器问世以来,各种各样的激光器如雨后春笋般的发展,使人们对激光的研究和应用领域得到了很大的拓展。但目前人们对激光在珠宝玉石优化处理中的应用不了解,甚至产生了一些不正确的认识。因此,本章将主要介绍激光的定义、原理、特点及应用领域等。

第一节　激光

激光简单地说是一种颜色很纯、能量高度集中的光。激光的单色性很好,比氪灯好上万倍;激光的亮度极高,比太阳表面的亮度高1×10^{10}倍;激光的方向性也很好,几乎是平行的光束。由于以上的特性,激光可以在百分之几毫米的范围内产生几百万度的高温、几百万个大气压、每厘米几千万伏的强电场,能在千分之几秒甚至更短的时间内使一些难熔物质熔解至汽化。由此可见,激光是一种单色性很好、能量很高的光,是20世纪60年代初出现的一种新颖光源。在珠宝玉石优化处理中可以利用激光单色性好与能量很高的特点,对珠宝玉石进行打孔处理。

第二节　激光产生的原理

众所周知,所有珠宝玉石都由不同的原子组成,原子由原子核和核外电子组成,电子按照一定的规则排列,并围绕原子核不停地旋转。每个电子都有它自己特定的轨道,不同的轨道具有不同的能量。离原子核越近,轨道的能量越低。激光的产生主要涉及外层电子,当外层轨道能量相对低的电子吸收了一定的能量(如光照的能量)后,就会跳到高一级能量的轨道上去,即由基态跃迁至激发态。设基态能量为E_1、激发态能量为E_3。处于激发态的电子有释放所吸收的能量并跳回基态的本能,释放能量的方式有两种:一种是变为热运动的能量,叫作无辐射跃迁;另一种是以光的辐射形式放出能量,叫作自发辐射跃迁。我们日常接触到的各种普通光源，如电灯、日光灯、高压水银灯、氙灯等发出来的光，都是由自发辐射跃迁所产生的。所以，这两种情况都不能产生激光，只有在某些特殊条件下，激光才能产生。

研究（激光编写组，1971）表明，当以下4个条件同时具备时，就有可能产生激光：

(1)有过渡元素存在（如红宝石中的铬元素）。这些元素的原子在静电场的作用下，外层电子会产生能级分裂。众所周知，1mol物质约含6.023×10^{23}个原子，这些原子都可能被电场分裂能级，从而产生很多分裂能级。这些能级的电子很容易被激发，这样，就有可能形成许多激发态电子。可是，处于分裂后不同能级的原子，其基态能级不一样，所以吸收同样的能量后激发态能级也不一样，这就有一种可能：会产生一些能级能量小于E_3的激发态能级（设其能量为E_2），即能级卡在了中间。

(2)电子停留在E_3上的时间很短，而停留在E_2上的时间很长，整个激光材料在停留于E_2阶段时大量积聚电子。当激光材料E_2上的电子数超过基态能级E_1上的电子数（即粒子数反转）时，处于这种状态的激光材料可以产生雪崩式的光放大作用。这是形成激光的前提条件[图9-1(a)]。

如图9-1(b)所示，粒子数反转这个过程可以利用水泵体系进行直观的模拟。水泵把水池E_1中的水提升到水箱E_3中，水箱E_3中的水通过管道1可以很迅速地流入水箱E_2中。水箱E_2有两根管道通向水池E_1：管道2（很细）和管道3（很粗）。由于管道2很细，流量很小，而管道3中间又被活塞T所阻塞，因此水箱E_2就可以积聚大量的水，甚至超过水池E_1的水量，这就是粒子数反转形成的过程。当外力($h\upsilon$)将活塞打开时，水箱E_2中的水就会大量地流入水池E_1。

(3)外来一束光子不仅能激发基态能级E_1上的电子，同时会提供能量给E_2上的电子（相当于把活塞打开的能量），促使大量E_2上的电子迅速返回基态能级E_1。实验证明，当外来一束光子的能量恰好等于E_2和E_1的差时，在E_2和E_1能级之间就会存在大量光子，达到粒子数反转的条件时，将光子引进光学共振腔[在激光材料（如红宝石）的两头加两块相互平行的反射镜即可形成]后，就能产生激光。

(4)在激光器的光学共振腔内，传播方向与反射镜垂直的光，在介质中会被来回反射，受激辐射强度越来越大，使大量的发光粒子相互关联地向着一个方向发光，这一过程使光不断地得到放大，并且越来越强，以至受激辐射强度大大地超过了自发辐射强度。若把其中一块反射镜中心的2%做成可以透过光的，此时即有大量的光射出，即激光（图9-2）。

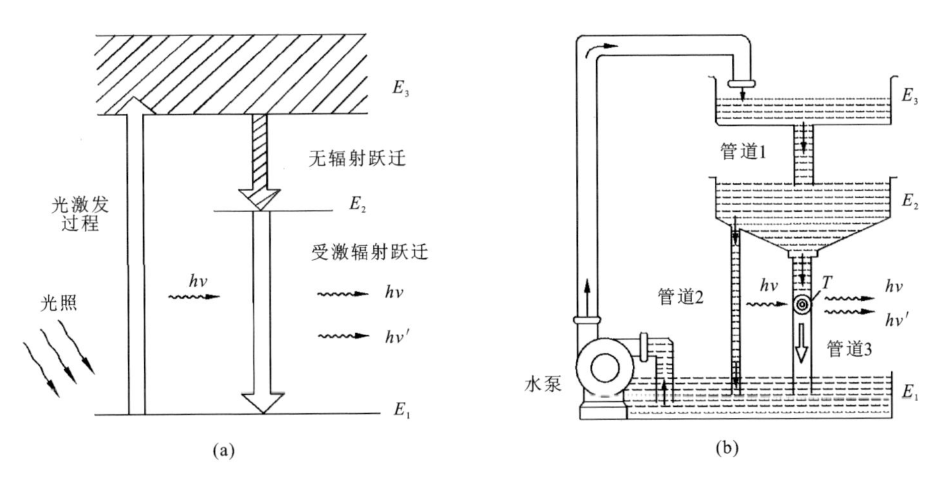

图 9-1　激光器能级间粒子数反转的形成过程示意图(a)和水泵模拟过程示意图(b)

(注:$h\nu$ 为光子能量;$h\nu'$为受激辐射跃迁的光子能量;T 为活塞)

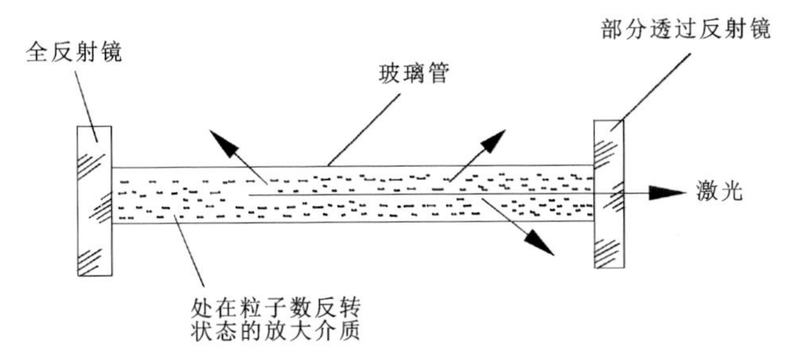

图 9-2　光学共振腔中形成激光的过程示意图

第三节　激光器的分类

按照产生激光的工作物质,激光器可以分为三大类:

(1)固体激光器(包括半导体激光器)。如红宝石激光器、掺钕钇铝石榴石激光器、掺铒玻璃激光器、砷化镓半导体激光器等。脉冲固体激光器结构示意图如图 9-3 所示。

(2)液体(包括染料)激光器。如掺钕离子的氧氯化硒加四氯化锡液体激光

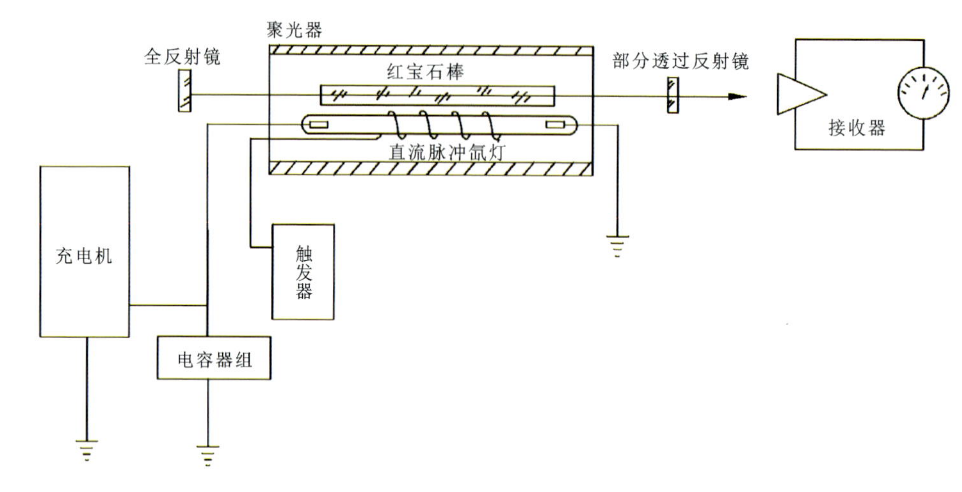

图 9-3　脉冲固体激光器结构示意图

器、掺钕的三氯氧磷液体激光器、若丹明染料激光器、香豆素染料激光器等。

(3)气体(包括分子、原子、离子)激光器。如二氧化碳激光器、氩离子激光器等。

第四节　激光的用途

激光的用途非常广泛,在工业生产、国防建设、科学实验、医学中都有应用,还可用作光源。

一、在工业生产中的应用

(1)加工微孔。如加工钟表的红宝石轴承、钻石拉丝模、尼龙喷丝头等,孔的直径可以小到千分之几毫米。

(2)切割和焊接各种微小、难熔的工件。速度快、效率高,表面形变小。

(3)用作长度标准和精密测量。在精密加工与电子元件制造方面都有应用。

(4)测量流体速度。无需接触就能测出超高压输电线中的电流等。

二、在国防建设中的应用

(1)用作雷达。可以精确地测量目标的方位、距离和速度,对卫星、导弹等目标进行精密跟踪,甚至能显示出目标的形状,这是普通雷达所望尘莫及的。

(2)用于通信。由于激光的频率高、光束发散角小，可以用作保密通讯和大量信息的远距离宇宙通信。

(3)制成激光陀螺。它是火箭、飞船等飞行器导航的重要仪器。

(4)如果进一步提高激光的能量，还可能用来摧毁进犯的敌方导弹或飞机，甚至击毁卫星。

三、在科学实验中的应用

(1)用激光可以进行等离子体诊断，并可以用激光实现受控热核反应。

(2)激光可以将物质汽化，进行快速光谱分析。

(3)激光带来了光学的新分支——非线性光学。

四、在医学中的应用

(1)可以焊接剥落的视网膜，使眼睛恢复视力。

(2)可制成“光刀”，进行细微的外科手术，既无痛感又不流血，特别适合在血管丰富的部位开刀等。

五、在光源中的应用

(1)用激光作光源可以得到色彩非常接近自然色的彩色电视。

(2)利用激光的相干性可以拍摄全息照片，立体感极强。改变观察的角度，还能够看到原来被挡住的景物。

(3)用激光作光源，可以每秒几百万幅的速度进行超高速照相。

(4)制造激光笔。红色激光笔的波长为635nm，绿色激光笔的波长为532nm。

第五节　激光在珠宝玉石优化处理中的应用

一、翡翠的激光染色

1. 翡翠的传统染色方法及其鉴定特征

翡翠染色的先决条件是翡翠内部有裂隙或孔道，能让化学试剂进入翡翠内部。翡翠的传统染色方法：将样品加热烧红，迅速投入水中或油中淬火，使翡翠表面产生许多小裂纹，若淬火的液体中有染料，染料便能直接进入淬火产生的裂隙或裂缝中，即进入翡翠表层，从而达到染色的目的；也可以把已有裂纹的翡翠浸泡在无机化学试剂[如重铬酸铵$(NH_4)_2Cr_2O_7$]或有机染料中,按玛瑙染色的方法进行染色。

其鉴定特征是在透射光下可见裂纹中的颜色比别的地方深,具有“丝瓜镶”效果,很容易进行鉴别。

2. 翡翠的激光染色方法及其鉴定特征

用激光对翡翠进行染色时,先在翡翠上打出许多肉眼不可见的小孔,再进行染色。激光在翡翠染色中只起辅助作用。

具体方法是将翡翠放在激光器下方,移动激光器或转动翡翠,让激光在翡翠表面打出许多肉眼不可见的小孔。若想使某处颜色深,可在该处增加打孔密度,用此法染色的翡翠没有传统染色翡翠的鉴定特征,应特别注意。

激光染色翡翠的鉴定特征:

(1)用查尔斯滤色镜检查,凡用铬染色的翡翠,在滤色镜下会出现红色。须注意的是,若用其他化学元素(如铁、钒等)染绿色,查尔斯滤色镜检查时不出现红色。

(2)检查绿色的色根,用激光处理法获得的高绿翡翠没有色根。

二、钻石的激光净化和玻璃充填处理技术及其鉴定特征

钻石是珠宝玉石之王,价值很高,通常用4C标准来确定钻石的价值。但是,当钻石中存在杂质(黑色固体包裹体)时,钻石的价值就会受到很大的影响,利用外部激光处理技术即可对此类杂质进行处理,从而提高钻石的净度级别,提高钻石的价值。

1. 钻石的激光净化

(1)将钻石放在激光器的工作台上,使离黑点(杂质)最近的刻面对准激光器。

(2)调节激光器的焦距或移动钻石,使激光刚好聚焦在小黑点上。

(3)启动激光器,在钻石上打出一个微孔洞(直径约2.5~25μm),直达小黑点,在高能激光的作用下,黑点会被熔化或汽化(图9-4)。

(4)将用激光打孔后的钻石放在强酸溶液中煮,钻石因本身具有较高的化学稳定性而不会被溶解,但酸溶液可通过激光打出的微孔进入钻石内部黑点处,溶解各种杂质成分,从而消除黑点的影响,达到净化的目的。

2. 钻石的玻璃充填注入处理

激光虽然消除了钻石中的黑点,但却留下了微孔,造成新的净度级别问题(图9-5)。为了解决这个问题,人们又发明了玻璃充填注入处理的技术。

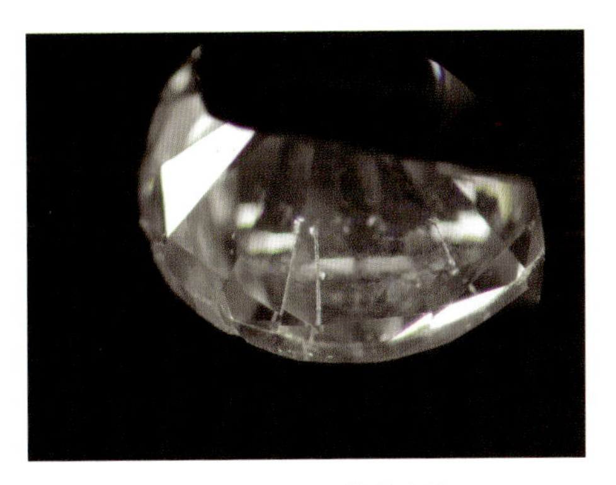

图 9-4　钻石的激光孔

（张蓓莉，2006）

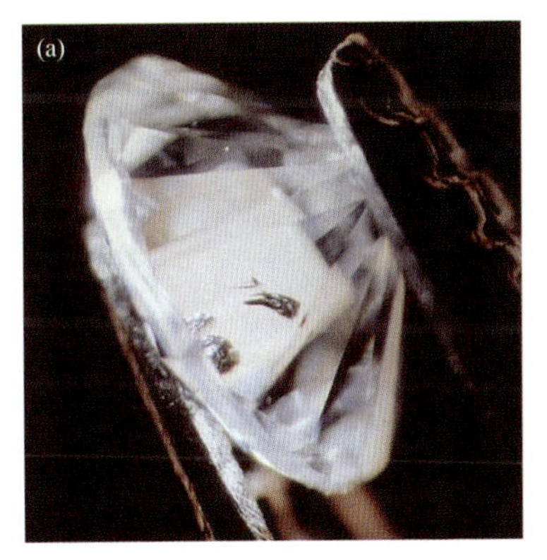

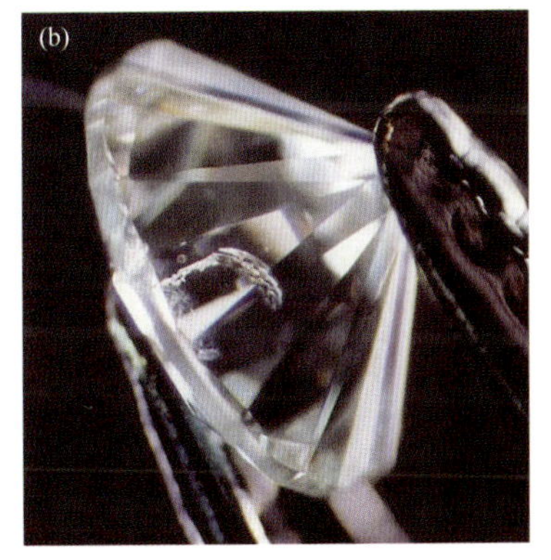

图 9-5　激光处理前钻石亭部的黑色包裹体(a)和处理后去除黑色包裹体后留下的裂隙(b)

（张蓓莉，2006）

钻石玻璃充填注入处理最早于 20 世纪 80 年代由以色列的 Zvi Yehuda 研究成功。其原理是将钻石与高折射率玻璃一起放在可抽真空的设备中，先抽真空，然后加高温熔化高折射率玻璃（如高铅玻璃），玻璃熔融液进入钻石微孔，冷却后微孔即被玻璃充填，最后再进行抛光处理。

但是，任何充填物的成分、结构等都与钻石的不一样，很容易被看出来。

3. 鉴定特征

(1)在显微镜下，可见到孔道和孔道口；稍稍转动钻石到达背景变亮的部位时，玻璃充填注入部分显示为橙、粉红和黄色的色散闪光效应，未充填的钻石孔隙或裂隙无闪光效应。

(2)高折射率玻璃一般是高铅玻璃,故用X光底片拍照法进行鉴定时,由于铅能吸收X射线,底片上会显示出微孔的"痕迹"。

(3)用烧热的针尖蘸酸检查,填充的材料常被汽化或酸溶。

(4)在充填微孔中常见根须状、沟渠状包裹体,类似于红、蓝宝石中的指纹状包裹体和气液包裹体,这是由于玻璃充填物冷凝收缩而形成的特征。

(5)在充填的微孔中有时可见细小的气泡,这是由于充填时微孔中的空气没有被完全排空所致。

(6)充填玻璃经过较长的时间后,非晶玻璃出现部分晶质化,使充填物外观形态不规则、透明度变差,有时还可略带黄色相,微孔将现出"原形"。

(7)在充填微孔开口处可能存在一些白色的云状物(白雾),这是由过量的充填物残留所致。

(8)充填微孔与钻石表面的交线呈现出特有的白色线条。

(9)激光微孔的形态为圆形,在激光微孔周围,有时可见激光高能量灼烧钻石表面所留下的痕迹。

第十章 珠宝玉石优化处理的高温高压技术

第一节 珠宝玉石优化处理的高温高压技术概论

一、设备分类

珠宝玉石优化处理的高温高压技术使用的设备目前主要分为两大类。

1. 合成金刚石高温超高压设备

国内合成金刚石的设备主要有3种：二面顶、四面顶和六面顶金刚石压机（分别由2个、4个和6个顶锤组成）。六面顶压机由上下、前后、左右6个顶锤组成，全名为“单向加载四对斜滑面式立方体超高压高温设备”。在珠宝玉石高温高压优化处理中，四面顶压机用得最少，六面顶压机用得最多，国内的六面顶压机可以达到1900℃高温及5000t压力（相当于5×10^{11} Pa）的性能。二面顶压机和六面顶压机的实物样参见图10-1～图10-3。

图10-1 二面顶金刚石压机

图10-2 六面顶金刚石压机外观

图 10－3　六面顶金刚石压机内部(压完后叶蜡石块尚没取出)

2. 高压釜水热法设备

高压釜水热法设备有好几种类型，根据密封材料和密封方式的不同而具有不同的温度和压力，如国内常用的冷风自紧式高压釜(图 10－4)，最高温度为1100℃，最高压力为 2.5×10^{8} Pa。合成水晶用的高压釜体积较大，优化处理时，操作不大方便，故目前用于珠宝玉石优化处理的都是体积较小的高压釜。并且，由于工艺要求较高，用高压釜对珠宝玉石进行优化处理研究和实验的单位和个人比较少。

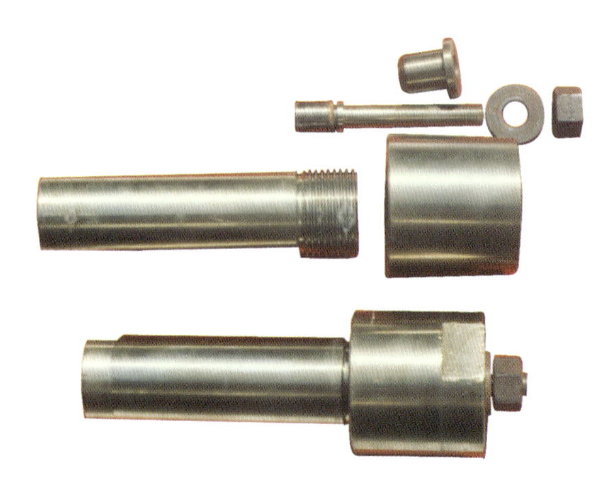

图 10－4　冷风自紧式高压釜(上为盖部拆开后的结构)

二、在合成金刚石高温超高压设备中优化处理珠宝玉石的原理

在合成金刚石压机的高温超高压条件下，珠宝玉石处于软化的状态，从而可以使结晶时产生的塑性变形恢复正常，也可以将聚合的原子打开和分散，使颜色产生变化，例如，钻石在合成金刚石高温超高压设备中进行的漂白处理和改色处理。

三、在高压釜水热法设备中优化处理珠宝玉石的原理

在高压釜水热法设备的高温高压条件下（在这个系统中，习惯上把100℃以上称为高温，50×10^5 Pa以上称为高压），晶体表面离子之间的距离稍有扩大，原子的布朗运动加快和加大，只要珠宝玉石处于浓度不平衡的状态，就会产生高浓度原子或离子向低浓度原子或离子扩散的现象。利用这个原理，如果在高压釜中仅仅放水，实验中珠宝玉石的所有原子或离子就会成为高浓度对象，在高温高压的条件下向水中扩散，并在此过程中，达到颜色变浅或漂白的作用；反过来，在高压釜水溶液中放入着色颜料或化学试剂，实验中珠宝玉石的所有原子或离子就会成为低浓度被扩散的对象，从而使珠宝玉石的颜色加深或染色。

第二节　珠宝玉石优化处理的高温高压技术的适用范围

一、合成金刚石高温超高压设备的适用范围

高温超高压的概念目前还没有统一的说法，一般是指温度在500℃以上、压力在1.0×10^9 Pa以上，可用合成金刚石的高温超高压设备（简称合成金刚石压机）获得。合成金刚石压机的高温是通过对石墨加电流获得；超高压是利用“千斤顶”原理，采用油压和垂直固定传压装置获得。

高温超高压法目前主要用于钻石的优化处理。钻石在这种高温超高压条件下，可以实现改色（由无色或茶色改成彩色）或者漂白（由茶色改成无色）（苑执中，1999；毛凌云，1999）。

二、高压釜水热法设备的适用范围

高压釜水热法的高温高压设备主要由高压釜、加热炉、控温仪等组成，最核心的部分是高压釜。高压釜由耐高温、耐高压的钢材制造，具有良好的密封性。当高压釜中密封了水溶液后，放入加热炉加热，超过100℃时，水沸腾并产生水

蒸气,但水蒸气由于被密封在高压釜中出不来,就会使高压釜产生压力。温度越高,产生的水蒸气越多,产生的压力越高。

高压釜水热法设备由于密封的材料不同、密封的方法不同,可以达到的最高温度和最高压力的范围也不同,大致可以分为3类:①采用软性石墨条密封,最高温度为500℃,最高压力为3.45×10^7Pa(图10-5);②采用紫铜环密封,最高温度为1100℃,最高压力为2.5×10^8Pa,(图10-4);③采用对面顶球面密封,最高温度为1600℃,最高压力为4.2×10^8Pa(图10-6)。图10-6是桂林广西宝石研究所的大容量对面顶球面密封高压釜,被用于人工合成祖母绿、红宝石、蓝宝石和优化处理珠宝玉石的实验,这张照片是在装料之前拍的,尚没有密封,故见不到上面的密封盖。

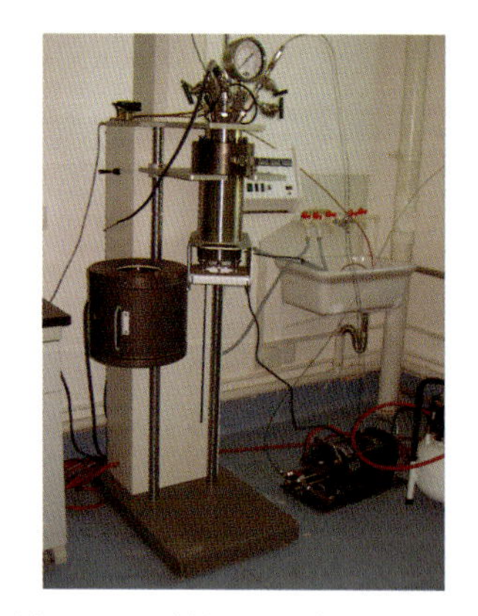

图10-5 软性石墨条密封高压釜

图10-6 对面顶球面密封高压釜

由此可见,在采用高压釜水热法对珠宝玉石进行优化处理时,可根据需要选用不同类型的高压釜设备。

第三节 钻石的分类和致色原因

钻石的化学成分是碳元素,它的晶体结构是由4个碳原子构成的四面体。纯钻石是无色透明的,摩氏硬度为10,导热性好,折射率高,色散强。但绝大多数的天然钻石中都含有微量的杂质元素,碳(C)在钻石中的质量分数可达99.95%,其次要成分有N、B、H,微量元素主要有Si、Ca、Mg、Mn、Ti、Cr、S、惰性气体、稀土元素及稀有元素等。不同种类的微量元素或同种而不同量的微量元素，都可使钻石的性质（如颜色、导热性、导电性等）发生明显的变化。根据钻石中微量元素的种类、含量及微量元素的原子团类型等，可把钻石分成2个大类（Ⅰ型和Ⅱ型）、4个亚类（Ⅰa、Ⅰb、Ⅱa、Ⅱb），在Ⅰa型中，又根据氮原子的聚合态分出ⅠaA型和ⅠaB型。

一、Ⅰ型钻石

（1）Ⅰa型：98%的天然钻石属于此类型，其特征是含有微量的氮原子，含氮量在0.1%～0.3%之间。Ⅰa型钻石中的氮原子均呈聚合态，含双氮原子的钻石称为ⅠaA型，而含有3个及3个以上氮原子聚合态形成氮杂质的钻石称为ⅠaB型。无论是ⅠaA型还是ⅠaB型钻石，其氮的聚合体在可见光的范围内都能产生光吸收，因而产生不同的颜色，颜色可从无色到深黄色（一般天然黄色钻石均属此类型）。

（2）Ⅰb型：约占天然钻石的0.1%，也含有极微量的氮原子，但它们是以单个原子的形式占据碳原子的位置（氮原子替换碳原子）。由于氮原子的外层电子有5个，而碳原子的外层电子只有4个，因此，当氮原子替换碳原子后，结构中会多出1个电子。根据“能带理论”，这个多余的电子不能进入晶体的价带，而是处于一定的带隙之中，因而，氮是“电子施主”。当该电子吸收2.2eV能量后，就可被激发进入导带（图3-26）。由此可见，含有一定量单原子氮的Ⅰb型钻石，可以吸收能量大于2.2eV（波长小于560nm）的光（蓝光和紫光），从而呈现出从无色到黄棕色的补色，且在长波紫外光的作用下，呈现黄色或橘黄色的荧光效应。

资料显示，在一定的温度、压力及长时间的作用下，Ⅰb型钻石可转换成Ⅰa型钻石。Ⅰa型钻石在高温1000～1400℃的上地幔中可保存较长时间。因此，天然钻石以Ⅰa型为主，而用HPHT（高温高压）合成的钻石以Ⅰb型为主。

二、Ⅱ型钻石

Ⅱ型钻石的特征是不含氮，它们不吸收低于300nm的紫外线能量，并且是热的导体。

（1）Ⅱa型：仅指无色的、不含氮或其他杂质的钻石，它们可以透过大约225nm左右的紫外线。但是，极少数的此类钻石因碳在晶体结构中的位置错移造成缺陷而呈浅黄色—茶色。

（2）Ⅱb型：含杂质硼元素，对250nm的紫外线是透明的。在短波紫外光照射下多呈磷光。大部分Ⅱb型钻石呈蓝色，但也有少数呈棕色或灰色。由于硼原子的外层电子只有3个，当硼原子替换碳原子后，结构中就少了1个电子，就形成了电子空穴。电子空穴是一种电子捕获者，捕获能仅为0.4eV，所以可捕获所有的可见光供电子激发用(可见光中能量最小的为红色,其光的能量为1.8eV,能量最大的为紫色,其光的能量为3.2eV,均大于0.4eV),由于光谱吸收带很宽(可吸收任何能量的可见光)而呈现出诱人的蓝色(图3-27)。这种蓝色的天然钻石极为稀少,且价格昂贵。另外,由于硼的电子空穴捕获能太小,以致在室温条件下通电流就可以激发电子从价带进入硼的电子空穴,价带中留下空穴,这就产生了电场作用下的空穴运动,使天然蓝色金刚石成为导电的半导体,而Ⅰ型和Ⅱa型钻石都是电绝缘体。图10-7为天然钻石的真实晶形和各种颜色,图10-8为切工完美的钻石。

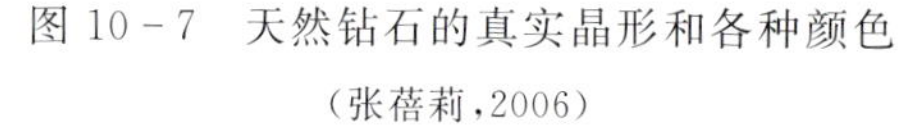

图10-7　天然钻石的真实晶形和各种颜色
(张蓓莉,2006)

图10-8　切工完美的钻石

三、钻石的致色原因

从目前对钻石的研究结果来看,纯钻石是无色透明的,钻石的颜色主要是由各种色心吸收不同能量的可见光造成的。而色心的形成又都与钻石中的各种点缺陷有密切关系。

1. Ⅰa型钻石的N_3心和N_2心

Ⅰa型钻石的特点是含有微量聚合态的氮,由于氮原子的外层电子有5个,而碳原子的外层电子只有4个,当氮原子聚合在碳原子周围时,容易出现点缺陷而构成色心。N_3心是3个在同一平面上的氮原子包围一个碳原子而形成的,其特征吸收线是415nm;N_2心是2个在同一平面上的氮原子包围一个碳原子而形成的,其特征吸收线是478nm。实际上,在天然钻石中,色心不是单一的,往往是N_3心和N_2心同时存在,故钻石的颜色也往往是不同色心共同作用的结果。吸收415nm线后的补色是黄绿色,吸收478nm线后的补色是黄色,所以,通常我们见到的绝大部分天然钻石是以黄色相为主的混合色。

2. Ⅰb 型钻石的氮心

Ⅰb 型钻石的特征是含有单个的氮原子，这些氮原子替代了原有结构中的碳原子后，多余 1 个电子就形成了电子心（色心），称为氮心。假如钻石中只含氮心，而不含 N_3 心和 N_2 心的话，则该钻石就会呈很特征的黄色，在某些情况下，可称它为“金丝雀黄”；而当氮心达到一定数量时，钻石会变成极为稀有的绿色品种。

3. Ⅱb 型钻石的硼心

Ⅱb 型钻石的特征是含有杂质硼元素，由于硼元素的外层电子只有 3 个，当它替代了碳原子后，外层电子就少了 1 个，形成空穴心（色心），称为硼心。硼心可以吸收任何能量的可见光，产生诱人的蓝色。

第四节　高温超高压压机处理钻石技术

一、条件和设备

钻石的高温超高压优化处理条件：温度约 1900℃左右，压力 $(6\sim7)\times10^9$ Pa，满足这样温度和压力的设备与人工合成金刚石的设备差不多，但不完全一样。不同之处是反应腔内的组装不一样，人工合成金刚石用的是高纯石墨片和金属触媒片相互叠加组装。因为石墨片和金属触媒片都是导电体，通电就能达到加热的目的，在此条件下，石墨片上会生长出细粒金刚石（图 10－9）；高温超高压法优化处理的钻石一般是刻磨好的，大小不一样，数量比较少，不能正好塞满叶蜡石反应腔，为了能通电加热，要先在叶蜡石腔内放一些高纯石墨粉压实，然后将需要进行优化处理的钻石放入叶蜡石反应腔中，再用高纯石墨粉填满所有空隙，并压实。六面顶压机所用的叶蜡石块见图 10－10。

二、钻石在高温超高压压机下“漂白”的条件及其鉴定特征

1999 年 3 月 1 日，美国 GE 公司和美国 LKI 公司联合发布消息：利用高温超高压方法可改变低价位浅色钻石的一些特性（图 10－11），特别是颜色改白，并且此类钻石即将上市。至 1999 年 5 月底，此类钻石正式由 LKI 的比利时子公司 Pagasus Overseas Limited（POL）在比利时进行了销售，引起了全世界钻石业的不安（苑执中等，1999）。为此，美国宝石学院（GIA）多次与 GE 及 LKI 沟通。最后，LKI 同意在所有用高温超高压方法处理过的钻石腰缘上，用激光刻

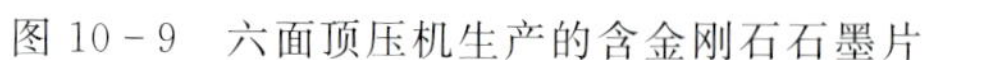

图 10－9　六面顶压机生产的含金刚石石墨片　　图 10－10　用于六面顶压机的叶蜡石块

上“GE POL”字样(10 倍放大镜可清晰看到黑色字体,图 10－12),并送交美国 GIA 的鉴定室签发 GIA 证书,在证书的备注栏中注明:腰缘刻有“GE POL”;POL 声明,此粒钻石经过 GE 公司处理以增加其外观美。

图 10－11　GE 钻石处理前和处理后
(张蓓莉,2006)

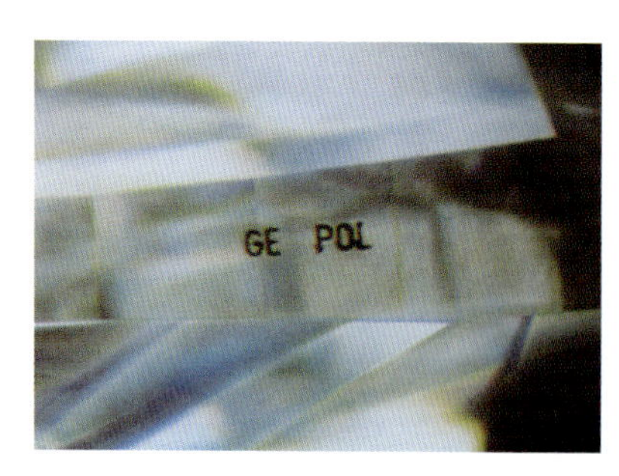

图 10－12　刻有“GE POL”字样的钻石腰部
(张蓓莉,2006)

在高温超高压下进行“漂白”的钻石,目前主要适用于Ⅱa 型钻石。前面说到,Ⅱa 型钻石的特征是不含氮或其他杂质,应当是无色透明的。然而,当Ⅱa 型钻石的晶体结构发生位错滑移(塑性变形)后,一部分原本无色的钻石会发生颜色改变,变成褐黄色、棕黄色等。

高温超高压法对这部分Ⅱa 型钻石进行“漂白”的条件:温度 1900℃,压力 7×10^{9} Pa,并维持 10h。在这样的条件下,钻石处于熔融的边缘，在足够长的时间下，可让曾经产生塑性变形的晶体结构最大限度地恢复正常，同时使钻石的颜色也恢复原本无色的面貌，达到“漂白”的目的。从而增加钻石的价值。

Ⅱa 型钻石在天然钻石中所占比例不大，一般认为不到 1%，而其中因晶体结构产生塑性变形并产生黄色等颜色的钻石数量又仅占Ⅱa 型钻石的 1%左右。因此，能进行高温超高压优化处理的Ⅱa 型钻石数量并不多。1999 年 7 月中旬，戴比尔斯公司透露，他们在 20 年前就已发现利用高温超高压法处理Ⅱa 型茶色钻石可以消除钻石的茶色而使它呈无色。

对于在高温超高压下进行“漂白”的Ⅱa 型钻石，目前还没有过硬的检测方法。有些人为了验证这个结论，特意买了刻有“GE POL”字样的高温超高压处理钻石(以下简称“GE POL”钻石)，然后设法磨去“GE POL”字样，再送至美国 GIA 进行鉴定，果真鉴定不出来。美国 GIA 在 1999 年 9 月公布了已检测的 858 粒“GE POL”钻石的资料：重量范围，0.18～6.66ct，绝大部分小于 2ct；切型，绝大部分为花式形状，圆形只有 100 多粒；净度，IF 和 VVS_1，但绝大部分为 VVS_2、VS_1、VS_2；色级，颜色绝大部分为 D～H，I 以下只有 100 粒。

在公布上述资料时，美国 GIA 说明仅部分“GE POL”钻石具有下列鉴别特征：

(1)约有 75%的钻石可见到平行的内部结晶纹，从极不明显到明显。

(2)裂隙或羽裂纹呈愈合指纹状特征。

(3)包裹体在外围有应力破裂纹。

(4)大部分钻石有内应力，在偏光显微镜下可见平行片状黄色、橘色、紫色的内应力图像。

瑞士宝石学院的 J.P.Chalain 等(2000)提出了“GE POL”钻石的两步鉴定法：第一步，几乎所有的“GE POL”钻石均为Ⅱa 型，因此，可以用 SSEFⅡa 型钻石检测仪检测区分近无色Ⅱa 型钻石与其他类似颜色的钻石；第二步，用拉曼光谱仪的 514nm 激光线可以获得这些钻石的拉曼光谱，如果观察到 $3760cm^{-1}$ 的发光峰，则证明该钻石为“GE POL”钻石。

三、钻石在高温超高压压机下“改色”的条件及其鉴定特征

钻石在高温超高压下可以由茶色、浅黄色等“改”成黄绿色。1999 年 12 月，美国犹他州的诺瓦钻石公司(Nova Diamond)声称，他们在使用高温超高压方法将茶色钻石“改”成无色钻石的过程中，因操作失误使温度过高(超过 2000℃)，结果使钻石表面烧成石墨。但清除表面石墨后，他们发现钻石内部变成了黄绿色。进一步研究后发现，任何颜色、类型的钻石用六面顶金刚石压机在高温超高

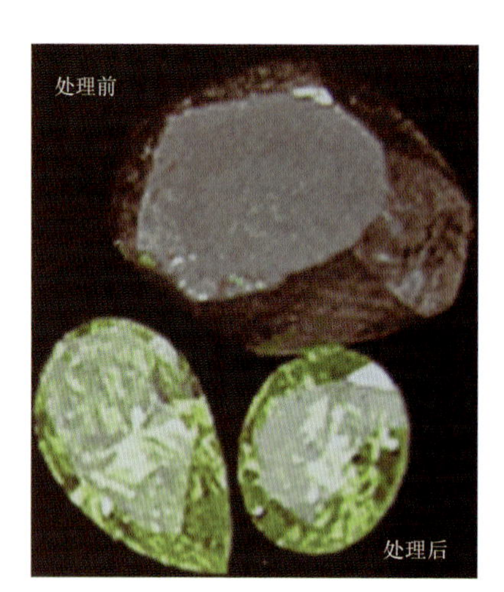

图 10－13　处理前的钻石(上)和处理后的 Nova 钻石(下)
(张蓓莉,2006)

压[$(6\sim7)\times10^9$ Pa,2000℃]下保持数十分钟,其颜色即可变成浅绿、黄绿、绿黄系列颜色,且颜色的鲜艳度和饱和度极佳,被称为 Nova 钻石(图 10－13)。后来又有报道称,比利时 HRD 与俄罗斯 UIGGM 研究院利用俄罗斯合成钻石的 BARS 设备进行研究(条件是温度 1900℃、压力 7×10^9 Pa、恒温 10h),1 粒Ⅰa 型澳大利亚产的茶色钻石变成了黄绿色的,并具有极强的黄绿色荧光效应。

此法使用的设备与“漂白”的设备相同,反应腔组装也相同。不同的是进行优化处理钻石的类型不同,“漂白”适用于Ⅱa 型钻石,而“改色”适用于Ⅰa 型钻石。

Ⅰa 型钻石在高温超高压条件下可以被“改”成彩色钻石的原理:Ⅰa 型钻石所含的聚合态氮原子在高温超高压下克服了氮原子的强聚合力,使聚合氮原子被分解成单个氮原子,并扩散到钻石的晶格中,从而改变钻石的颜色。

Ⅰa 型钻石在高温超高压条件下“改”成彩色钻石,一般没有明显的鉴别特征。为了区分改色钻石和天然钻石,有的专营公司采用了在钻石腰缘用激光刻标记的方法。例如,比利时 Diamont Brut 公司与加拿大 S. L. Maxfield & Assoc 公司,在它们合资生产并全球推广的“Xanthic”系列高温超高压处理钻石产品的腰缘上用激光刻上“Xanthic”商标、HRD 商标及证书号码。

第五节　高压釜水热法优化处理山东蓝色蓝宝石

一、处理原理

山东蓝色蓝宝石含铁量太高、颜色太深。在高压釜水热法的高温高压条件下,山东蓝色蓝宝石晶体表面离子之间的距离稍有扩大,原子的布朗运动速度加快、运动范围加大。所以,若在高压釜中仅仅放水,山东蓝色蓝宝石中的所有原子或离子成为高浓度对象,在高温高压条件下会向水中扩散,并在扩散的过程中,达到使颜色变浅或“漂白”的作用。这就是高压釜能够对典型山东蓝色蓝宝石进行改色的原理。

运用相同的原理，也可以把铁龙生翡翠中的黑色取出来，还可以把铁铝石榴石中多余的铁取出来，还可以对翡翠进行染色实验。

二、处理方法

在“冷风自紧式”高压釜中可对典型的山东蓝色蓝宝石(即太阳光下呈黑色不透明的蓝宝石，底部照射时，可见漂亮的纯蓝墨水蓝)进行改色。具体方法：高压釜中加水，把墨黑色山东蓝色蓝宝石放入高压釜中，然后，密封高压釜加热，温压条件为500℃、1.5×10^{9} Pa，达到设计的温度和压力后，恒温一定时间后停电。从电热炉中取出高压釜，放在自来水下冲，快速冷却到室温后，打开高压釜，用干的漏斗加上干的滤纸放在干的容量瓶上，倒出高压釜中的山东蓝色蓝宝石和水溶液进行过滤，再用夹子取出滤纸上的蓝宝石，用水冲洗后擦干。

三、处理后的现象及鉴定特征

1. 处理后的现象

用高压釜水热法对墨黑色山东蓝色蓝宝石进行处理后，水溶液由无色变成了蓝色，对溶液进行原子吸收光谱分析，分析结果如表10-1所示(其中，铬在原始溶液中测定，锰在稀释50倍的溶液中测定，铁在稀释250倍的溶液中测定)。

表10-1　山东蓝色蓝宝石优化处理后高压釜溶液中铬、锰、铁原子吸收光谱分析的结果

测定元素成分	Cr_2O_3	MnO_2	Fe_2O_3
含量(mg/mL)	0.0348	0.0938	0.313

对优化处理前后的山东蓝色蓝宝石进行电子探针分析，结果如表10-2所示。

表10-2　山东蓝色蓝宝石优化处理前后的电子探针分析结果

测定成分	优化处理前的含量(%)		优化处理后的含量(%)	
	点1	点2	点1	点2
Al_2O_3	98.77	98.85	98.07	97.98
TiO_2	0.10	0.01	0.07	0.06
FeO	1.41	1.19	1.27	1.40

续表 10-2

测定成分	优化处理前的含量(%)		优化处理后的含量(%)	
	点 1	点 2	点 1	点 2
MnO_2	0.22	0.02	0.23	0.00Cr
Cr_2O_3	0.00	0.04	0.00	0.04Si
SiO_2	0.47	0.31	0.32	0.38
NiO	0.07	0.10	0.05	0.17
CoO	0.05	0.30		
K_2O	0.06	0.00		
CaO	0.02	0.00		
NaO	0.00	0.00		
总量	101.16	100.82	100.01	100.01

山东蓝色蓝宝石中的致色离子，尤其是大量的铁离子，扩散到溶液中，使原本墨黑色的蓝宝石变为透明的蔚蓝色，经切磨珠宝玉石师傅切磨后，非常漂亮，与优化处理前的山东蓝色蓝宝石原石比较，有了很大的改善(图 10-14)。

图 10-14 山东蓝色蓝宝石原石(左)与高压釜改色后的成品(右)

2. 鉴定特征

经高压釜水热法优化处理的蓝宝石很难找出其鉴定特征。

第十一章　珠宝玉石优化处理的仿古玉技术

第一节　古玉概论

一、古玉的定义

古玉是指从新石器时代至公元1911年生产的玉或玉器，即清代以前的玉器统称为古玉。若要进一步按年代划分古玉，可分为史前玉（原始社会）、三代玉（夏代、商代、周代）、汉代玉、唐宋玉、明清玉等。清代以后至公元1949年（中华人民共和国成立）这段时间生产的玉或玉器，可以统称为清末民初玉。公元1949年以后生产的玉或玉器，统称为新玉。

古玉按存在形式，可分为出土古玉和传世古玉两种。入过土再传世的可列入传世古玉中。无论是出土古玉还是传世古玉，其价值都远远高于新玉。把玩一块古玉与把玩一块新玉的感觉是不一样的。入过土的古玉由于水土的长年侵蚀，会出现各种沁色，色彩斑斓，乐趣无穷；而传世古玉由于前贤的长期把玩，精光内蕴，温润圆融，不仅让人心旷神怡、眼亮目明，而且令人遐想无穷。抚摸它就像抚摸一段人生和历史，这就是古玉的魅力。古玉有着新玉所不能替代的历史文化内涵和文物价值。

二、古玉的评价要素

（1）古玉的年代。古玉的年代越久远，价值就越高。

（2）历史上所占的地位。即古玉在历史上所扮演的角色越重要古玉价值越高。

（3）是否是出土的遗物。在相同的古玉中，出土古玉的价值比传世古玉的价值高。

（4）品种及相同品种所存有的数量。物以稀为贵，古玉也一样，在发现的古玉中，无论是出土古玉还是传世古玉，只要品种发现的少，其价值就高。

(5)工艺水平、制作的精细程度。造型美和工艺美的玉器价值高。

(6)艺术水平。玉器形制上的纹饰、图案，表现的主题，代表的时代风格和文化，是断代的重要依据。艺术水平越高的，价值越高。

(7)器物的完好性。一件完好无损的玉器给人以美的享受，比残缺不全或遭受损坏的价值高。

(8)玉料的质地。对同一种玉料来说，玉质越好，价值越高。

(9)器物的大小和质量。器物的大小和重量，能够体现某个时代工艺水平的高低与优劣，个体大和质量好的玉器价值高。

三、古玉与中国玉文化

中国是世界上发现古玉最多的国家，中华民族也是一个爱玉的民族。之所以对玉情有独钟，是因为玉代表着美好、尊贵、坚贞与不朽。

我国的玉文化独树一帜，令世人瞩目。人们根据玉器的质地、品种、特殊造型、神秘花纹和具有寓意的符号，赋予玉某种特殊意义，寄托了人们的艺术情怀、精神追求和宗教思想。

玉文化是指玉或玉器用于人们的日常生活所形成的文化，涉及多个门类。如用做首饰、项链、玉坠、手链等装饰品的佩饰玉；用于祭祀、朝圣、交聘、军旅等活动中的礼乐器；用于仿青铜器的各种玉兵器，如玉戈、玉刀、玉牙璋等；用于丧葬玉的玉九窍塞、玉握、玉衣等；产于新石器时代和青铜器时代的玉斧、玉锛、玉凿、玉镞等生产工具类；做成玉水盛、玉杯、玉觚、玉角、玉尊、玉觥等生活用器类；做成玉人、玉屏风、玉山子、玉象、玉辟邪、玉薰炉、玉花插等陈设类玉器；做成玉带钩、玉带板、鼻烟壶、玉如意、玉刚卯等杂器。在距今 10 000～4000 年的新石器时代，仰韶文化遗址、大汶口文化遗址、龙山文化遗址等地都出土了大量的古玉和玉器。中国玉文化有 10 000 多年的历史，古玉在中国玉文化中占有非常重要的位置(图 11-1～图 11-6)。

图 11-1　玉猪龙(红山文化)

图 11-2　玉箍形器(红山文化)

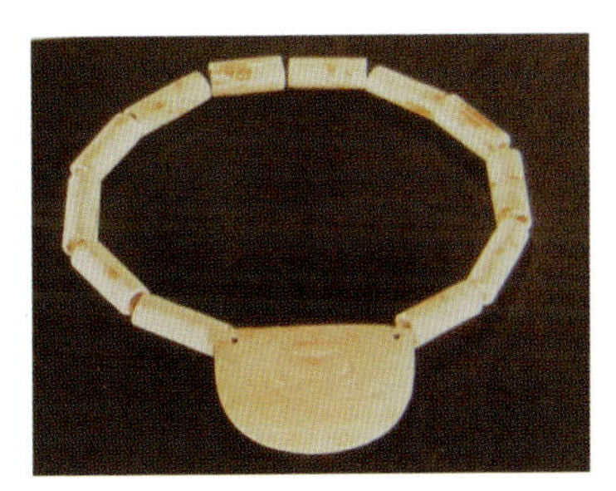

图 11-3　玉串饰(良渚文化)

图 11-4　玉梳(唐朝)

图 11-5　玉鹅(商代晚期)

图 11-6　玉虎(春秋早期)

如果想仿古玉，就要了解不同时代古玉的材质、纹饰、雕工、图案、颜色等的特点，还要仿出古玉埋在地下千百年的受沁状况。要想把仿古玉做得逼真，确实不易。

第二节　在不同时代的古玉玉料

古玉的玉料直接关系到玉器的断代、价值及评估，很重要。对不同时代的玉或玉器所用玉料的认识，一般是通过众多文化遗址出土的玉器进行鉴定得到的，也有通过文献资料查阅得到的。通过查阅文献资料及鉴定出土玉器，人们对中国古玉的玉料利用，有了一个整体的看法，大致可以划分为 4 个阶段：①新石器时代；②从商代晚期到战国时期；③从汉代到明代；④清代。

一、新石器时代的玉料

新石器时代古玉的特点是以本地产的彩石作为玉器材料，以北方的红山文化、南方的良渚文化为代表，主要的玉料有石英岩、透闪石、蛇纹石等。

二、从商代晚期到战国时期的玉料

商朝晚期—战国时期的玉料为新疆产的和田玉与彩石。从新石器末期开始，和田玉的数量渐呈上升趋势。最迟到商代，玉料的使用情况发生了重大变化，这可从河南安阳殷墟妇好墓、江西新干商代大墓等处出土的玉器鉴定得知，已有相当一部分玉料来自新疆的和田玉（白锋，2000）。

三、从汉代到明代的玉料

汉代—明代的玉料以和田玉为主，另外也有独山玉、岫玉等。到西汉中期，中原和西域的交通畅通无阻，和田玉被源源不断地运进中原。在各种玉料中，和田玉从质地和颜色上，都是其他彩石无法相比的。所以，自从和田玉进入中原后，不但排挤了彩石，也排挤了其他玉料，这可以从河北满城刘胜墓、安徽淮南王墓中出土诸多玉器的鉴定结果得知。但和田玉很贵重，老百姓用不起，故民间用玉的玉料大部分为较次的独山玉和岫玉。从秦汉以后几大玉料的质量和产量情况来看：就质量而言，和田玉最好，独山玉其次，岫玉最次；就产量而言，情况刚好相反，和田玉最少，这也说明它非常珍贵。

四、清代的玉料

在中国，器重和田玉的风气一直延续到清代。乾隆皇帝不惜斥巨资从新疆购进和田玉原料到内地琢制玉器，使和田玉走向民间，成为广大民众家喻户晓的玉器制品。清时，和田玉占垄断地位，其次是岫玉、独山玉等。清代中期，翡翠开始进入中国，到清代末期翡翠大量涌入中国，用和田玉制作的玉器才渐渐变少。

第三节 常见的古玉纹饰

古玉上的纹饰也是鉴定古玉的重要方面，常见的纹饰如下。

1. 绳纹

纹形似绳索绞缠状，流行于汉代以后，多作为主体纹饰的辅助纹饰，所以又称为弦纹。许多动物尾部也常用绳纹表现。此外，明清时期的一些玉环、玉镯上的纹饰也有做成绞绳状的。

2. 谷纹

谷纹特征为圆乳状颗粒上加有弯曲的短线，圆乳粒像谷粒，弯曲的短线似谷芽，因而得名。谷纹在玉璧上出现得最多，通常将数十个、数百个谷纹整齐、有规律地斜向排列在璧面上，互不衔接，具有较强的装饰效果。

3. 雷纹

雷纹又称回纹，由方折角的回旋线条组成。雷纹在商周青铜器上普遍使用，但在玉器中比较少见，仅在一些神奇动物或礼仪器物中偶有出现，宋代以后多作为边框装饰。

4. 蒲纹

蒲纹多用于汉代玉璧，由数条平行直线交叉形成一种格形花纹，因纹形类似编织的蒲席而得名。由于雕刻刀法较深，又有一定的坡度，单个纹形呈现出浮雕般的六角形状。整个纹形简单利索，朴素大方，装饰性较强。

5. 乳钉纹

乳钉纹是一种高凸于平面器物上的圆钉状纹饰，流行于战国、两汉时期，战国时期玉器上的乳钉纹光洁圆滑，大小相等，由数十个到数百个均匀整齐地斜向排列。汉代以后出现了斜格乳钉纹，即在平面上琢有交叉平行的斜直线组成的菱形格，每格内装饰一个凸起的半圆形乳钉，整齐大方。

6. 云纹

云纹流行于战国时期至清代。战国、两汉玉器上多为抽象的几何云纹，由云头和云尾组成，线条柔和回旋，多成组出现在玉坠、玉璜等平面器物上；春秋战国时期出现了勾连云纹；魏晋以后开始出现写实的云纹；唐宋以后则以如意形云纹较为普遍，称为如意云头纹。

7. 连珠纹

连珠纹，又称圈带纹，将数个小圆圈横式排列，多装饰在带板、带扣等器物的边沿处作为辅助纹饰。

8. 双圈纹

双圈纹由两个或两个以上大小不等的圆圈组成，流行于西汉玉器上。这种纹饰一般雕琢在质地较差、做工粗糙、制作简单的器物上。

9. 环带纹

环带纹，也称波曲纹，流行于西周中期至春秋早期。环带纹是一种变形兽体纹，宽阔的环带似兽体长躯上下起伏，又像波浪般连绵不断。在波峰浪谷间装饰有突出的兽眉、兽目和兽口，或填以龙、凤以及动物鳞片。整个纹饰形成一圈宽带，装饰于各种玉器的腹、颈等部位。

10. 涡纹

涡纹，也称圆涡纹或火纹，流行于夏代至战国时期。图形中部为圆圈形，沿边有4～8道旋转的弧线，似水涡激起状，又似火焰在流动。夏代涡纹只有中部的圆形，没有旁边的弧线，多装饰在器物的腹部；西周中期后，涡纹外圈常饰以雷纹；春秋战国时期有弧线双勾的涡纹，除单独作为装饰外，商末周初常与龙纹、雷纹等配合使用。

11. 重环纹

重环纹，又称方形纹，流行于西周中晚期。由数个至数十个椭圆形排列在细长的环形带内，环绕器身。环有一重、二重、三重等不同形式，每环的一端为凸起的半圆形，另一端为凹入的半圆形。器身上的重环纹带可作为主要纹饰的，也可作为辅助纹饰的。

第四节　历代玉器加工工艺的特点

一、新石器时代的玉器加工工艺

对新石器时代出土的玉、石器的加工痕迹进行分析，可以得知：新石器时代的治玉主要采用了线割、磨玉、琢玉等项技术，线割使用的是有机纤维，磨玉使用的是石质工具，琢玉使用的主要是石质砣具。

石质治玉工具可以分为两种：一种为手动工具，持在手中磨玉；另一种为转动工具，固定在旋转的轴杆上带动工具琢玉。

手工磨制的阴线槽特点：槽底部较平坦，但宽度不太均匀，或有很小的弧形变化，线槽两侧呈明显的锯齿状。

新石器时代玉器的钻孔方法不能摆脱当时的生产力及生产条件的限制，因而具有较为统一的钻孔方式。但各文化区的玉器加工中采用了稍有不同的方法和技术，因而，钻孔方式和孔洞形式又稍有区别。一般来看，新石器时代玉器钻孔使用了柱状钻具，大约有木质、竹质、石质等几种。随着社会的发展，治玉工具也在不断发展，到新石器时代后期，从一些出土文物的加工痕迹来看，治玉时的钻孔已使用了金属工具，钻孔时钻动钻具，加水、加砂，并用弓形器拉动缠于钻杆的长绳，带动钻杆转动，此法加工孔的一端直径略大于另一端呈喇叭形的喇叭孔，孔芯为细而长的管芯状孔，孔径变化较小。孔的内壁或光滑平直，或带有螺纹，口部时有错碴。

二、夏、商、周时期的玉器加工工艺

夏、商、周时期的玉器加工技术较新石器时代的有了很大的进步，主要原因是金属工具的使用，属于金、石工具并用且金属工具逐步取代石质工具的时期。从一些出土文物可以看出，玉器既留下了使用金属工具的痕迹，也残存着使用石质工具的痕迹。

钻孔方面，夏、商、周时期的玉器钻孔方式较为复杂。很多玉器的孔洞仍保留着新石器时代玉器孔洞的特点，尤其是用来穿绳捆系或悬挂的孔洞，孔径变化大，一端呈喇叭形，可能是用石质棒形器具钻成的。

一些孔径大的作品如琮、箍等，孔洞非常工整。如河南偃师二里头遗址出土玉箍的壁部非常薄；江西新干大洋洲遗址出土的商代玉琮也呈薄壁状。这些都表明，夏、商、周时期的钻孔技术有了很大的提高。很多玉器上的孔是用金属钻或金属实心钻钻成的。

三、战国时期的玉器加工工艺

战国时期（东周后期），由于铁器的大量使用，经济迅速发展，玉器加工工艺有了极大的提高。韧性及耐磨性强的铁制砣具几乎完全取代了石质砣具。规矩的开片、准确的形状、标准的钻孔、华丽的饰纹是战国时期的玉器制造中极易做到的工艺，玉器加工工艺出现了全新的局面。在其后的几千年间，基本加工方法一直处于铁制砣具状态，但每一个时期的具体加工技法又不尽相同。

1. 开料

战国时期以前的开料工艺是用绳子加水、加砂的方式锯开玉料，战国时期的开料工艺是采用铁丝加砂、加水的方式锯开玉料。操作时，先将玉料固定，然后用铁丝在玉料上反复拉磨（不断加水和砂子），并使锯缝沿预先画出的墨线前进，将玉料锯开。在战国时期到汉代出土的一些古玉中，仔细观察便能看到开料时留下的痕迹，有些呈弧线形，有些呈直线形。

2. 钻孔

战国后期，管形钻头得到了广泛的使用，大大提高了玉器加工的水平，使钻孔不仅运用于孔洞处理，还运用于镂空、掏膛、饰纹等工序。在各历史时期，这些工序使用的钻孔技法又各有特点，战国时期—汉代可见到的玉器钻孔有以下几种。

（1）细长的通孔。常见于小件玉佩，长可达十几厘米，而孔径可小至2mm以下，内壁较平滑，推测是使用了细而长的管形金属钻。

（2）系孔。主要施于小件玉佩，一般情况下，钻孔圆而周正，孔两端棱角分明。早期的一些玉件穿孔是从正面钻透到背面，孔呈锥形。战国时期出现了特殊的钻孔，即在玉件的背面钻两个斜孔，呈“人”字形交合玉件体内，与玉件的表面基本平行，两个孔都呈锥形，像内部连通的两个鼻孔，故又称为“象鼻孔”，也称“蚁鼻孔”。这种象鼻孔在新石器时代已被较多地运用，并且延续到现在。

（3）嵌孔。嵌孔是用于玉件与其他器件连接的孔，常见于古代长剑剑把处的玉佩饰。玉剑玦，也就是剑鞘端部的嵌玉，与剑鞘也是以孔洞的方式相接。也就是说，玉剑玦必须从玉块的中间挖出一个与剑鞘大小一样的洞来，才能很好地与剑鞘连接在一起，这个孔洞是用铁钻头完成的。汉代以后，与布或革带相连接的玉佩不断出现，帽正、纽扣、领花、带板等多种多样，这类玉器上一般都有孔洞，以便穿线扎结，孔洞中常见的是象鼻孔。

（4）掏膛。此工序主要见于器皿上，在战国时期已臻成熟，基本方法有以下几种：①管钻法。多用于直筒式玉杯，先用直径较大的管形钻钻入杯体，然后将钻芯击断取出，再将钻芯断口处琢平。汉代玉樽的制造就采用了这种方法。②片形砣。砣头为带有一定弧度的金属片，抵住玉件后使玉件转动，砣片会逐步深入玉件内部，不断调整砣片的弧度，可琢出碗心或器物的膛。③实心砣。砣头为实心杆，端部或尖或呈球形，用管钻掏膛后，再以实心砣琢出下凹的膛底。④“L”形砣。用以琢小口、大膛的瓶、壶内膛，其形似脚，可深入瓶口再行转动。⑤多砣组合。可琢出较为复杂的器物内膛，如四方斗杯或八方杯的内膛。制造时先掏出圆形膛，然后再不断修正，琢成四方形膛或八方形膛。

以上几种掏膛方法，在不同的时代都有不同的特点（图11－7～图11－12）。但在有的小型玉器加工作坊中，许多掏膛的方法使用至今。

图11－7　玉兽面纹琮（良渚文化）
（李劲松，2000）

图11－8　玉兽面纹镯（良渚文化早期）
（李劲松，2000）

图 11-9 玉卧蚕纹璧(战国时期)
(李劲松,2000)

图 11-10 玉璇玑(龙山文化)
(李劲松,2000)

图 11-11 玉簋(殷商时期)
(李劲松,2000)

图 11-12 玉雕兽面文代(战国时期)
(李劲松,2000)

四、汉唐时期的玉器加工工艺

汉代刻玉善于运用阴刻线,线条豪放,没有战国时期的精细。器物棱角琢磨圆滑,大件器物刻工较粗,小件器物刻工较精细。细线条的刻道上有跳刀的痕迹,线条不甚连贯,穿孔器物的孔洞内壁往往不够光滑,常留有拉丝痕迹。

汉代有名的“汉八刀”是指采用简练的线条进行刻划,刀法粗犷有力,刀刀见锋,刚劲挺拔,线条无丝毫崩裂状和刀痕之迹。但要指出的是,“汉八刀”的做工并不能代表整个汉代玉器的做工,而仅指汉代“葬玉”的做工。

金缕玉衣(用金线把玉片缝在一起)和银缕玉衣(用银线把玉片缝在一起)就是汉代的杰作(图 11-13、图 11-14)。

唐代的琢玉工艺超越前代,对后世的影响很大。玉器多刻工精细,细线条较多,并且开始有圆雕出现,花纹图案常以缠枝、花卉等为主,甚至有人物飞天的图

图 11 - 13　金缕玉衣(西汉早期,河北满城中山靖王刘胜墓出土)
(李劲松,2000)

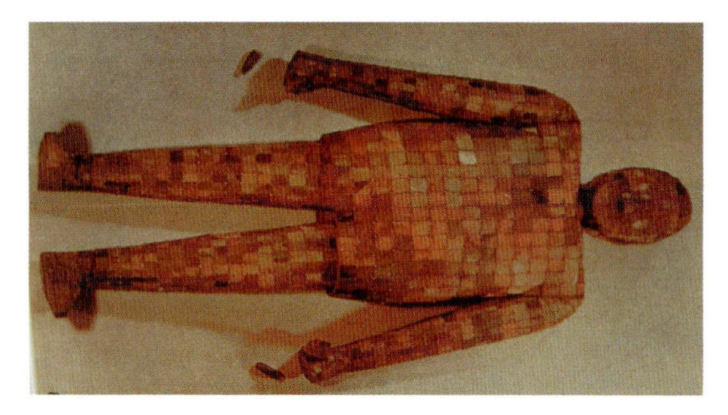

图 11 - 14　银缕玉衣(东汉,江苏徐州出土,南京博物馆藏)
(李劲松,2000)

案。圆雕花饰,人物多大头,粗而圆浑。特别是唐代玉带板上的人物,通身饰以短而密集的阴线,在动物的脚部、尾部也刻出很多的细线条,带板上采用减地法,即平面隐起做工,刻线带有绘画线。

五、宋辽金元时期的玉器加工工艺

宋代玉器的突出特点是,玉器加工讲究细腻灵巧,小件多,大件少,造型以方形为主,刻工细致,能起五六层花。

辽金元时期由于受不同民族文化的影响,玉器制作上反映出较多的民族和地方特色,南方刻工细腻工整,北方刻工刚劲有力,但整体来说,雕刻的线条感细弱。

元代玉器刻工一般粗犷有力,玉器表面往往留有钻痕或砣痕,抛光不太讲究。

六、明清时期的玉器加工工艺

明代刀法具有时代风格，刀工粗壮，浑厚有力，生动活泼，写生味浓厚，出现了双层或三层的镂雕。器物表面玻璃光泽强烈，大件器物的表面也往往留有钻痕或砣痕。

明代晚期著名的玉雕工艺大师陆子刚是我国古代玉雕行业的传奇典范之一，以琢玉技法著名于世。《太平州志》有云："子刚死，技也不传"。可见子刚款玉只是在明代晚期才有，并且没有接班人。

子刚款玉的主要特点如下。

（1）从其作品来看，他所选用的料，全部是新疆玉，多青玉，少白玉，玉质并非很精，多为山料。

（2）所琢制的器物多为实用品、仿古陈设品，造型规整，器型多变，古雅精致。凡玉器的立雕、镂雕、剔地阳纹、浅浮雕和阴线刻纹等均技艺精湛。立雕、镂雕多用于动物一类器型；剔地阳纹和浅浮雕多用于山水人物、花草虫鱼和铭文诗词中；隐线刻纹则用于各类纹饰和细部，如锦纹、动物的毛发和眼睛、人物的衣纹等。

（3）纹饰图案、山水人物、花草虫鱼、龙凤麒麟无不得心应手。常见的人物有文人学士、渔翁、婴孩等；花果植物纹有水仙、梅花、荷花、山茶花、灵芝、竹、石榴、松树、桃花等；仿古纹样有卧蚕纹、云雷纹、地锦纹、涡纹、乳丁纹、螭虎纹、异兽纹和几何纹等。图案设计之巧妙，刻画之生动，法古之真实，皆有独到之处。

（4）陆子刚所制玉器，很多刻有铭文诗句，既有本人所撰的，也有摘录名人诗句的。诗多五言和四言，不见七言，诗词的书法有草书和行书，字体清秀有力。

（5）刻款均用图章式的印款，刻字多用阳文，也有用阴文，甚至有一字阳文和一字阴文同时并用的。款有"子冈""子刚""子刚制"3 种，字体只用篆、隶 2 种。落款部位也十分讲究，既不显目，也不固定一处，有的在器底，有的在器背面，有的在盖里，等等。

陆子刚的琢玉技法在中国玉雕史上占有重要地位，其作品是重要的文化艺术遗产。

清代特别是乾隆时期，玉器工艺迅猛发展，是我国治玉历史上空前繁荣的时期。这时期的玉器精雕细琢，形象逼真，并有大量俏色玉器作品问世，刻划线条精细，磨光平滑，立体感强，花果的枝叶脉络雕刻明显，栩栩如生，镂空与浮雕的技法盛行，并以浮雕技法为主（图 11－15～图 11－18）。

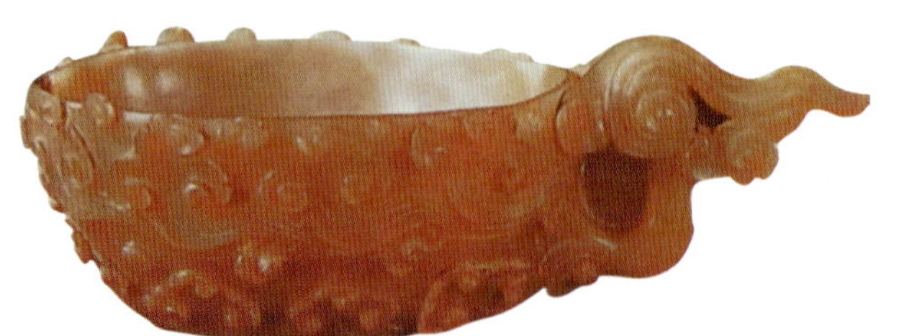

图 11－15　玉云形杯(唐代)

图 11－16　子刚款白玉墨床(明代)

图 11－17　渎山大玉海(元代，现存于北京北海公园团城)

图 11－18　玉镂空花薰(清代乾隆时期)

第五节　珠宝玉石优化处理中的仿古玉技术

一、概述

1. 历史机遇

随着我国改革开放的深入发展，人民生活水平的不断提高，古玩收藏的热潮汹涌澎湃。近年来，伴随着我国考古工作的新发现，大量沉睡地下几千年的古代玉器重见天日，吸引着越来越多的人。中华玉文化具有深厚的传统内涵，其影响日趋扩大，赏玉藏玉成为一道靓丽的风景。在这种形势下，仿古玉制品相继出现，并日渐泛滥，市面上的仿古玉与真古玉呈现出鱼龙混杂的局面。

2. 仿古玉技术

仿古玉技术是指用现今的珠宝玉石、现今的加工工具、现今的加工工艺、现今的科学技术手段仿制古代的玉器，让玉器从形制、纹饰、琢工、玉质、沁浸等方面都酷似真的古玉器，让人真假难分。古人也有仿古玉的技术和实物，所以，凡是仿制比这个年代更老的玉器，都属仿古玉技术的范畴。仿古玉技术由来已久，范围广泛，本章将着重介绍玉石的仿古玉技术。

二、仿古玉技术的历史

我国宋代以前就有仿古玉的记载。北宋年间，由于宋徽宗酷爱古物，宫内收集了大量珍品，上行下效，引发了普遍的收藏热潮。

元承宋风，仿古玉之风盛行。元代杭州名流鲜于枢墓出土的玉器中，就有一些仿古玉，并且出现了我国历史上第一部专门的古玉专著——朱德润的《古玉图》，内收 39 件玉器，其中有些即为仿古品。

明代形成又一股仿古玉风潮。明高濂在《燕闲清赏笺》中写道："近日吴中工巧，模拟汉、宋螭玦钩环，用苍黄、杂色、边皮、葱玉或带淡墨色玉，如式琢成，伪乱古制，每得高值。"陈继儒《小窗幽记》中说："今之人，如货古玩于时贾，真伪难知。"说明明朝的仿古玉技术水平很高，而且仿制量也很大，市场较乱。现在出土和传世的明代玉器中，也有不少是仿古玉，佐证了上面的说法。

清代的仿古玉风达到了历代的顶峰。清代中期，乾隆皇帝嗜古入迷，不但收藏大量古玉，还令宫廷工匠仿制古玉。仿古玉成批生产，流传后世，给现今的鉴定和收藏造成了一定的困难。

20 世纪 80 年代以来，我国掀起了新一轮的仿古玉狂潮，并且有愈演愈烈之势。借助现代科技，仿古玉技术大有"青出于蓝而胜于蓝"之势。上起新石器时代，下至清代，无不仿制。辽宁锦州、陕西西安、河南南阳、安徽蚌埠、江苏苏州和扬州、浙江余杭等地都是古玉仿制的中心，且地域特色鲜明，如东北仿红山文化玉器，江南仿良渚文化玉器，西北仿龙山文化和齐家文化玉器，中原仿商周和两汉玉器等。

三、仿古玉技术的四原则

仿制古玉要从所仿朝代玉器的形制、纹饰、琢工、玉质 4 方面着手，缺一不可。

(1)形制。每个朝代的玉器都有它的基本造型。如同样是龙，各个朝代的造型各不相同，把握了其特点，对器物的总体时代风格就有了一个大致的判断。

(2)纹饰。各个时代不同的审美和喜好决定和制约着器物的装饰图案。良渚文化的神象纹、战国时期的谷纹、明清时期的吉祥纹等都代表了当时的流行时尚。了解清楚后，器物品性自然了然于胸。

(3)琢工。由于制作工具的改良和技术手段的发展，历代碾玉技法也不尽一样。史前尚无金属工具，故切割、琢磨、钻孔等带有明显的原始特征；商代的双线阴勾、西周的斜切阴线、汉代的“汉八刀”等皆为典型的刀法，与其他时代的不同。

(4)玉质。尽管古玉的材质以新疆软玉为主，但在不同时期也有一些其他玉料，尤其是史前阶段，受客观条件的限制，大多是就地取材。如红山文化的岫岩玉，良渚文化的小梅岭玉等；而现今又出现了青海玉、俄罗斯玉等，还有以石代玉者。

第六节 珠宝玉石优化处理中仿古玉的沁色技术

一、概述

1. 沁色的概念

一块古玉，无论是传世古玉还是出土古玉，经过岁月的洗礼和水土的侵蚀，必然会留下种种色质和印记，从而为鉴别古玉提供了可靠的依据。

我国传统的丧葬是帮过世的亲人穿好新衣、戴好生前喜爱的首饰，放进棺材中。讲究的人家，在放入尸体之前，还会先在棺材底部铺上一层石灰，然后在人的周围也塞满石灰(主要起干燥作用)，再把逝者生前喜爱之物一一放入摆好，最后盖棺埋入土中。尸体在腐烂的过程中会渗出血浸泡玉器(血沁)。另外，地下水渗入棺材后，石灰溶解后的石灰水也会浸泡玉器(鸡骨白沁)。所穿衣服被地下水浸泡后掉色，会使玉器染色(青沁)。更有甚者，为了不让尸体腐烂，把水银倒入棺中浸没尸体，可形成水银浸(黑沁)。当然，古时很多穷人死后，草席裹尸、就地掩埋，这种就主要以地沁为主了。古代人受鬼神和宗教思想的影响，认为人死后会升入另一个世界，除了要带很多东西去外，还应千方百计地不让尸体腐烂。在相当长的一段时间里，人们认为玉有这种功能，所以，大约从战国时期开始，形成了葬玉的风俗习惯，包括玉九窍塞、玉握、玉衣、玉面罩等，以及其他逝者生前喜爱的玉器和饰品。这些玉器都会成为被沁色的古玉器。综上所述，玉或玉器被埋入土中，经过漫长时间后，因受地下水和其他物质的侵蚀，使玉器本身的颜色发生一定的变化，这就是沁色。仿古玉沁色就是模拟古玉器沁色的过程，人为创造相似环境，达到古玉沁色的效果。特殊情况下，受沁的古玉出土之后，再经过人们的长期把玩，玉器内的物质成分受到人气的涵养，古玉原先的沁色会发生奇妙的变化，呈现五光十色的色彩。

2. 古玉沁色的南北差异

出土古玉的沁色非常丰富，与入土的时间、地点、受沁深浅程度有关，不能一概而论。通常认为，北方干燥，入土古玉的受沁程度比较低，受浸后的颜色变化比较小；南方多雨潮湿，入土古玉的受沁程度比较高，受浸后的颜色变化比较大。因此，想仿古玉的沁色还必须考虑所仿古玉属于北方地区还是南方地区。

二、沁色的分类和特点

出土古玉的沁色包括以下几类。

(1)紫、红色沁色。包括铁沁和血沁，颜色种类有宝石红、鸡血红、朱砂红、樱桃红、洒金红、枣皮红、膏药红、孩儿面等。一般铁沁颜色褐红，血沁颜色赤红(又称枣皮红，色深者称“酱瓣紫”)。另外，也有茄皮紫、棕毛紫等。

(2)绿沁。主要为铜沁。铜沁古玉，色如翡翠，但出土复原后的色泽比翡翠更加娇嫩滋润。铜器入地后，铜离子溶于水中产生蓝色络合物，某些条件下还会产生铜的蓝色化合物，与玉器接触，铜的蓝色化合物就会深入其中，并产生铜绿效果。主要颜色有鹦哥绿、葱绿、松花绿、白果绿等。

(3)黄沁。包括土沁和松香沁。玉埋入土中，总会受到土中铁的侵蚀，受土侵蚀较轻的称为土沁、土锈，较重的称为土浸或土斑。一般入土时间长的古玉，其土锈、土斑用刀也刮不掉，因为含砂性的土渗入玉的肌理，已与玉合二为一了。土沁古玉的颜色有鸡油黄、桂花黄、秋葵黄、老酒黄、栗子黄等。松香沁古玉的颜色如密蜡，呈淡黄色。

(4)白沁。受地火、地热影响以及钙化的古玉则变成白色，地火为地下的含磷物质，包括毛发、骨头、矿物等。另外，大量的考古发现，久埋地下的玉器可产生钙化现象，甚至可使玉器全部钙化而通体均呈灰白色。白沁颜色有鱼肚白(泛青)、鸡骨白、象牙白(微黄)、米点白和糙米白等。

(5)青沁。青沁古玉的颜色如青天，这是由于服装上的靛蓝深入到玉的纹理之中所致。青沁颜色有潭水苍、蟹壳青、雨过天青、竹叶青、虾子青、鼻涕青等。

(6)黑沁。受水银沁的古玉通常呈现不同程度的黑色。水银沁有地中水银沁和殉葬水银沁之分。地中水银是指地下原有的水银，殉葬水银是指为保存尸体而放置的水银。完全受地中水银沁的古玉，呈黄白色或微黑微青色。依放置水银的多少，墓分为大坑和小坑，大坑为达官贵人之墓。完全受大坑水银沁的古玉呈黑漆色，受小坑水银沁的古玉呈灰黑色，在黑的深度及广度上比大坑的要逊色一些。由于玉质纹理紧密程度和所处的环境不同，古玉上的水银沁，大则连成一片，小则成块分布，更有的像线一样细，但均有色泽黝黑、光亮的共性。

(7)花沁。指古玉因受沁色物质的共同作用而产生的花色。实际情况中，一块古玉的沁色常不止一种，而是两种或两种以上，如蛤蟆皮、洒珠点、碎瓷纹、唐烂斑、金带围等。为了给花沁予以吉祥如意的寓意，形象的比喻有天玄地黄(2种色沁)、三元及第(3种色沁)、福禄寿喜(4种色沁)、五福呈祥(5种色沁)等。

三、沁色古玉在玉质上的变化特点

出土古玉除沁色以外，在玉质上也有变化，主要与地质环境有关。一般来说，处在环境寒冷干燥、酸化作用小的地区，出土古玉的玉质明净干爽、棱角纹理清晰，损蚀小；处在环境温湿、酸化作用强的地区，出土古玉的玉质大都纹理不清，并且损蚀较多。除地域因素外，出土古玉又有干坑和水坑之分，墓中有水的谓之水坑，水坑古玉通常多霉菌；墓中无水的称为干坑，干坑古玉通常多蛀孔。

四、传世古玉的沁色特征

传世古玉也有沁色，称之为包浆和牛毛纹。众所周知，传世古玉由于经过多人的长期把玩，久而久之，人体油脂等有机物就会对玉产生作用，使玉的表面包有一层温润光泽的油脂，俗称包浆。同时，人的气血(有机物)也会因为时间的推移而深入玉的纹理，使玉的表面布满血丝，壮如牛毛，若隐若现，俗称牛毛纹。这两种特征是我们鉴别传世古玉的两大要素。把仿传世古玉放在放大镜下仔细观察，可见牛毛纹有凹陷现象，并沿裂隙分布。而真正传世古玉的牛毛纹除伴有包浆外，一定会有几条依一定方向排列的、纤细的纹理，如同牛毛。

五、仿古玉沁色

仿古玉沁色，又称古玉的“作假”或“作伪”，包括出土古玉的沁色、传世古玉的包浆和牛毛纹。一般说来，仿古玉沁色的颜色不自然，感觉像是涂上去的，比较醒目，裂隙处颜色深，而缜密处颜色进不去。真正的古玉沁色由于经过千百年长时期的接触渗透，在缜密处也会有沁色，不论颜色深浅，都较自然，且与整体连成一片。另外，受沁的古玉多用和田玉中的籽玉，而仿古玉多用山料。

(一)传统的仿古玉沁色方法

1. 仿黄土锈法

仿黄土锈法是把玉器涂上胶水后埋入黄土泥中，使玉器表面沾满黄土斑，埋的时间越久，所生的黄土锈就越像古玉的黄土沁。可这种伪造的土沁易剥落，而真正的土沁用刀刮都不易脱落。

2. 仿血沁法

仿血沁法有3种途径:①将猪血和黄土混合成泥,放入大缸中,将玉器埋入其中,经较长时间后,玉器上就会有黄土锈血沁等痕迹。②将狗杀死,让狗血淤积于体内,把玉器放入狗腹之中,缝合后埋于地下,数年后取出,玉器上会形成土花斑纹,形同古玉,俗称狗玉。但是这种方法仿制的古玉会留有新玉的颜色及雕琢痕迹。③用色泽好的玉料琢制成小型古玉器,然后置于活羊腿中,再把伤口缝好,数年后取出,玉器上会出现血色纹理,看似真的传世古玉,俗称羊玉或羊腿玉。但仔细观察,会发现羊玉有干涩之感,不如真的传世古玉那般温润。这种方法仿制的玉器多为小件。

3. 仿土锈和铁锈法

古代仿土锈和铁锈的方法,相传是在乾隆年间,由江苏无锡人阿叩发明的。具体方法是用铁屑拌玉器坯料,然后用热醋淬火,而后埋入潮湿地下十几天,取出后再埋入交通要道下,数月后再取出。这时玉器已被铁屑腐蚀,出现橘皮纹,纹中的铁锈呈深红色,有土斑,极似古玉。

4. 仿鸡骨白法

仿鸡骨白也称为煨头,将玉器用火烧烤,使玉色呈灰白色,然后用冷水泼玉,玉取出后极似鸡骨白古玉。但这种方法仿的古玉不温润、透明,有干性无灵气。凡煨头,必有火烧后形成的细裂纹,而真正的鸡骨白古玉中则没有细裂纹。

5. 仿黑斑法

仿黑斑法有3种途径:①将玉器放在铁篦上用火烧,一边烧一边抹蜡油,直至产生黑斑。②将玉器用泡湿的旧棉花包好,并以柴火微烧,待棉花变干后再用水浇,当黑色已入骨而不浮在表面且不发白时,黑斑就做成了。③用黑色的乌木屑或暗红色的红木屑煨烤玉器,不想仿古玉的地方贴上石膏,这样,其他地方都能沁上颜色,与水银沁古玉相似。

6. 仿牛毛纹法

仿牛毛纹法是将玉器用乌梅、浓灰水加热煮,趁热取出后,在风雪之中放上约1个昼夜,玉器就会出现头发丝细的冻裂纹痕,再用红颜料浸泡或煨烤,红色牛毛纹就出来了。这种方法伪造的古玉又叫风玉,但真正的牛毛纹多有曲折现象,且粗细不均,而伪造的牛毛纹则不然(郭颖,2007)。

7. 油提法

油提法是把各种颜色的油烧至90℃左右,然后把玉器吊在油中煎炸,一个部位产生颜色后再换个部位。煎炸的时间越长,该处的颜色就越深。用这种方法产生的沁色，其色能透入玉的纹理之中。

8. 梅玉法

梅玉法是把质地松软、品级较差的玉料雕成玉件后，用浓度很高的乌梅水煮，玉料的松软部分会被乌梅水溶解成空洞，使玉料呈现出被水溶蚀的痕迹，然后用油提法上色，充作水坑古玉。

9. 老提油法和新提油法

老提油法产生于北宋时期，是将甘肃深山中所生长的一种虹草捣成汁液，拌入少许玛瑙砂搅匀，再将玉器浸入，用点燃的新竹枝烘烤，草汁便渗入到玉器纹理之中，呈现红色丝纹。新提油法是选用红木屑或乌木屑放入水中，再将玉质差的玉器放入其中浸色，并辅以火烘烤等手段，使汁液渗入到玉器纹理中。但这种方法做成的仿古玉，其红色在天阴时色泽较鲜艳，天晴时反而变浑浊。

(二)现代仿古玉器的制作方法和仿旧方法

1. 现代仿古玉器的制作方法

现代仿古玉器的制作主要根据已有古玉器和相关书籍资料完成。但由于书上的玉器图样在摄影、制版时，其角度和色彩的误差很大，而且图样只有正面，没有反面，所以按图画样只能仿其大概。更甚者，在有的介绍玉器的书籍中，一些“古玉”本身就是仿制品，还照它们仿制，就变成仿上仿了，最后成品的仿真程度会大打折扣。

苏州、扬州自古以来就是玉器生产的中心，制玉工艺和制玉传统历史悠久。有些人曾在玉雕厂受过严格的训练，后又到工艺美术学校进修，对中国的传统制玉工艺有一定的认识。这批人离职后，主要从事玉器加工，也帮一些经营玉件的商家修修补补，所以对古代玉器的形制比较了解，接触也较多，他们做出逼真的仿古玉件也就不足为奇了。雕琢好的仿古玉件经过进一步的细加工和沁色，就能十分逼真，一不留意就会上当。

现代仿古玉技术利用的是现代科技设备、现代化学试剂和化学反应知识、先进的操作工艺，故处理速度比经典方法更快，其成品更像、更难鉴别。

2. 玉器仿旧技术要满足的客观条件

玉器仿旧有很多客观条件要满足，尤其是选料，由于所用各种化学试剂的酸碱程度不同、玉料所含杂质不同、玉料色泽不同等都会对仿旧效果有影响。如有的玉料质地不纯，有石、有斑、有色、有裂纹，有软、有硬等，都会影响仿古玉的效果。所以，对玉料的正确认识是仿古玉的首要条件，要依玉料的特点，因势利导地设计仿制方案。

现代仿古玉的方法大致有熏、烤、烧、煮、炸、蚀、沁色等；使用的加热设备有窑、烤箱、微波炉、煤火炉、电炉、柴炉等；使用的辅料有蓖麻油、鞋油、沥青、红糖、各种酸、各种碱、各种盐、有机染料、颜料等。

3. 现代仿传世古玉技法

传世古玉由于经常被人放在手上把玩，所以，凸起来的地方一定被磨得很光亮，凹下的地方留下了手上的油脂，油脂容易吸灰，长久以后就变成黑色的。以制作仿传世古玉玉蝉为例，具体操作如下。

(1)选好与所仿古玉朝代相同的玉质材料，琢磨成蝉的外形。

(2)稍微在酒精灯上加热(加热太快或加热的火太大时，玉器容易破裂)，用白色蜡烛在玉蝉上擦拭，使玉蝉全都涂上蜡。

(3)在酒精灯上加热。由于蜡是有机化合物，在加热过程中会不断发生变化，随着温度的升高，蜡会被逐渐碳化，先变黄色，后冒烟，再慢慢变成黑色。

(4)用布快速地擦玉蝉，凸起处的黑蜡会被擦掉，露出原来的玉色；凹下去的地方，由于擦不着，会留下黑色，这就达到了仿传世古玉的目的。

这种技术最适用于仿制铜钱造型的传世古玉。

4. 玉的熏旧

熏旧即用烟熏的办法仿旧，使新玉有经年陈旧的感觉。用熏的办法仿旧，可用窑炉，也可用烤箱，柴烟、油烟均可。熏的时间可长可短，熏完后擦拭一遍，把浮烟拭去。留在裂隙中的烟油杂质与表面形成的浅黄色可使仿古玉呈现出自然旧的视觉效果。此法与仿传世古玉相似，但其效果不如蜡加热的黑色牢固。

图 11－19 和图 11－20 是白玉做好造型后埋在寺庙的大香炉中几个月再取出来的成品效果图，图 11－21 中的玉象的比例合理，形象逼真。仔细看，玉象的背部和腹部颜色深，头部颜色浅，说明玉象是被吊起来熏烤的，还是分两次熏烤，

图 11－19　用香灰仿旧处理的玉佛手串

(王金兰　赠)

图 11－20　用香灰仿旧处理的玉佛

(王金兰　赠)

一次熏烤腹部，另一次熏烤背部。由于玉象重心不在中间，玉象的头稍微抬高，故其头部的熏烤强度比较弱，就形成了目前这种效果。

图 11－21　玉象的仿旧处理(左、右侧照)
(王忠信　赠)

5. 玉的烤旧

烤旧的温度比熏旧的温度高，先将需仿旧的玉清洗去油，然后涂上有机或无机着色染料或颜料，再在电炉、煤炉或烘箱中烘烤，使颜色渗入玉内。涂鞋油、沥青等可以做出黑色效果；涂红糖可以做出红色效果；涂姜黄可以做出红褐色效果。每种玉可接受的烘烤温度不一样，在操作中要注意。另外，用高温也可以把玉烤出鸡骨白效果，例如，阜新地区产的玛瑙在 350℃ 以上烘烤就可出现鸡骨白效果。

6. 玉的烧旧

烧旧的温度更高，用明火对玉件进行烧、烤称之为烧旧。除了有烤旧的功效之外，将灼烧过的玉器立刻放入染色液体中还可以进行沁色处理，沁色效果依染料和玉质的不同而不同。一般情况下，已烧变质的部位吃色深，未变质的部位吃色浅，可使仿古玉出现不同的颜色，从而更为逼真。另外，因烧旧处理有温度变化快的特点，仔细操作可以产生细小裂纹，做出仿牛毛纹的古玉效果。

7. 玉的染色

染色是先将需仿旧的玉器放在氢氟酸中浸泡，取出后放入事先配好的不同化学试剂溶液(如碱性橙、碱性绿或高锰酸钾、硫化汞等)中，可以将玉器染成锈红、锈黄、墨黑等颜色。

8. 玉的油炸

因为食用油的汽化温度比水的高，可以达到 200℃ 以上，玉的油炸常用食用油，较多地应用于琥珀的优化处理中。如果从室温就将琥珀放入油中，与油一起慢慢加热，能使琥珀的颜色加深，甚至达到血珀的效果；如果将油先加热到一定温度后再将琥珀放入，容易产生爆裂，也可出现太阳花效果；如果将琥珀与油一起从室温加热，到一定温度后取出，表面会产生细裂纹，出现仿牛毛纹效果，看上去似老蜜蜡。灵活运用油炸可以产生意想不到的效果。另外，由于油的汽化温度比水的高，油炸可使玉器表面产生裂纹，便于对玉器进一步进行染色处理。

9. 玉的酸性化学试剂仿旧

常用的酸性化学试剂有氢氟酸、硝酸和硫酸等。先将需仿旧的玉器浸泡在10%的氢氟酸溶液中4～10h，拿出来时，其表面会呈灰白色，称之为灰白皮。如果想仿旧带色，可以在放入氢氟酸溶液之前，在玉器上涂蜡，涂蜡处就会被隔离，不出现灰白皮。将需仿旧的玉器从氢氟酸溶液中取出后，在水中冲洗（此操作必须戴上橡皮手套，如果手上碰到了氢氟酸溶液，必须用流动水将手冲洗干净）。晾干玉器后，加热除蜡，若去不干净，可用有机溶剂清洗（蜡能溶解于多种有机溶剂）。如需在玉器某处添加颜色，则在加热前先在选好的地方涂上所需颜色，然后加热使颜色进入。一般添加的颜色有红色、黄色、黑色和咖啡色等。加红色时通常用碱性橙，也有用朱砂的；加黄色时用高锰酸钾，做出的黄称为铁锈黄；加黑色时用硫化汞或一般黑色染料（此外，也有用硝酸和硫酸各一半，再加50%的水浸泡玉器，主要作用是“吃缝”，使人感觉灰白皮已深入玉器的内部）。

通过无机酸性试剂浸泡软玉实验，初步得出用酸将软玉做出仿鸡骨白效果是可行的（郭杰等，2007）。其中，用含有氢氟酸的酸性溶液处理后，对“白化”程度的影响最明显，不同浓度的氢氟酸系列溶液组合对样品“白化”外观的影响不同。

10. 玉的碱性化学试剂仿旧

将需仿旧的玉器打磨后，在需做色的地方涂上硫化汞（黑色）或三氯化铁（黄色）等，然后用氢氧化钠、碳酸钠、硅酸钠等碱性化学试剂按一定的比例混合，加点猪油将玉器包裹在内，放到封闭的不锈钢高压釜中（比高温高压水热法用的高压釜简单得多），加压的同时加温。压力一般控制在$(80\sim120)\times10^5$ Pa，温度控制在160～200℃，约4d时间。取出后用二氧化碳热风吹干，然后用硫酸还原，玉器表面就呈现出灰白皮和玻璃光泽，涂色的地方就会沁入颜色。此方法主要用于战国时期到新石器时代玉器的仿旧处理，仿制出玉器的色或所谓皮壳能吃到较深的地方，不易鉴别。

六、仿古玉的鉴定

鉴别古玉器的真伪是玉器鉴赏的一项重要内容，也是一项十分复杂而实际的工作，要求具有丰富的经验、广泛的历史文化知识和扎实的专业技巧。总的来说，做一个古玉真伪鉴定师，需要具备两方面的知识：一方面是要对古玉器的特点有充分的了解，主要是了解不同时代玉器在品种、玉料、器形、纹饰及加工工艺等方面具有的不同特点；另一方面是对仿古玉器制造历史及制造技术的了解。仿古玉的鉴定主要从以下几方面着手：辨玉材、鉴工艺，认造型、识纹饰，断年代、定真伪，辨沁色真伪、辨伤残真伪；凡遇极温润鲜丽的古玉器者，定是仿造品；凡血沁殷红，在日光照射下像凝结血块的古玉器，定是仿造品；凡遇有黑斑、墨亮、通体均匀如一的古玉器，定是仿造品；凡是真品，大小、尺寸、厚薄肯定合于真古玉的规矩，质地干燥，斑点、血沁多少不等，也不均匀。

因此，要努力查阅研究历史文献，充分吸收古董商们的丰富经验，对同时代玉器艺术风格进行比较推断年代，多到博物馆等有出土文物的地方去看实物，或收集大量出土文物的照片以供对照。

总之，掌握好古玉器的鉴定技巧不可能一蹴而就，了解玉质、时代风格及常用的做旧手段只是具备了鉴定的必要条件，更重要的是在实践中不断地去体会与探索，积累经验，总结方法，持之以恒，才能得出比较科学的鉴定结果。

第十二章 珠宝玉石优化处理的电化学技术

第一节 熔盐氧化法

蓝色蓝宝石是一种含少量氧化铁和氧化钛的氧化铝单晶矿物。蓝色蓝宝石的颜色和透明度完全取决于其中铁、钛的含量。透明度差的蓝色蓝宝石通常含较多的铁离子,尤其是 Fe^{2+}(使蓝色蓝宝石呈深蓝色),通过降低铁的含量或者把 Fe^{2+} 变成 Fe^{3+},深色蓝宝石就会变成浅蓝色蓝宝石,透明度也会得到改善。为了达到这个目的,可采用在空气中高温加热的方法,温度为 1700～1860℃。但是,当加热温度达到 1300℃左右时,蓝色蓝宝石中的钛离子就会扩散,造成钛的流失。钛离子流失后,蓝色蓝宝石的颜色也会变浅,但发灰。由此可知,单纯高温加热处理山东蓝色蓝宝石,一般其透明度会增加,蓝色变浅但发灰,呈灰浅蓝色。而用熔盐氧化法改色的山东蓝色蓝宝石有较好的透明度和纯正的蓝色(杨传福等,1992)。

一、实验方法

实验用作电解质的熔盐(化学试剂),包括 AlF_3、Na_3AlF_6、CaF_2、TiO_2 和 Al_2O_3。将化学试剂混合后放入石墨坩埚,石墨坩埚放在控温炉内。铂丝作阳极,用铂丝缠绕蓝色蓝宝石样品;石墨坩埚作阴极,用热电偶测定温度。加热到 940℃时,电解质便会开始熔化。此时,把阳极连同样品一同放入熔化后的电解质中进行电解,槽电压控制在 3.0V 左右,电解 30～45min,结束前先取出阳极和样品,以 8℃/min 的冷却速率冷至室温。熔盐电解实验示意图如图 12－1 所示。

二、实验结果及其改色原理

1. 实验结果

经熔盐电解处理后,多数山东蓝色蓝宝石能够从深蓝色变成浅蓝色,透明度

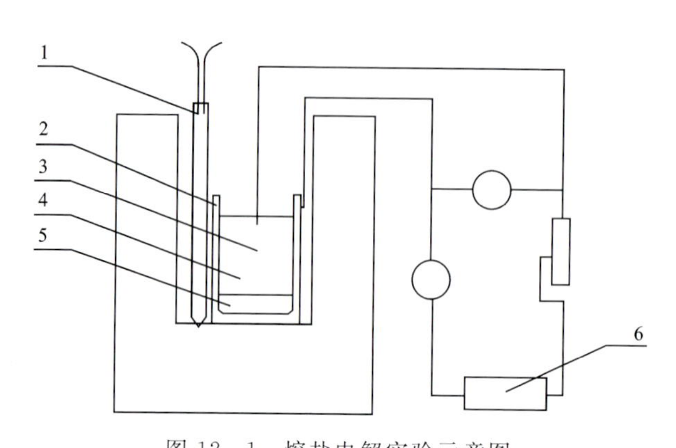

图 12-1　熔盐电解实验示意图

1. 热电偶；2. 石墨坩埚；3. 铂阳极和样品；4. 电解质；5. 铝液；6. 直流电源

（王传福等，1993）

大大改善，在垂直 c 轴方向显示出很纯的蓝色相，且样品颜色不发灰。但实验后，样品有轻微的溶解，损失约 8%wt 的质量。

2. 改色原理

在 940℃的高温下，氟化物熔盐能腐蚀氧化铝单晶体晶格，即氧化铝能够为氟化物熔盐所溶解，被溶解的氧化铝饱和浓度可达 11%wt。因此，在蓝色蓝宝石和氟化物熔盐界面上，物质的迁移和扩散是很容易进行的。在电解过程中，阳极上产生大量的氧气和少量的氟气，这些气体在高温下的氧化性很强，而且，氟的原子半径很小，很容易进入蓝色蓝宝石晶体晶格中把 Fe^{2+} 氧化成 Fe^{3+}，使 Fe^{3+} 的含量大大增加。从而大大地改善山东蓝色蓝宝石的透明度，颜色从垂直于 c 轴方向看，可见到一种纯的蓝色相。并且，实验时间大大缩短，只要 30～45min。

在电解过程中，实验温度只有 940℃，钛离子在此温度下是很难扩散的，故蓝色蓝宝石不会发灰。同时，熔盐中钛离子的浓度为 4%wt(TiO_2)，高于蓝色蓝宝石中钛离子的浓度，因此，即使存在着钛离子的扩散，也是钛离子从熔盐中往样品中扩散，使样品中钛离子的含量有轻微的增加。

三、实验讨论

(1)实验中盐系的选择。除蓝色蓝宝石外，此法还适用于其他珠宝玉石，但使用的熔盐体系不一样，实验温度和时间也不一样。熔盐体系的选择主要取决于试验温度的高低和是否与珠宝玉石发挥作用。试验温度根据珠宝玉石的不同而不同，有的珠宝玉石由于熔点或者相变温度低而实验温度低。例如，海蓝宝石的试验温度不能超过800℃，托帕石的试验温度不能超过1350℃。试验温度低于800℃的珠宝玉石建议用氯化物盐系或氢氧化物盐系，试验温度高于800℃的珠宝玉石可以采用氟化物盐系，但氟化物盐系一般能溶解氧化物类的珠宝玉石。

（2）氧化还原剂的选择和添加。对珠宝玉石实施氧化处理时，可以向熔盐中通氧气或空气。如果需要更强的氧化作用，可以采用电解法产生初生态的氧原子和氟原子。对珠宝玉石实施还原处理时，可以向熔盐中加入活泼金属，如铝。

（3）为了避免珠宝玉石中有价成分的流失，可在熔盐中少量添加该种金属离子以保持微弱的正浓度梯度，使晶体中离子不能向外扩散迁移。

（4）为了提高珠宝玉石中有价成分的含量，在熔盐中添加该种金属离子可以保持较高的正浓度梯度，便于该金属离子从熔盐中向珠宝玉石中的扩散迁移。提高试验温度或延长试验时间都有利于该扩散的进行。

（5）在还原性熔盐实验中，由于还原剂（如金属）与氧气会发生剧烈反应，遇空气容易爆炸，因此实验最好在密封并且通氩气的反应器中进行。

（6）在降温前，先让珠宝玉石和熔盐分离，否则珠宝玉石表面会形成固熔体。

四、熔盐法的优点

（1）熔盐介质可以提供极强的氧化环境，比如电解可以产生氟气和氧气，甚至是初生态的氟原子和氧原子，有极强的氧化性。

（2）熔盐介质还可以提供极强的还原环境，比如在熔盐中溶解、混合或者电解产生少量的活泼液体金属（一般活泼金属熔点较低，在700℃左右即可呈液态），这种液体金属在高温下与氧化合的能力极强，即吸氧能力极强，具有极强的还原能力。也可以人为地加入金属粉末（如铝粉）。

（3）理想的熔盐体系可以腐蚀珠宝玉石表面的晶格，从而大大地加快珠宝玉石表面的各种化学反应。氟化物熔盐一般都能不同程度地侵蚀刚玉晶格。

（4）熔盐介质可以提供一个较高的金属离子浓度环境，保持一定的金属离子浓度正梯度，故能做到不仅不让珠宝玉石中的有价成分从珠宝玉石中扩散出来，还能使熔盐中的有价成分通过迁移扩散进入珠宝玉石。

第二节　电化学法优化处理绿松石

大约从2013年起，中国国际珠宝展上出现了很漂亮的绿松石项链、手链、项坠等饰品，引起了很多人的围观和购买，这些产品号称是美国“睡美人”绿松石。

随后几年的国际珠宝展上，这种“睡美人”绿松石饰品越发增多。据林晓冬介绍，所谓的美国“睡美人”绿松石指的是产于美国“睡美石矿山”的绿松石，质地细腻，硬度在中等或中等以上，颜色以蓝色系列为主，从淡浅蓝色到中蓝色。但是，在我国珠宝市场上看到的漂亮“睡美人”绿松石工艺品绝大部分是经过电化学法处理的，原矿没有如此漂亮诱人的颜色和坚硬的质地。图 12－2 和图 12－3 是北京 2016 年夏季国际珠宝展上的美国“睡美人”绿松石工艺品。

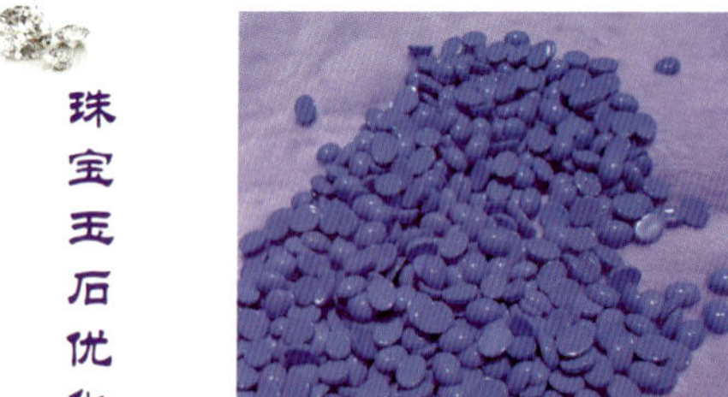

图 12－2　珠宝展上的美国“睡美人”绿松石

图 12－3　珠宝展上的美国“睡美人”绿松石项链

林晓东曾把送到美国进行电化学法处理的国产绿松石样品切开观察，发现漂亮的颜色仅在外围薄层（图 12－4、图 12－5）（沈才卿等，2018）。

图 12－4　美国电化学法处理绿松石的正面（林晓冬　提供）

图 12－5　美国电化学法处理绿松石的剖面（林晓冬　提供）

国内很多珠宝玉石检测机构对珠宝展上展出的美国“睡美人”绿松石进行了检测，检测的结果出人意料之外，除了钾含量偏高（5%左右）以外，其他数据与天然绿松石的测试数据基本相同。

电化学法优化处理绿松石探索性实验的步骤如下。先从网上买了一个6V直流电源，用稀硫酸铜作电解液，用1号电池的碳棒作阳极，铜丝纱窗折叠成口袋，口袋中放绿松石作阴极，实验样品由林晓冬提供。最大的实验电流不超过20A，电解时间控制为2～3h，结果绿松石的颜色加深了。随后切开实验样品，发现不仅表面颜色加深了，整体颜色也加深了。但由于实验时间短，电流和电压条件也不是最佳，故颜色变化不是很大(图12－6)。

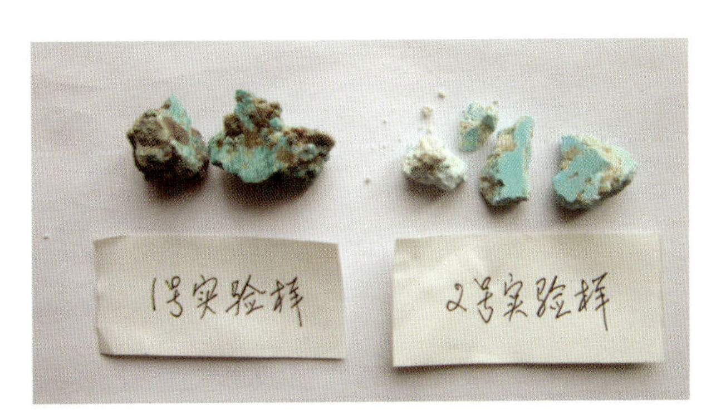

图12－6　笔者探索性实验的样品

(2号实验样中最左边的那颗为实验前的原样)

经过优化各种实验条件，林晓冬在2014年完成了电化学优化处理绿松石的工厂试验。经电化学法优化处理的国产绿松石，颜色鲜艳、硬度加强，并且整体颜色得到了改变。图12－7的右侧样品是林晓冬送给笔者做实验的原样，左侧是切开后的实验样品，放在一起作对比。图12－8是2015年林晓冬用电解法优化处理国产绿松石的样品。使用电化学法进行优化处理的绿松石样品可以是原料样，不一定非得是成品。

图12－7　林晓冬实验样(左)与原样(右)对比

图12－8　林晓冬电化学法后的绿松石样品

(林晓冬　提供)

一、实验方法

电化学法优化处理绿松石的具体工艺尚处于商业秘密的状态，我们只能从一般电化学法的原理(图 12 - 9)进行讨论。

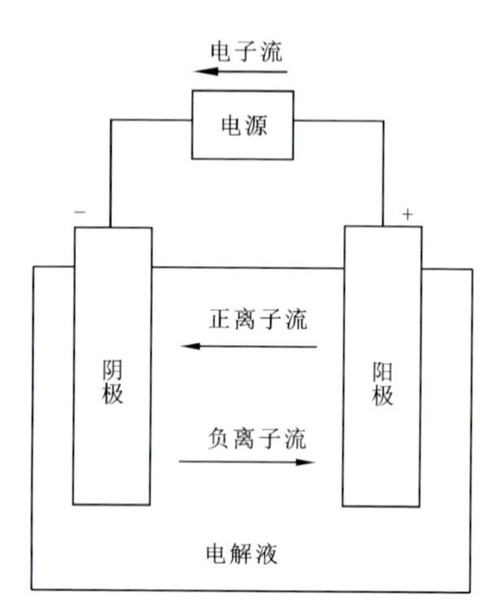

图 12 - 9　电化学法原理图

从图 12 - 9 可知，阳极和阴极放置在电解液中，通电后，电解液被分解为正离子和负离子，正离子向阴极迁移，负离子向正极迁移。电解铜就是把铜板作为阳极，通电后，阳极铜板上的铜离子不断进入电解液并向阴极迁移，在阴极上得到电子后，铜离子被还原成铜原子，并在阴极上沉积，形成很纯的电解铜。

林晓冬对电化学法优化处理绿松石的工艺条件做了很多实验，并且通过实验不断地调整优化方案。仅电解液就选用了 10 多种配方，并进行了上百次实验。他使用了钾盐、钠盐、铝盐、钙盐、复合盐等配成不同浓度的电解液，但没有选用带铜离子的电解液。试验结果表明，用这些盐配成的电解液进行电化学法优化处理绿松石时，都可以不同程度地改善绿松石的质地和颜色，但是带钾离子的复合电解液效果最好。

电化学法优化处理后的绿松石样品已经进入市场，但珠宝玉石检测部门除了能检测出钾含量偏高外，尚没有办法检测出样品是否经过电化学法优化处理。

二、实验原理

1. 绿松石的化学组成和结构

绿松石是一种含水的铜铝磷酸盐，没有风化的、致密块状的绿松石，其摩氏硬度在5～6之间，质地细腻、颜色鲜艳均匀，被称为“瓷松”；大部分绿松石会有不同程度的风化，通常摩氏硬度小于5，质地较疏松，有些用指甲能刻划，俗称“面松”。由于对绿松石进行化学组成分析时选用的绿松石样品稍有不同，得到的绿松石成分也稍有差别，如《系统宝石学》和《系统矿物学》中绿松石的化学组成就不一样，本书采用《系统矿物学》的资料数据。据王濮等(1984)编著的《系统矿物学》，绿松石的化学组成为 $CuAl_6(H_2O)_4[PO_4]_4(OH)_8$，其中，CuO 占 9.78%，$Al_2O_3$ 占 37.60%，P_2O_5 占 34.90%，H_2O 占 17.72%。绿松石的结构如图12-10所示，它由$[PO_4]$四面体与(Al,Fe)八面体彼此以顶角相连形成架状结构，其中，2/3的八面体以棱(以OH共棱)相连形成八面体对，1/3的八面体是孤立的，Cu分布在骨架大空腔对称心位置上，被4个$(OH)^-$和2个H_2O所环绕。

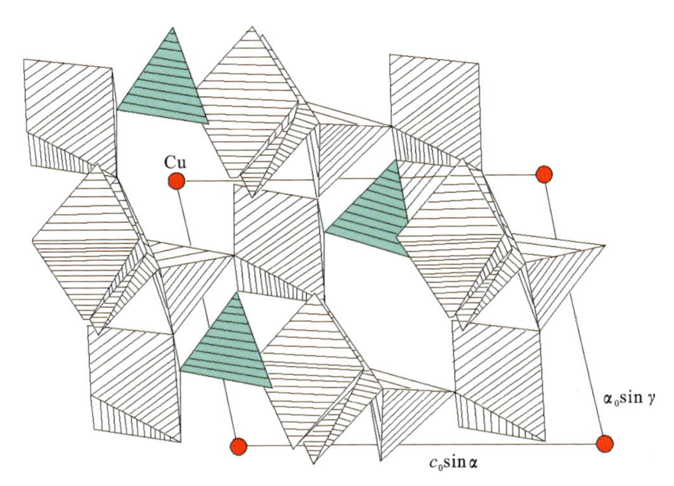

图12-10　绿松石的结构示意图

(王濮等，1984)

2. 电解法对水的电解作用

为什么同样结构的绿松石，有的颜色鲜艳，有的颜色很淡，几乎呈白色呢？笔者认为这与结构中的铜离子有没有彻底发生作用有关，而电解法的应用可使绿松石结构中的铜离子充分发挥作用。电解法怎么样使铜离子充分发挥作用的呢？水在电解池中会分解成氢离子和氢氧根离子，化学反应式如下：

$$H_2O \longrightarrow H^+ + (OH)^-$$

不仅电解液中的水进行着这个反应，绿松石内部的水也进行着这个反应。

3. 绿松石中的水

从绿松石的化学组成来看，绿松石中既有水(H_2O)也有氢氧基团(O—H)，1个分子中共有4个H_2O和8个$(OH)^-$，二者合起来的总质量占17.72%。根据其差热曲线(图12-11)可以看出，绿松石主要有3个特征的热效应：在100～200℃时是一个弱的吸热谷；300～400℃时出现很强的吸热效应，也是绿松石的主要热反应阶段，在此之后，绿松石变为鲜绿色；700～800℃时又出现一个放热峰，加热到900℃时，变为暗褐色。

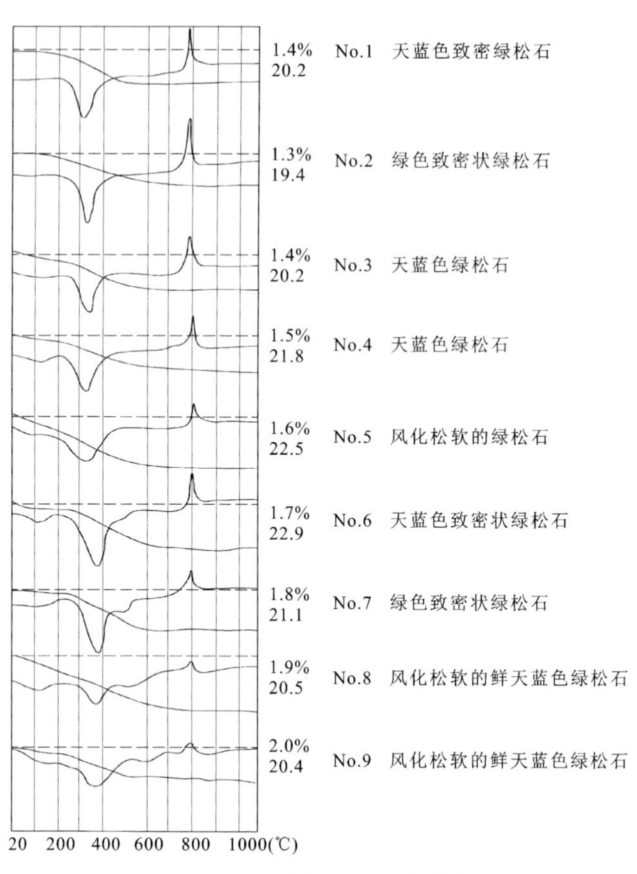

图12-11 绿松石的差热曲线

(黄伯龄，1987)

另外，从失重曲线资料可知，用作珠宝的绿松石含有1.3%～1.8%的低温水(吸附水)，还有17%～19%的高温水(结晶水和结构水)。而风化松软的绿松石含5.8%的低温水，在300～500℃范围排出的高温水的水量降低到10%～14%。利用差热分析方法测得绿松石吸附水脱失的温度为66～220℃，结晶水脱失的温度为254～416℃，结构水脱失的温度为406～676℃。

林晓冬采用的绿松石是风化绿松石，含水量较高，电解后形成的氢氧基团(即羟基)也较多。

郭倩和徐志(2014)认为：3种水中，结晶水所占的比例最大，约占10%，其次是吸附水(5%)、结构水(4%)。这3种水在绿松石中主要以3种形式存在，即氢键较强的羟基(O—H)(结构水)、氢键相对较弱的$[Cu(H_2O)_4]^{2+}$水合离子(结晶水)及充填在孔隙及微裂隙中的吸附水。羟基和$[Cu(H_2O)_4]^{2+}$水合离子的含量高低将不同程度地影响并制约着绿松石的颜色。

4. 电解法使绿松石颜色变鲜艳的原因

(1)绿松石本身不导电，但装在特殊的阴极设备中，由于通电以后的绿松石处于强大的电场之中，铜离子会被极化，极化的铜离子会使绿松石的颜色更鲜艳。

(2)在电解过程中，绿松石中的水被电解后会产生大量的羟基(O—H)，电解池中产生的羟基可能会少量渗入绿松石，这些(O—H)基团会把绿松石结构中孤立的1/3八面体联结起来，从而使绿松石结构更紧密，颜色更鲜艳。

(3)电解过程中还可能形成更多的$[Cu(H_2O)_4]^{2+}$水合离子，它本身是浅蓝色的，也会为绿松石颜色变鲜艳贡献力量。

以上3种情况的发生，使得在没有新的铜离子介入的情况下，充分活化了绿松石中原有的铜离子，使绿松石颜色变得鲜艳。

前人没有对此现象进行过深入的研究和讨论，笔者提出上述解说，仅起抛砖引玉之作用，不对之处，请专家和朋友们批评指正。

三、对电化学法优化处理绿松石的讨论

林晓冬在2016年进行的相关实验表明：

(1)经电化学法优化处理后，绿松石的最终外观效果取决于电化学法优化处理前绿松石材料本身的质地和底色，处理前的质地越细腻，处理后的效果越好。电化学法并不会改变原绿松石的基本颜色，只是把原有颜色改善和加深了。如果样品的基本颜色一致、质地也差不多时，电化学法优化处理结果的颜色基本一致；如果样品的颜色基本一致、质地又比较好时，电化学法优化处理绿松石后，其

颜色不仅基本一致，而且会很鲜艳(图 12-12、图 12-13)。

图 12-12　经电化学法优化处理后的绿松石呈现多种颜色
(林晓冬　提供)

图 12-13　质地较好的样品处理后的颜色
(林晓冬　提供)

(2)质地好、硬度较高的绿松石，经电化学法优化处理后，可以达到半透明状，被行内人称为“玉化”绿松石，它在天然绿松石中也是很罕见的(图 12-14、图 12-15)。

图 12-14　手电光下呈半透明状的优化处理绿松石戒面
(林晓冬　提供)

图 12-15　达到半透明状的优化处理绿松石戒面
(林晓冬　提供)

(3)质地松软的绿松石(“面松”)，经过 1 次电化学法优化处理后的颜色并不鲜艳，要经过两三次处理才可能得到颜色较漂亮的绿松石。但如果挑选质地较好的绿松石进行电化学法优化处理，仅进行 1 次处理就能达到很好的效果(图 12-16、图 12-17)。

(4)截至 2016 年底，美国对电化学法优化处理的绿松石饰品，仍然停留在外

图 12－16　质地较松软的绿松石经 1 次优化处理后的结果
（林晓冬　提供）

图 12－17　质地较硬的绿松石经 1 次优化处理后的结果
（林晓冬　提供）

表层的致密化处理，处理厚度不超过 0.5mm；而林晓冬在电化学法的工艺上不断改进，其厚度现在可以达到 10mm 左右。并且他表示，只要有人提出要求，厚度还可以再增加。

第十三章　珠宝玉石优化处理的其他技术和新发现

第一节　等离子体技术

利用等离子体技术可以对较难改色的山东蓝色蓝宝石进行改色，且改色效果明显，经优化处理后，山东蓝色蓝宝石的透明度提高了，颜色的色相也变纯正了（张世宏等，2003）。实验表明，和其他改色方法相比，等离子体技术具有大大降低改色处理温度、缩短时间、效果显著、节能和不污染环境等优点。

一、实验方法

将样品放入石英管中密封，用真空泵抽真空至 1～10Pa，将电阻丝加热至800℃后将石英管放入马弗炉中，同时加高频电场产生等离子体，4h 后停止加热并关闭高频电场，随炉冷却后取出样品。

二、实验结果

处理前、后的山东蓝色蓝宝石的透射光谱有明显不同。处理后的样品，其吸收光谱的峰值都有明显的升高。主、次峰的峰值升至原来的 1.4～3.4 倍，表明样品的透明度提高了。主峰向短波方向（蓝色—紫色波段）分别平移了 4.3nm、2.8nm、2.3nm 和 8.4nm；次峰的波峰分别平移了 9.6nm、2.9nm、8.5nm 和 2.0nm，样品的颜色更蓝。由此说明，低温等离子体蓝宝石改色工艺的效果是明显的。

三、优点

由于可以在 800℃的条件下完成，故等离子体技术不会破坏珠宝玉石的内部结构，能够保持珠宝玉石的天然本性。蓝宝石半成品、成品均能利用此技术进行改色处理，废品率低。相对于其他改色方法，等离子体方法具有处理温度低、时间短、效果明显、不污染环境等优点。

四、实验原理

等离子体技术优化处理山东蓝色蓝宝石的原理：利用等离子体加热的特殊环境，可对样品整体进行加热，并加速蓝宝石晶体内部整体的离子价态转变，从而降低蓝宝石改色所需要的温度和时间，提高改色的效率。初步的实验表明，它对深颜色蓝宝石的改色处理是有效的，但详细机理仍有待深入研究。

第二节　琥珀中的闪电状包裹体

2016 年，市场上的天然琥珀出现了闪电状包裹体（或称根须状包裹体）现象（图 13－1、图 13－2）。为了了解其形成原因，广东省珠宝玉石及贵金属检测中心副主任龙楚及北京大学珠宝玉石鉴定中心主任于方对天然琥珀样品进行放射性辐照处理，结果获得了相同效果的包裹体，见图 13－3、图 13－4。

图 13－1　乌克兰琥珀矿原样

（龙楚　赠）

图 13－2　图 13－1 中的闪电状包裹体（20×）

（陆太进　摄）

图 13－3　市场上常见的血珀样品

（于方等，2016）

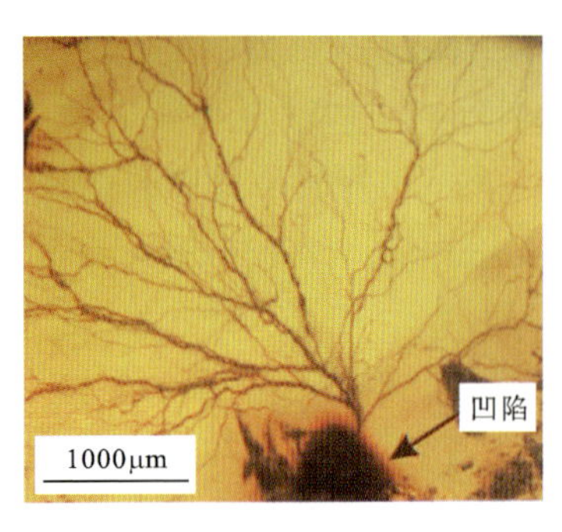

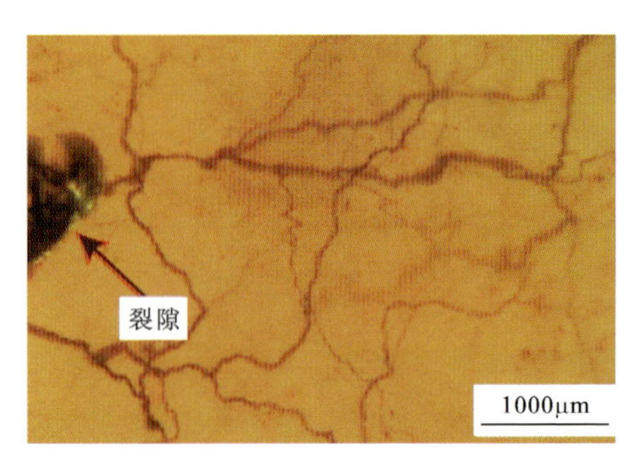

图 13-4 辐照处理琥珀的根须状包裹体从琥珀的凹陷处或裂隙处向四周延伸
（于方等，2016）

2016 年 11 月，龙副主任与笔者讨论了天然琥珀中出现闪电状包裹体与人工进行放射性辐照处理得到闪电状包裹体的原因。

笔者认为，α 射线、β 射线和 γ 射线都是带有能量的，辐照琥珀的过程实际上是琥珀和射线相互作用的过程。我们可以用子弹打入墙壁作类比：当子弹的能量很大（如重机枪）时，它可以打穿墙壁，墙上会出现一个洞；假如子弹的能量不够大（如手枪），子弹不能打穿墙壁，留在了墙内，而子弹的能量被消耗在了墙内。现在把墙壁换成很厚的有机玻璃板，由于有机玻璃板的结构不像墙壁那样结实，容易把能量分散开来，能很快把子弹的能量消耗掉。所以，手枪子弹在进入有机玻璃后，停止前进时，会产生一个能量集中点，这个点会向四面八方送出能量，有机玻璃内就会产生闪电状或根须状的裂纹；辐照天然琥珀，直线加速器将电子打到琥珀样品上，也会产生闪电状或根须状的裂纹，即闪电状包裹体或根须状包裹体。北京原子高科金辉辐射技术应用有限责任公司（以下简称金辉公司）的展览大厅里，摆放着用直线加速器轰击有机玻璃形成的根须状裂纹实物（利希滕贝格图形①，图 13-5）。

那么，天然琥珀中出现闪电状包裹体的原因是什么呢？众所周知，地球上存在着各种不同的化学元素，虽然其含量在不同的地区有差别，但有一个平均值，即克拉克值。如果琥珀矿周围存在放射性元素，例如铀、钍、稀土元素及钾元素［钾(40)］。当放射性元素含量达到一定数值后，就能像直线加速器一样对琥珀产生辐照作用，这样，天然琥珀中也就形成了闪电状包裹体或根须状包裹体。

对于人工辐照天然琥珀产生闪电状包裹体或根须状包裹体的现象，于方老

① 由物理学家利希滕尔贝格(George Christoph Lichtenberg)于 1778 年发现，是中间隔有薄绝缘层的尖对板电极沿面放电通道的图形，形似一棵树，又称电花图、电树图。

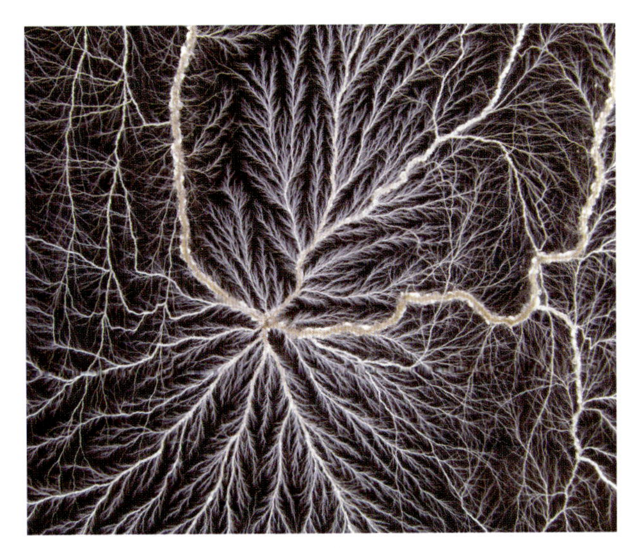

图 13－5　有机玻璃被直线加速器轰击后出现的利希滕贝格图形

（笔者摄自金辉公司展览大厅）

师总结出如下规律：

（1）在适当的工艺条件下，琥珀和柯巴树脂样品经直线加速器辐照均可以产生根须状包裹体；辐照生成的根须状包裹体实则是实验样品被粒子轰击形成的、伴有应力裂纹的树枝状通道。

（2）当样品中的电子蓄积到一定数量时，样品内部的薄弱点便会成为瞬间放电的触发点，根须状包裹体，即利希滕贝格图形，就形成了。

（3）实验样品经辐照生成的根须状包裹体与血蜜蜡样品中的根须状包裹体在形态特征上基本相同。

第三节　所有的珠宝玉石都可以通过辐照达到改色的目的

是不是所有的珠宝玉石都可以通过辐照来改善颜色呢？从理论上讲是可以的。因为放射性辐照处理技术是通过带能量的粒子轰击珠宝玉石表面，使之产生色心，从而改变珠宝玉石的颜色。因此，所有的珠宝玉石都可以通过放射性辐照产生色心，热处理后出现新颜色，或者可以在原来珠宝玉石的颜色上加深颜色，使珠宝玉石更漂亮，从而达到优化处理改变颜色的目的。

2016 年底，王海涛先生对俄罗斯碧玉和我国的新疆芙蓉石进行了放射性辐照处理，效果不错(图 13－6、图 13－7)。

图 13－6　俄罗斯碧玉辐照处理前(左)和辐照处理后(右)

(王海涛　赠)

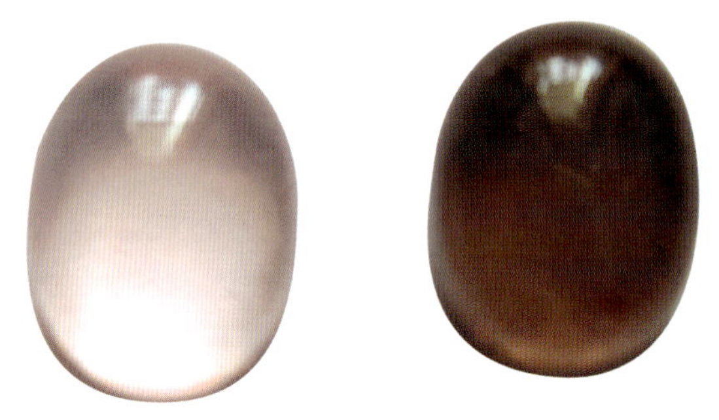

图 13－7　我国的新疆芙蓉石辐照处理前(左)和辐照处理后(右)

(王海涛　赠)

王海涛还将放射性辐照处理用于非洲珠宝玉石，产生的颜色很稳定。

相信今后会有更多的人做这方面的实验，从而来验证是不是所有的珠宝玉石都可以通过辐照处理改善颜色。总之，随着科学技术的发展，珠宝玉石的优化处理技术也会与时俱进，不断发展。

第四节 地下的辐照致色

一、红宝石褪色

笔者于2016年10月应覃斌荣等的邀请来到广东省东莞市进行天然珠宝玉石加热优化处理实验。实验发现，某些非洲产红宝石被加热到950℃时，颜色就变浅，到1430℃时，其颜色明显变浅。这让笔者和朋友百思不得其解，因为红宝石的致色元素（铬元素）在950℃下不可能产生挥发现象，难道天然红宝石的颜色也会通过地下的放射性辐照而形成或改变吗？如果天然珠宝玉石在地下受到周围放射性元素的辐照，从而在原有颜色的基础上叠加了颜色，那么，在一定的温度条件下加热天然珠宝玉石，其色心会被破坏而使珠宝玉石褪色（图13－8、图13－9）。

图13－8 红宝石戒面加热优化处理实验（950℃，恒温3h，其上为对比样）
（覃斌荣 摄）

图13－9 蓝宝石（左）、红宝石（右）加热优化处理实验（1430℃，恒温3h，其上均为对比样）
（覃斌荣 摄）

二、碧玺褪色

对不同产地的碧玺进行加热优化处理实验时，有些碧玺样品在650℃下恒温3h就褪色了，如红碧玺、蓝碧玺甚至变成了无色，什么原因呢？只能用色心致色来解释，买到的碧玺可能是经人工辐照后的；也可能确实是天然的。如果确实是天然的，那么也只能从碧玺在地下开采出来前被周围放射性元素辐照后，形成了漂亮的颜色来解释了，这些颜色在碧玺被加热后，因色心被破坏而消退了（图13－10、图13－11）。

图 13－10　红碧玺加热优化处理实验(650℃,恒温 3h,其上为对比样)
(覃斌荣　摄)

图 13－11　蓝碧玺加热优化处理实验(650℃,恒温 3h,其上为对比样)
(覃斌荣　摄)

上述实验现象说明,天然珠宝玉石很可能在被从地下开采出来前就受到地下放射性元素的辐照,若珠宝玉石周围有一定含量的放射性元素存在,就有可能因地下辐照而变色,这些被开采出来后的珠宝玉石在进行加热优化处理时,在较低的加热温度下就会褪色。

第五节　珠宝玉石优化处理的工艺和条件不能照搬

多年来的优化处理实验经验表明,珠宝玉石优化处理实验具有不可重复性,照搬已发表的相关论文中所列的实验条件,并不一定能得到相同的实验结果。笔者认为这是正常现象,这是因为论文作者的实验条件仅适合于他所采用的样品。由于不同的样品来自不同的地区,样品的成矿条件、所含杂质不一样,故即使实验条件相同,结果也会不同。如果实验样品是同一个矿区的,估计实验结果才是能复制的。希望读者在自己的优化处理实验过程中要注意这个问题!对于本书中所列举的实验条件,应采用务实和灵活的方法应用,很可能需对书中的实验条件作适当修正后才能得到好的效果。

总之,科学技术在不断前进,珠宝玉石优化处理的技术也在不断发展,我们不仅要跟上世界科技进步发展的步伐,跟上世界珠宝玉石优化处理技术的步伐,更要努力攀登最高峰,走在世界珠宝玉石优化处理的前沿!

参考文献

《玉石学国际学术研讨会论文集》编委会.玉石学国际学术研讨会论文集[M].北京:地质出版社,2011.

巴夫鲁什金,菇拉夫列夫.易熔玻璃[M].陈树森,译.北京:中国建筑工业出版社,1975.

白峰.玉器概论[M].北京:地质出版社,2000.

北京地质学院结晶矿物教研室.矿物学[M].北京:中国工业出版社,1961.

陈汴琨,沈才卿,于春敏,等.中国人工宝石[M].北京:地质出版社,2008.

程佑法,王继扬,田亮光,等.离子注入技术在山东蓝色蓝宝石优化处理中的应用[J].人工晶体学报,2009,38(6):1472-1476.

崔文元,吴国忠.珠宝玉石学 GAC 教程[M].北京:地质出版社,2006.

地质部地质辞典办公室编辑.地质辞典(二)矿物、岩石、地球化学分册[M].北京:地质出版社,1981.

对外经济贸易部人事教育局外贸商品学编写组.工艺品商品学[M].北京:中国对外经济贸易出版社,1987.

方泽.中国玉器[M].天津:百花文艺出版社,2003.

高秀清,陈炳贤.绿柱石宝石辐照优化处理技术[J].矿物岩石地球化学通报,1997,6(增刊):123-124.

郭杰,杨明星.酸浸泡处理软玉鸡骨白沁色的实验研究[J].宝石和宝石学杂志,2007(3):7-10.

郭倩,徐志.我国绿松石致色机理研究进展[J].岩石矿物学杂志,2014,33(增刊):136-140.

郭颖.翡翠收藏入门百科[M].长春:吉林出版集团有限责任公司,2007.

郭颖.玉雕与玉器[M].北京:地震出版社,2007.

国家质量技术监督局职业技能鉴定指导中心.珠宝首饰检验[M].北京:中国标准出版社,1999.

国家珠宝玉石质量监督检验中心.2009 中国珠宝首饰学术交流会论文集[C].北京:国家珠宝玉石质量监督检验中心,2009.

国检珠宝培训中心,中国标准出版社第六编辑室.珠宝玉石及贵金属饰品检验标准汇编[M].北京:中国标准出版社,2008.

海人,周天.个人收藏鉴别与投资[M].北京:中央民族学院出版社,1994.

何长金.黄玉及其辐照改色[J].珠宝,1992(1):17-18.

何金明，史军，郭福文，等.宝玉石加工改色工艺与检测[M].乌鲁木齐：新疆人民出版社，1995.

何金明.天然金刚石辐照致色的工艺实验研究[J].珠宝科技，1992，4(2)：27－28.

何明跃，郭涛.山东昌乐蓝宝石矿物学及其改色[M].北京：地质出版社，1999.

何明跃.山东蓝色蓝宝石高温氧化加热法改善工艺实验研究[J].宝石和宝石学杂志，2000，2(3)：22－23.

何雪梅，沈才卿，吴国忠.宝石的人工合成与鉴定[M].北京：北京航空出版社，1996.

何雪梅，沈才卿.宝石人工合成技术[M].2版.北京：化学工业出版社，2010.

何雪梅，沈才卿.宝石人工合成技术[M].北京：化学工业出版社，2005.

何雪梅，王金环，王海燕.镀膜黄玉及其特征分析[J].中国宝玉石，2007(6)：48－51.

何雪梅.识宝　鉴宝　藏宝：珠宝玉石鉴定购买指南[M].北京：化学工业出版社，2014.

胡百柳，唐元汾，何雪梅，等.星光宝石中星线和沉积物的关系[J].人工晶体学报，1989，18(2)：318－321.

黄伯龄.矿物差热分析鉴定手册[M].北京：科学出版社，1987.

激光编写组.激光[M].上海：上海人民出版社，1971.

康雪雅，王天雕.新疆绿柱石宝石辐照致色机制的吸收光谱研究[J].矿物岩石，1991，11(2)：27－30.

雷从云.中国史前玉文化和黄河上游的齐家文化玉器[J].中国宝玉石，2005(2)：51－53.

雷威，罗衍智.一种翡翠(处理)新品[J].中国宝玉石，1999(4)：59.

李劲松，郭中桥，王时麒，等.中华宝玉石文化产业化高层论坛会论文集[C].北京：亚洲珠宝联合会中华宝玉石文化研究会，2012.

李劲松，赵松龄.宝玉石大典(上、下册)[M].北京：北京出版社，2000.

李立平，陈钟惠.养殖珍珠的辐照处理[J].宝石和宝石学杂志，2002，4(3)：16－21.

李立平，颜慰萱，林新培，等.染色珍珠和辐照珍珠的常规鉴别[J].宝石和宝石学杂志，2000，2(3)：1－3.

李通一，李津，李齐.和阗玉[M].香港：香港唯美出版公司，2006.

李通一，李津，李齐.钻石[M].香港：香港唯美出版公司，2004.

李通一，李齐.翡翠[M].香港：香港唯美出版公司，2003.

李娅莉，薛琴芳，李立平，等.宝石学教程[M].2版.武汉：中国地质大学出版社，2011.

李英豪.蜜蜡翡翠珠宝:蜜蜡 琥珀[M].第三集.沈阳:辽宁画报出版社,2002.

李兆聪.宝石鉴定法[M].3 版.北京:地质出版社,1994.

李兆聪.珠宝首饰肉眼鉴别法[M].北京:地质出版社,1999.

林金銮.珊瑚印记[M].福人德十二周年印记.北京:世界知识出版社,2009.

刘玉山,张桂兰.宝石锆石改色改性的实验研究[J].岩石矿物学杂志,1992,11(3):272-276.

陆宇刚,买潇,覃勇,等.高温高压处理褐色钻石的实验探索[J].宝石和宝石学杂志,2007(1):28-30.

吕新彪,李珍.天然宝石人工改善及检测的原理与方法[M].武汉:中国地质大学出版社,1995.

栾秉璈.宝石[M].北京:冶金工业出版社,1985.

栾秉璈.中国宝石和玉石[M].乌鲁木齐:新疆人民出版社,1989.

马扬威,张蓓莉,柯捷.压制处理琥珀的鉴定[J].宝石和宝石学杂志,2006(1):21.

买潇,陈美华,陈征.钻石高温高压处理技术[J].宝石和宝石学杂志,2004(4):22-24.

毛凌云. GE 公司高技术处理钻石可能上市:珠宝鉴定行业面临严重挑战[J]. 中国宝石,1999(2): 68-70.

梅镇岳.原子核物理学[M].北京:科学出版社,1961.

欧阳秋眉.翡翠全集[M].香港:天地图书出版社,2002.

彭明生.宝石优化处理与现代测试技术[M].北京:科学出版社,1995.

亓利剑,C G ZENG,袁心强.充填处理红宝石中的高铅玻璃体[J].宝石和宝石学杂志,2005,7(2):1-6.

亓利剑.热处理红宝石中的硼酸钠充填物及鉴别[J].珠宝科技,1995(1):39-40.

色彩学编写组.色彩学[M].北京:科学出版社,2003.

沙拿利,张晓辉.珍珠[M].北京:地质出版社,2013.

沈才卿,林晓冬,林子扬.电化学法优化处理绿松石的颜色探讨[J].宝石和宝石学杂志,2018,20(4):16-22.

沈才卿,吴国忠.人造宝石学[M].北京:中国地质大学出版社,1994.

沈才卿.宝石与放射性的关系[J].铀矿地质,2003(1):61-63.

沈才卿.翡翠及其 A、B、C、D 货的鉴别[J].铀矿地质,2003(5):317-320.

沈才卿.黄玉的辐照改色及其放射性[J].国外非金属矿与宝石,1991(1):30-32.

沈才卿.山东蓝色蓝宝石颜色成因解说及改色方法探讨:兼谈高温高压水热法改色试验[J].中国宝玉石,1993(2):12-13.

沈才卿.中国珠宝首饰市场上优化处理的部分有色宝石[J].中国宝玉石,2009(5):42－47.

沈才卿.珠宝玉石的优化处理[J].铀矿地质,2003(4):255－256.

沈才卿.珠宝玉石的优化处理讲座(二):珠宝玉石的热处理优化技术[J].中国宝玉石,2001(4):72－74.

沈才卿.珠宝玉石的优化处理讲座(一):话说珠宝玉石的优化处理[J].中国宝玉石,2001(3):76－77.

沈才卿.珠宝玉石优化处理技术浅谈[J].中国宝石,2015(5):208－213.

沈才卿.珠宝玉石优化处理系列讲座(八):珠宝玉石的表面处理技术[J].中国宝玉石,2003(2):37－39.

沈才卿.珠宝玉石优化处理系列讲座(九):激光在珠宝玉石优化处理中的应用[J].中国宝玉石,2004(3):40－41.

沈才卿.珠宝玉石优化处理系列讲座(六):珠宝玉石的注入处理技术(上)[J].中国宝玉石,2002(4):37.

沈才卿.珠宝玉石优化处理系列讲座(七):珠宝玉石的注入处理技术(下)[J].中国宝玉石,2003(1):37.

沈才卿.珠宝玉石优化处理系列讲座(三):珠宝玉石的放射线辐照处理技术[J].中国宝玉石,2002(1):38.

沈才卿.珠宝玉石优化处理系列讲座(十):高温超高压法在珠宝玉石优化处理中的应用[J].中国宝玉石,2004(4):39－41.

沈才卿.珠宝玉石优化处理系列讲座(四):珠宝玉石的化学处理技术(上)[J].中国宝玉石,2002(2):41.

沈才卿.珠宝玉石优化处理系列讲座(五):珠宝玉石的化学处理技术(下)[J].中国宝玉石,2002(3):37.

沈追鲁.玉典史纪事[M].长春:吉林文史出版社,2005.

田玲鸽,孟宪松,赵树林,等.亚洲宝玉石文化千岛论坛文集[M].武汉:中国地质大学出版社,2011.

田树谷.珠宝千问[M].北京:中国大地出版社,2004.

王传福,李国勋,李健,等.宝石改色的一种新方法:熔盐法[J].珠宝科技,1993(2):44.

王传福,李国勋,杨森彪.一种新型的蓝宝石改色方法及机理[J].中国宝玉石,1992(4):12－13.

王徽枢.实用宝玉石学[M].武汉:中国地质大学出版社,2015.

王敬之.鉴识古玉[M].福州:福建美术出版社,2001.

王濮,潘兆橹,翁玲宝.系统矿物学(下册)[M].北京:地质出版社,1987.

王濮,潘兆橹,翁玲宝.系统矿物学(中册)[M].北京:地质出版社,1984.

王濮.系统矿物学(上册)[M].北京:地质出版社,1984.

王树根,李植清.黄玉优化的实验研究[J].珠宝科技,1996(2):18-21.

王希峰.宝石防伪常识[M].北京:地质出版社,1996.

王雅玖,杨一萍,杨明星.琥珀优化工艺实验研究[J].宝石和宝石学杂志,2010,12(1):6-10.

王雅玖.蓝宝石的扩散处理及其鉴定特征[J].珠宝科技,1996(3):17-18.

吴惠春,唐雪莲,向长金.黄玉的辐照改色及赋色机制[J].宝石和宝石学杂志,2002,4(2):8-11.

吴瑞华,林善园,白峰,等.辐照处理对碧玺物理性质的影响[J].岩石矿物学杂志,1998,17(4):371-377.

吴瑞华,王春生,袁晓江.天然宝石的改善及鉴定方法[M].北京:地质出版社,1994.

武汉地质学院矿物教研室.结晶学及矿物学(上册)[M].北京:地质出版社,1979.

项南,白峰,邱添,等.古玉白沁作伪方法的实验研究[J].宝石和宝石学杂志,2010(2):11-15.

肖志松,徐飞,谢大韬,等.MEVVA源离子注入在宝石着色中的应用[J].宝石和宝石学杂志,2000(4):42-45.

徐光宪.稀土(下)[M].2版.北京:冶金工业出版社,1995.

许小玲.古玉的沁色、染色及鉴别[J].宝石和宝石学杂志,2001(2):26-28.

铉绪秦,李苍彦.中国工艺美术商品学[M].北京:中国经济出版社,1992.

亚洲珠宝联合会,中国轻工珠宝首饰中心.翡翠文萃[M].郑州:大象出版社,2012.

闫一宏,何乃华.宝石鉴定手册[M].呼和浩特:内蒙古人民出版社,1990.

杨伯达,曾卫胜.辉煌十年　继往开来:1999—2008中国玉文化玉学学术成果精粹[M].北京:地质出版社,2010.

姚士奇.中国玉文化[M].南京:凤凰出版社,2004.

于方,范桂珍,崔磊.基于电子束辐照技术在琥珀和柯巴树脂中生成根须状包裹体的研究[J].岩石矿物学杂志,2016,35(增刊):99-105.

苑执中,彭明生,杨志军.高压高温处理改色的黄绿色金刚石[J].宝石和宝石学杂志,2000(2):29-30.

苑执中."GE POL"茶色钻石改白色处理及对钻石业的影响[J].宝石和宝石学杂志,1999(4):13-15.

张蓓莉,施瓦兹,陆太进.世界主要彩色宝石产地研究[M].北京:地质出版社,2012.

张蓓莉.系统宝石学[M].2版.北京:地质出版社,2006.

张蓓莉.系统宝石学[M].北京:地质出版社,1997.

张光曾.古玩 珠宝 首饰的欣赏与鉴别[M].北京:中国物资出版社,1993.

张广文.玉器史话[M].2版.北京:紫禁城出版社,1994.

张世宏,丘志力.等离子体技术在山东蓝色蓝宝石改色中的应用[J].中山大学学报(自然科学版),2003,44(3):124-125.

张尉.古玉真赝对比鉴定[M].上海:上海古籍出版社,2002.

昭明,利群.中国古代玉器[M].西安:西北大学出版社,1993.

赵金铭.当铺鉴别珠宝文玩秘诀[M].北京:燕山出版社,1991.

赵松龄,陈康德.宝玉石鉴赏指南[M].北京:东方出版社,1992.

赵玉玲.碎琥珀再生成型的研究[J].珠宝,1991(1):12-14.

中国地质大学(武汉)珠宝学院.2012国际珠宝学术年会论文集[C].武汉:中国地质大学出版社,2012.

全国珠宝玉石标准化技术委员会.珠宝玉石 名称:GB/T 16552—2010[S].北京:中国标准出版社,2010.

周经纶.云南相玉学[M].昆明:云南美术出版社,1999.

周南泉.古玉器[M].上海:上海古藉出版社,1993.

周佩玲,杨忠耀.有机宝石学[M].武汉:中国地质大学出版社,2001.

周佩玲.有机宝石与投资指南[M].武汉:中国地质大学出版社,1995.

周卫,张建洲,董师元,等.中子活化分析用于钻石宝石学研究[J].宝石和宝石学杂志,2000,2(2):17-19.

朱立慧,刘天衣.翡翠投资收藏手册[M].上海:上海科学技术出版社,2010.

[作者不详].古玉概说[M].胡肇椿,译.北京:中国书店,1992.

DE WEERDT F,VAN ROYEN J.高压高温处理的诺瓦钻石的研究[J].陈钟惠,译.宝石和宝石学杂志,2001(1):31-34.

NASSAU K.The physics and chemistry of color[M].New York:Wiley,1983.

NASSAU K.颜色的物理与化学[M].李士杰,张志三,译.北京:科学出版社,1991.

SMITH C P.“扩散处理红宝石”被证实为合成红宝石附生在天然刚玉上[J].宝石和宝石学杂志,2003(1):23-25.

U HLA KYI,朱德玉.缅甸抹谷乳白色蓝宝石的热处理[J].宝石和宝石学杂志,1999,1(2):62-63.

附录一　珠宝玉石名称表

天然宝石、天然玉石、天然有机宝石、常见合成宝石、常见人造宝石的名称如附表 1－1～附表 1－5 所示。

附表 1－1　天然珠宝玉石名称表

基本名称	英文名称	矿物名称
钻石	diamond	金刚石
红宝石 蓝宝石	ruby sapphire	刚玉
金绿宝石 金绿猫眼石 变石 变石猫眼	chrysoberyl chrysoberyl cat′s－eye alexandrite alexandrite cat′s－eye	金绿宝石
祖母绿 海蓝宝石 绿柱石	emerald aquamarine beryl	绿柱石
碧玺	tourmaline	电气石
尖晶石	spinel	尖晶石
锆石	zircon	锆石
托帕石	topaz	托帕石(旧称黄玉)
橄榄石	peridot	橄榄石
石榴石 镁铝榴石 铁铝榴石 锰铝榴石 钙铝榴石 钙铁榴石 翠榴石 黑榴石 钙铬榴石	garnet pyrope almandite spessartite grossularite andradite demantoid melanite uvarovite	石榴石 镁铝榴石 铁铝榴石 锰铝榴石 钙铝榴石 钙铁榴石 翠榴石 黑榴石 钙铬榴石

续附表 1-1

基本名称	英文名称	矿物名称
石英 水晶 紫晶 黄晶 烟晶 绿水晶 芙蓉石	quartz rock crystal amethyst citrine smoky quartz green quartz rose quartz	石英
长石 月光石 天河石 日光石 拉长石	feldspar moonstone amazonite sunstone labradorite	长石 正长石 微斜长石 奥长石 拉长石
方柱石	scapolite	方柱石
柱晶石	kornerupine	柱晶石
黝帘石 坦桑石	zoisite tanzanite	黝帘石
绿帘石	epidote	绿帘石
堇青石	iolite	堇青石
榍石	sphene	榍石
磷灰石	apatite	磷灰石
辉石 透辉石 普通辉石 顽火辉石 锂辉石	pyroxene diopside augite enstatite spodumene	辉石 透辉石 普通辉石 顽火辉石 锂辉石
红柱石 空晶石	andalusite chiastolite	红柱石
夕线石	sillimanite	夕线石
蓝晶石	kyanite	蓝晶石

续附表 1－1

基本名称	英文名称	矿物名称
鱼眼石	apophyllite	鱼眼石
天蓝石	lazulite	天蓝石
符山石	idocrase	符山石
硼铝镁石	sinhalite	硼铝镁石
塔菲石(铍镁晶石)	taaffeite	塔菲石
蓝锥矿	benitoite	蓝锥矿
重晶石	barite	重晶石
天青石	celestite	天青石
方解石 冰洲石	calcite iceland spar	方解石
斧石	axinite	斧石
锡石	cassiterite	锡石
磷铝锂石	amblygonite	磷铝锂石
透视石	dioptase	透视石
蓝柱石	euclase	蓝柱石
磷铝钠石	brazilianite	磷铝钠石
赛黄晶	danburite	赛黄晶
硅铍石	phenakite	硅铍石

附表 1－2　天然玉石名称表

基本名称	英文名称	主要组成矿物
翡翠	jadeite, feicui	硬玉、绿辉石、钠铬辉石
软玉 闪石玉 和田玉 白玉 青白玉 青玉	nephrite nephrite nephrite, hetian yu nephrite nephrite nephrite	透闪石、阳起石(以透闪石为主)

续附表 1-2

基本名称	英文名称	主要组成矿物
欧泊 黑欧泊 火欧泊	opal black opal fire opal	蛋白石
玉髓 玛瑙	chalcedony agate	玉髓
木变石 虎睛石 鹰眼石	silicified asbestos tiger′s-eye hawk′s-eye	石英
石英岩 东陵石	quartzite aventurine quartz	石英
蛇纹石 岫玉	serpentine serpentine,xiu yu	蛇纹石
独山玉	dushan yu	斜长石、黝帘石
查罗石	charoite	紫硅碱钙石
钠长石玉	albite jade	钠长石
蔷薇辉石 京粉玉	rhodonite rhodonite	蔷薇辉石、石英
阳起石	actinolite	阳起石
绿松石	turquoise	绿松石
青金石	lapis lazuli	青金石
孔雀石	malachite	孔雀石
硅孔雀石	chrysocolla	硅孔雀石
葡萄石	prehnite	葡萄石
大理石 蓝田玉	marble lantian yu	方解石、白云石 方解石、蛇纹石
菱锌矿	smithsonite	菱锌矿
菱锰矿	rhodochrosite	菱锰矿
白云石	dolomite	白云石

续附表 1-2

基本名称	英文名称	主要组成矿物
萤石	fluorite	萤石
水钙铝榴石	hydrogrossular	水钙铝榴石
滑石	talc	滑石
硅硼钙石	datolite	硅硼钙石
羟硅硼钙石	howlite	羟硅硼钙石
方钠石	sodalite	方钠石
赤铁矿	hematite	赤铁矿
天然玻璃 火山玻璃 黑曜石 玻璃陨石 鸡血石	natural glass volcanic glass obsidian moldavite chicken-blood stone	天然玻璃 火山玻璃 黑曜石 玻璃陨石 辰砂、迪开石、高岭石、叶蜡石
寿山石 田黄	larderite tian huang	迪开石、高岭石、珍珠陶土
青田石	qingtian stone	叶蜡石、迪开石、高岭石

附表 1-3 天然有机宝石名称表

基本名称	英文名称	材料名称
天然珍珠 天然海水珍珠 天然淡水珍珠	natural pearl seawater natural pearl freshwater natural pearl	天然珍珠
养殖珍珠、珍珠 海水养殖珍珠(海水珍珠) 淡水养殖珍珠(淡水珍珠)	cultured pearl seawater cultured pearl freshwater cultured pearl	养殖珍珠
珊瑚	coral	贵珊瑚
琥珀	amber	琥珀
煤精	jet	褐煤

续附表 1-3

基本名称	英文名称	材料名称
象牙[①]	ivory	象牙
龟甲 玳瑁	tortoise shell	龟甲
贝壳	shell	贝壳
硅化木	pertrified wood	硅化木

①据有关法律,象牙及其制品禁止非法拍卖、销售。

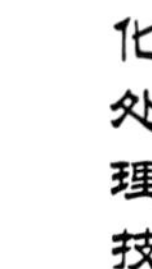

附表 1-4　常见合成宝石名称表

基本名称	英文名称	材料名称
合成钻石	synthetic diamond	合成金刚石
合成红宝石 合成蓝宝石	synthetic ruby synthetic sapphire	合成刚玉
合成祖母绿 合成绿柱石	synthetic emerald synthetic beryl	合成绿柱石
合成金绿宝石 合成变石	synthetic chrysoberyl synthetic alexandrite	合成金绿宝石
合成尖晶石	synthetic spinel	合成尖晶石
合成欧泊	synthetic opal	合成蛋白石
合成水晶 合成紫晶 合成黄晶 合成烟晶 合成绿水晶	synthetic quartz synthetic amethyst synthetic citrine synthetic smoky quartz synthetic green quartz	合成水晶
合成金红石	synthetic rutile	合成金红石
合成绿松石	synthetic turquoise	合成绿松石
合成立方氧化锆	synthetic cubic zirconia	合成立方氧化锆
合成碳硅石	synthetic moissanite	合成碳硅石

附表 1-5 常见人造宝石名称表

基本名称	英文名称	材料名称
人造钇铝榴石	yttrium aluminum garnet(YAG)	钇铝榴石
人造钆镓榴石	gadolinium gallium garnet(GGG)	钆镓榴石
人造钛酸锶	strontium titanate	钛酸锶
塑料	plastic	塑料
玻璃	glass	玻璃

附录二　常见珠宝玉石优化处理方法及类别表

常见珠宝玉石优化处理方法及类别如附表 2－1 所示。

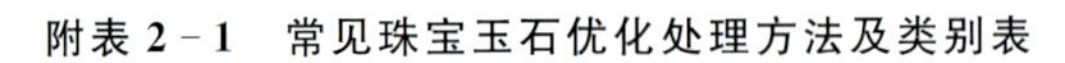
附表 2－1　常见珠宝玉石优化处理方法及类别表

基本名称	优化处理方法	效果	优化处理类别
钻石	激光钻孔	改善净度	处理
	覆膜	改善颜色	处理
	充填	改善净度	处理
	辐照(附加热处理)	改善颜色	处理
	高温高压处理	改善颜色	处理
红宝石	热处理	改善颜色	优化
	浸有色油	增色	处理
	染色	增色	处理
	充填	增加透明度	处理
	扩散	增色或产生星光效应	处理
蓝宝石	热处理	改善颜色	优化
	扩散	增色或产生星光效应	处理
	辐照	改变颜色	处理
猫眼	辐照	改善光线和颜色	处理
绿柱石	热处理	去除杂色、产生粉红色	优化
	辐照	产生黄色、蓝色	处理
	覆膜	产生绿色外观	处理
祖母绿	浸无色油	改善外观	优化
	浸有色油	增色	处理
	聚合物充填	改善颜色、耐久性	处理
海蓝宝石	热处理	产生纯正蓝色	优化

续附表 2-1

基本名称	优化处理方法	效果	优化处理类别
碧玺	热处理	改善净度	优化
	浸无色油	改善颜色	优化
	浸有色油	改善颜色	处理
	充填	改善净度	处理
	辐照	改变颜色	处理
	染色	改变颜色	处理
锆石	热处理	改变颜色	优化
托帕石	热处理	产生粉红色	优化
	辐照	产生绿色、黄色、蓝色	处理
	扩散	产生蓝色等	处理
石英	热处理	产生黄色、无色	优化
	辐照	产生紫色、烟色	优化
	染色	用于仿宝石	处理
长石	覆膜	改善外观	处理
	浸蜡	改善外观	处理
	辐照	产生颜色	处理
方柱石	辐照	产生紫色	处理
坦桑石	热处理	产生紫蓝色	优化
锂辉石	辐照	产生紫色、绿色	处理
红柱石	热处理	改善颜色	优化
方解石	染色	产生各种颜色	处理
	浸蜡或充填	改变净度、防裂开	处理
	辐照	产生颜色	处理
翡翠	漂白、浸蜡	改变外观	处理
	漂白、填充	改变外观	处理
	热处理	产生红色、黄色	优化
	覆膜	产生绿色	处理
	染色	产生鲜艳颜色	处理

续附表 2-1

基本名称	优化处理方法	效果	优化处理类别
软玉	浸蜡	改善外观	优化
	染色	产生鲜艳颜色	处理
欧泊	浸无色油	改善外观	优化
	染色	加强变彩	处理
	充填	改善外观、耐久性	处理
	覆膜	改善变彩	处理
玉髓(玛瑙)	热处理	产生鲜艳颜色	优化
	染色	产生鲜艳颜色	优化
石英岩	染色	用于仿宝石	处理
蛇纹石	浸蜡	改善外观	优化
	染色	产生鲜艳颜色	处理
绿松石	充填	改善颜色、耐久性	处理
	染色	加深颜色	处理
	浸蜡	加深颜色	处理
青金石	浸蜡	改善外观	优化
	浸无色油	改善外观	优化
	染色	改善外观	处理
蓝柱石	辐照	以产生蓝色、黄色	处理
孔雀石	浸蜡	改善外观	优化
	充填	改善耐久性	处理
大理石	染色	用于仿宝石	处理
萤石	热处理	改善颜色	优化
	充填	改善外观、防裂开	处理
	辐照	改变颜色	处理
滑石	染色	产生各种颜色	处理
	覆膜	改善外观、掩盖裂隙	处理
羟硅硼钙石	染色	增色	处理

续附表 2-1

基本名称	优化处理方法	效果	优化处理类别
鸡血石	充填	增加红色	处理
	覆膜	改善外观、增加红色	处理
寿山石	热处理	改善或改变颜色	优化
	染色	产生黄、红至棕红色	处理
	覆膜	改变外观	处理
天然珍珠	漂白	改善外观	优化
	染色	产生黑色、灰色	处理
养殖珍珠（珍珠）	漂白	改善外观	优化
	染色	产生粉红色、蓝色、黑色、灰色等	处理
	辐照	产生蓝色、灰色、黑色等	处理
珊瑚	漂白	改善外观	优化
	浸蜡	改善外观	优化
	充填	改善颜色、耐久性	处理
	染色	产生红色	处理
琥珀	热处理	加深颜色、增加透明度	优化
	染色	加深颜色	处理
象牙	漂白	去除杂色	优化
	浸蜡	改善外观	优化
	染色	用于艺术品	处理
贝壳	覆膜	产生珍珠光泽仿珍珠	处理
	染色	产生各种颜色	处理

附录三　珠宝玉石化学成分表

珠宝玉石化学成分如附表 3－1 所示。

附表 3－1　珠宝玉石化学成分表

珠宝玉石名称	化学成分
白云石	$CaMg(CO_3)_2$；可含有 Fe、Mn、Pb、Zn 等元素
贝壳	无机成分：$CaCO_3$；有机成分：C、H 化合物、壳角蛋白
碧玺	$(Na,K,Ca)(Al,Fe,Li,Mg,Mn)_3(Al,Cr,Fe,V)_6(BO_3)_3(Si_6O_{18})(OH,F)_4$
玻璃	SiO_2；可含 Na、Fe、Al、Mg、Co 等元素
查罗石	$(K,Na)_5(Ca,Ba,Sr)_8(Si_6O_{15})_2Si_4O_9(OH,F)\cdot 11H_2O$
赤铁矿	Fe_2O_3
大理石	方解石 $CaCO_3$；可含有 Mg、Fe、Mn 等元素
独山玉	主要组成矿物为斜长石（钙长石）和黝帘石，化学成分随组成矿物比例而变化
方解石	$CaCO_3$；可含有 Mg、Fe、Mn 等元素
方钠石	$Na_8Al_6Si_6O_{24}Cl_2$
方柱石	$Na_4[AlSi_3O_8]_3(Cl,OH)[Ca_4Al_2Si_2O_8]_3(CO_3,SO_4)$
翡翠	$NaAlSi_2O_6$；可含有 Cr、Fe、Ca、Mg、Mn、V、Ti 等元素
符山石	$Ca_{10}Mg_2Al_4(SiO_4)_5(Si_2O_7)_2(OH,F)_4$；可含有 Cu、Fe 等元素
斧石	$(Ca,Fe,Mn,Mg)_3Al_2BSi_4O_{15}(OH)$
橄榄石	$(Mg,Fe)_2SiO_4$
刚玉	Al_2O_3；可含有 Cr、Fe、Ti、Mn、V 等元素
锆石	$ZrSiO_4$；可含有 Ca、Mg、Mn、Fe、Al、P、Hf、U、Th 等元素
龟甲	有机质（如角质、骨质等）
硅化木	无机成分：SiO_2，$SiO_2\cdot nH_2O$；有机成分：C、H 化合物

续附表 3-1

珠宝玉石名称	化学组成
硅孔雀石	$(Cu,Al)_2H_2Si_2O_5(OH)_4 \cdot nH_2O$,可含其他杂质
硅硼钙石	$CaBSiO_4(OH)$
硅铍石	Be_2SiO_4;常含有少量的 Mg、Ca、Al、Na 等元素
海蓝宝石	$Be_3Al_2Si_6O_{18}$;可含有 Fe 等元素
合成金红石	TiO_2
合成立方氧化锆	ZrO_2;常加 CaO 或 Y_2O_3 等稳定剂及多种致色元素
合成碳硅石	SiC
红柱石	Al_2SiO_5;可含有 V、Mn、Ti、Fe 等元素
琥珀	$C_{10}H_{16}O$;可含 H_2S
滑石	$Mg_3Si_4O_{10}(OH)_2$
辉石	XYZ_2O_6:X 为 Ca、Mg、Fe、Mn、Na、Li,Y 为 Mg、Fe、Mn、Al、Cr、Ti、V,Z 为 Si、Al
鸡血石	辰砂 HgS、迪开石、高岭石、叶蜡石等多种矿物集合体
尖晶石	$MgAl_2O_4$;可含有 Cr、Fe、Zn、Mn 等元素
金绿宝石	$BeAl_2O_4$;可含有 Fe、Cr、Ti 等元素
堇青石	$Mg_2Al_4Si_5O_{18}$;可含有 Na、K、Ca、Fe、Mn 等元素及 H_2O
孔雀石	$Cu_2CO_3(OH)_2$
拉长石	$XAlSi_3O_8$:X 为 Na、Ca
蓝晶石	Al_2SiO_5;可含有 Cr、Fe、Ca、Mg、Ti 等元素
蓝柱石	$BeAlSiO_4(OH)$;可含有 Fe、Cr 等元素
蓝锥矿	$BaTiSi_3O_9$
锂辉石	$LiAlSi_2O_6$;可含有 Fe、Mn、Ti、Ga、Cr、V、Co、Ni、Cu、Sn 等元素
磷灰石	$Ca_5(PO_4)_3(F,OH,Cl)$
磷铝锂石	$(Li,Na)Al(PO_4)(F,OH)$
磷铝钠石	$NaAl_3(PO_4)_2(OH)_4$
菱锰矿	$MnCO_3$;可含有 Fe、Ca、Zn、Mg 等元素
菱锌矿	$ZnCO_3$;可含有 Fe、Mn、Mg、Ca 等元素

续附表 3-1

珠宝玉石名称	化学组成
绿帘石	$Ca_2(Al,Fe)_3(SiO_4)_3(OH)$
绿松石	$CuAl_6(PO_4)_4(OH)_8 \cdot 5H_2O$
绿柱石	$Be_3Al_2Si_6O_{18}$；可含 Fe、Mg、V、Cr、Ti、Li、Mn、K、Cs、Rb 等微量元素
煤精	C；含有一些 H、O
木变石	SiO_2
钠长石玉	钠长石 $NaAlSi_3O_8$
欧泊	$SiO_2 \cdot nH_2O$
硼镁铝石	$MgAlBO_4$；可含有 Fe 等元素
普通辉石	$(Ca,Mg,Fe)_2(Si,Al)_2O_6$
葡萄石	$Ca_2Al(AlSi_3O_{10})(OH)_2$；可含 Fe、Mg、Mn、Na、K 等元素
蔷薇辉石	蔷薇辉石$(Mn,Fe,Mg,Ca)SiO_3$ 和石英 SiO_2
羟硅硼钙石	$Ca_2B_5SiO_9(OH)_5$
青金石	$(NaCa)_8(AlSiO_4)_6(SO_4,Cl,S)_2$
青田石	叶蜡石 $Al_2(Si_4O_{10})(OH)_2$；多种矿物集合体
人造钆镓榴石	$Gd_3Ga_5O_{12}$
人造钛酸锶	$SrTiO_3$
人造钇铝榴石	$Y_3Al_5O_{12}$
日光石	$XAlSi_3O_8$：X 为 Na、Ca
软玉	$Ca_2(Mg,Fe)_5Si_8O_{22}(OH)_2$
赛黄晶	$CaB_2(SiO_4)_2$
珊瑚	无机成分：$CaCO_3$；有机成分：硬蛋白质
蛇纹石	$(Mg,Fe,Ni)_3Si_2O_5(OH)_4$；常见伴生矿物方解石、滑石、磁铁矿等
石榴石	$A_3B_2(SiO_4)_3$：A 为 Mg^{2+}、Fe^{2+}、Mn^{2+}、Ca^{2+} 等；B 为 Al^{3+}、Cr^{3+}、Fe^{3+}、Ti^{3+}、V^{3+} 及 Zr^{3+} 等
石英	SiO_2；可含有 Ti、Fe、Al 等元素
石英岩(东陵石)	SiO_2

续附表 3-1

珠宝玉石名称	化学组成
寿山石(田黄)	迪开石 $Al_4[Si_4O_{10}](OH)_8$;高岭石、珍珠陶土、伊利石、叶蜡石等多种矿物集合体
水钙铝榴石	$Ca_3Al_2(SiO_4)_{3-x}(OH)_{4x}$;其中(OH)可替代部分($SiO_4$)
塑料	C、H、O
塔菲石	$MgBeAl_4O_8$;可含有 Ca、Fe、Mn、Cr 等元素
天河石	$KAlSi_3O_8$;Rb 致色
天蓝石	$MgAl_2(PO_4)_2(OH)_2$
天青石	$(Sr,Ba)SO_4$;其中 Sr 的含量高于 Ba 的含量;可含有 Pb、Ca、Fe 等元素
天然玻璃	SiO_2;可含多种杂质
透辉石	$CaMgSi_2O_6$;可含有 Cr、Fe、V、Mn 等元素
透视石	$CuSiO_2(OH)$
托帕石	$Al_2SiO_4(F,OH)_2$;可含有 Li、Be、Ga 等微量元素,粉红色可含有 Cr
夕线石	Al_2SiO_5;可含有 Fe 等元素
顽火辉石	$(Mg,Fe)_2Si_2O_6$;可含有 Ca、Al 等元素
锡石	SnO_2;可含有 Fe、Nb、Ta 等元素
象牙	主要为磷酸钙、胶原质和弹性蛋白
榍石	$CaTiSiO_5$
阳起石	$Ca_2(Mg,Fe)_5Si_8O_{22}(OH)_2$
萤石	CaF_2
黝帘石	$Ca_2Al_3(SiO_4)_3(OH)$;可含有 V、Cr、Mn 等元素
鱼眼石	$KCa_4Si_8O_{20}(F,OH)\cdot 8H_2O$
玉髓	SiO_2;可含有 Fe、Al、Ti、Mn、V 等元素
月光石	$X(AlSi_3O_8)$:X 为 Na、K
珍珠	无机成分:$CaCO_3$;有机成分:C、H 化合物
重晶石	$(Ba,Sr)SO_4$;Ba 的含量高于 Sr 的含量
柱晶石	$Mg_3Al_6(Si,Al,B)_5O_{21}(OH)$
祖母绿	$Be_3Al_2Si_6O_{18}$;可含有 Cr、Fe、Ti、V 等元素
钻石	C;可含有 N、B、H 等微量元素

附录四　珠宝玉石晶系与珠宝玉石光性表

珠宝玉石晶系与珠宝玉石光性如附表4－1所示。

附表4－1　珠宝玉石晶系与珠宝玉石光性表

珠宝玉石名称	晶系	光性	珠宝玉石名称	晶系	光性
欧泊	非晶质体	均质体	白云石	三方	一轴负
玻璃	非晶质体	均质体	菱锌矿	三方	一轴负
天然玻璃	非晶质体	均质体	菱锰矿	三方	一轴负
琥珀	非晶质体	均质体	葡萄石	斜方	二轴正
龟甲	非晶质体	均质体	顽火辉石	斜方	二轴正
煤精	非晶质体	均质体	金绿宝石	斜方	二轴正
塑料	非晶质体	均质体	托帕石	斜方	二轴正
钻石	等轴	均质体	天青石	斜方	二轴正
石榴石	等轴	均质体	重晶石	斜方	二轴正
青金石	等轴	均质体	夕线石	斜方	二轴正
尖晶石	等轴	均质体	黝帘石	斜方	二轴正
萤石	等轴	均质体	橄榄石	斜方	二轴正、负
方钠石	等轴	均质体	赛黄晶	斜方	二轴正、负
水钙铝榴石	等轴	均质体	堇青石	斜方	二轴正、负
合成立方氧化锆	等轴	均质体	红柱石	斜方	二轴负
人造钇铝榴石	等轴	均质体	柱晶石	斜方	二轴负
人造钆镓榴石	等轴	均质体	硼铝镁石	斜方	二轴负
人造钛酸锶	等轴	均质体	锂辉石	单斜	二轴正
锆石	四方	一轴正	透辉石	单斜	二轴正
锡石	四方	一轴正	榍石	单斜	二轴正
合成金红石	四方	一轴正	磷铝钠石	单斜	二轴正

续附表 4-1

珠宝玉石名称	晶系	光性	珠宝玉石名称	晶系	光性
符山石	四方	一轴正、负	蓝柱石	单斜	二轴负
方柱石	四方	一轴负	绿帘石	单斜	二轴负
鱼眼石	四方	一轴负	滑石	单斜	二轴负
合成碳硅石	六方	一轴正	天蓝石	单斜	二轴负
蓝锥矿	六方	一轴正	绿松石	三斜	二轴正
绿柱石	六方	一轴负	硅硼钙石	单斜	二轴负
磷灰石	六方	一轴负	月光石	单斜或三斜	二轴正、负
塔菲石	六方	一轴负	天河石	单斜或三斜	二轴正、负
石英	三方	一轴正	普通辉石	三斜	二轴正
透视石	三方	一轴正	拉长石	三斜	二轴正、负
硅铍石	三方	一轴正	磷铝锂石	三斜	二轴正、负
刚玉	三方	一轴负	日光石	三斜	二轴正、负
碧玺	三方	一轴负	蓝晶石	三斜	二轴负
方解石	三方	一轴负	斧石	三斜	二轴负

附录五　珠宝玉石折射率表

珠宝玉石折射率如附表 5－1 所示。

附表 5－1　珠宝玉石折射率表

珠宝玉石名称	n	双折射率	珠宝玉石名称	n	双折射率
欧泊	1.37～1.47		青田石	1.53～1.60	
萤石	1.434±		贝壳	1.530～1.685	
塑料	1.46～1.700		鱼眼石	1.535～1.537	0.002±
玻璃	1.470～1.700		日光石	1.537～1.547	0.007～0.010
方钠石	1.483±		琥珀	1.54±	
方解石	1.486～1.658		象牙	1.54±	
大理石	1.486～1.658		滑石	1.540～1.590	0.05
珊瑚	1.486～1.658		堇青石	1.542～1.551	0.008～0.012
天然玻璃	1.49±		石英	1.544～1.553	0.009±
青金石	1.50±		龟甲	1.55±	
硅孔雀石	1.50±		查罗石	1.550～1.559	
白云石	1.505～1.734	0.179～0.184	方柱石	1.550～1.564	0.004～0.037
月光石	1.518～1.526	0.005～0.008	拉长石	1.559～1.568	0.009±
钠长石玉	1.52～1.53		寿山石	1.56	
天河石	1.522～1.530	0.008±	鸡血石	“地”约 1.56，“血”>1.81①	
玉髓	1.53±				
硅化木	1.53±或 1.54		蛇纹石	1.560～1.570	
木变石	1.53±或 1.54		独山玉	1.560～1.700	
石英岩	1.54±		绿柱石	1.577～1.583	0.005～0.009
珍珠	1.53～1.685		祖母绿	1.577～1.583	0.005～0.009

①鸡血石中，把有红色的鸡血石称为“血”，没有红色的称为“地”。

续附表 5－1

珠宝玉石名称	*n*	双折射率	珠宝玉石名称	*n*	双折射率
海蓝宝石	1.577～1.583	0.005～0.009	顽火辉石	1.663～1.673	0.008～0.011
羟硅硼钙石	1.59±		柱晶石	1.667～1.680	0.012～0.017
菱锰矿	1.597～1.817	0.22	硼铝镁石	1.668～1.707	0.036～0.039
软玉	1.60～1.61		普通辉石	1.670～1.772	0.018～0.033
绿松石	1.61±		透辉石	1.675～1.701	0.024～0.030
磷铝钠石	1.602～1.621	0.019～0.021	斧石	1.678～1.688	0.010～0.012
磷铝锂石	1.612～1.636	0.020～0.027	黝帘石	1.691～1.700	0.008～0.013
天蓝石	1.612～1.643	0.031±	石榴石	1.710～1.940	
托帕石	1.619～1.627	0.008～0.010	符山石	1.713～1.718	0.001～0.012
天青石	1.619～1.637	0.018	蓝晶石	1.716～1.731	0.012～0.017
菱锌矿	1.621～1.849	0.225～0.228	尖晶石	1.718	
碧玺	1.624～1.644	0.018～0.040	塔菲石	1.719～1.723	0.004～0.005
硅硼钙石	1.626～1.670	0.044～0.046	水钙铝榴石	1.72	
阳起石	1.63±		绿帘石	1.729～1.768	0.019～0.045
葡萄石	1.63±		蔷薇辉石	1.73	
赛黄晶	1.630～1.636	0.006±	金绿宝石	1.746～1.755	0.008～0.010
磷灰石	1.634～1.638	0.002～0.008	蓝锥矿	1.757～1.804	0.047±
红柱石	1.634～1.643	0.007～0.013	刚玉	1.762～1.770	0.008～0.010
重晶石	1.636～1.648	0.012±	锆石	1.810～1.984	0.001～0.059
蓝柱石	1.652～1.671	0.019～0.020	人造钇铝榴石	1.833±	
硅铍石	1.654～1.670	0.016±	榍石	1.900～2.034	0.100～0.135
橄榄石	1.654～1.690	0.035～0.038	人造钆镓榴石	1.970±	
透视石	1.655～1.708	0.051～0.053	锡石	1.997～2.093	0.096～0.098
孔雀石	1.655～1.909		合成立方氧化锆	2.15±	
夕线石	1.659～1.680	0.015～0.021	人造钛酸锶	2.409±	
翡翠	1.66±		钻石	2.417±	
煤精	1.66±		合成金红石	2.616～2.903	0.287±
辉石	1.660～1.772	0.008～0.033	合成碳硅石	2.648～2.691	0.043±
锂辉石	1.660～1.676	0.014～0.016	赤铁矿	2.940～3.220	0.28

附录六 珠宝玉石密度表

珠宝玉石密度如附表 6－1 所示。

附表 6－1 珠宝玉石密度表

珠宝玉石名称	ρ(g·cm^{-3})	珠宝玉石名称	ρ(g·cm^{-3})	珠宝玉石名称	ρ(g·cm^{-3})
塑料	1.05～1.55	大理石	2.7±	透视石	3.3±
琥珀	1.08±	海蓝宝石	2.72±	橄榄石	3.34±
龟甲	1.29±	祖母绿	2.72±	翡翠	3.34±
煤精	1.32±	绿柱石	2.72±	黝帘石	3.35±
珊瑚	1.35～2.65	青金石	2.75±	绿帘石	3.4±
象牙	1.70～2.00	滑石	2.75±	符山石	3.4±
硅孔雀石	2.0～2.4	绿松石	2.76±	水钙铝榴石	3.47±
欧泊	2.15±	葡萄石	2.80～2.95	硼铝镁石	3.48±
方钠石	2.25±	贝壳	2.86±	蔷薇辉石	3.5±
玻璃	2.30～4.50	白云石	2.86～3.20	石榴石	3.50～4.30
玻璃陨石	2.36±	独山玉	2.90±	钻石	3.52±
火山玻璃	2.40±	硅铍石	2.95±	榍石	3.52±
鱼眼石	2.40±	软玉	2.95±	托帕石	3.53±
寿山石	2.50～2.70	硅硼钙石	2.95±	尖晶石	3.6±
硅化木	2.50～2.91	磷铝钠石	2.97±	菱锰矿	3.6±
天河石	2.56±	赛黄晶	3±	塔菲石	3.61±
蛇纹石	2.57±	阳起石	3±	蓝晶石	3.68±
月光石	2.58±	磷铝锂石	3.02±	蓝锥矿	3.68±
羟硅硼钙石	2.58±	碧玺	3.06±	金绿宝石	3.73±
玉髓	2.60±	蓝柱石	3.08±	天青石	3.87～4.30
钠长石玉	2.60～2.63	天蓝石	3.09±	锆石	3.90～4.73

续附表 6-1

珠宝玉石名称	ρ(g·cm^{-3})	珠宝玉石名称	ρ(g·cm^{-3})	珠宝玉石名称	ρ(g·cm^{-3})
方柱石	2.60～2.74	辉石	3.10～3.52	孔雀石	3.95±
鸡血石	2.61±	红柱石	3.17±	刚玉	4±
堇青石	2.61±	磷灰石	3.18±	合成金红石	4.26±
珍珠	2.61～2.85	萤石	3.18±	菱锌矿	4.3±
木变石	2.64～2.71	锂辉石	3.18±	重晶石	4.5±
石英岩	2.64～2.71	合成碳硅石	3.22±	人造钇铝榴石	4.5～4.6
日光石	2.65±	普通辉石	3.23～3.52	人造钛酸锶	5.13±
青田石	2.65～2.90	顽火辉石	3.25±	赤铁矿	5.2±
石英	2.66±	夕线石	3.25±	合成立方氧化锆	5.8±
查罗石	2.68±	透辉石	3.29±	锡石	6.95±
拉长石	2.7±	斧石	3.29±	人造钆镓榴石	7.05±
方解石	2.7±	柱晶石	3.3±		

附录七 珠宝玉石硬度表

珠宝玉石硬度如附表 7-1 所示。

附表 7-1 珠宝玉石硬度表

珠宝玉石名称	H_M	珠宝玉石名称	H_M	珠宝玉石名称	H_M
青田石	1～1.5	天然玻璃	5～6	锆石	6～7.5
塑料	1～3	青金石	5～6	玉髓	6.5～7
滑石	1～3	查罗石	5～6	橄榄石	6.5～7
硅孔雀石	2～4.6±	绿松石	5～6	翡翠	6.5～7
琥珀	2～2.5	天蓝石	5～6	锂辉石	6.5～7
象牙	2～3	硅硼钙石	5～6	硅化木	7
龟甲	2～3	阳起石	5～6	木变石	7
鸡血石	2～3	辉石	5～6	石英岩	7
寿山石(田黄)	2～3	人造钛酸锶	5～6	石英	7
煤精	2～4	赤铁矿	5～6	赛黄晶	7
珍珠	2.5～4.5	磷铝锂石	5～6	水钙铝榴石	7
蛇纹石	2.5～6	磷铝钠石	5～6	堇青石	7～7.5
方解石	3	蔷薇辉石	5.5～6.5	红柱石	7～7.5
大理石	3	钠长石玉	6	碧玺	7～8
珊瑚	3～4	月光石	6～6.5	硅铍石	7～8
白云石	3～4	天河石	6～6.5	石榴石	7～8
贝壳	3～4	日光石	6～6.5	蓝柱石	7～8
羟硅硼钙石	3～4	方柱石	6～6.5	绿柱石	7.5～8
天青石	3～4	拉长石	6～6.5	祖母绿	7.5～8
重晶石	3～4	软玉	6～6.5	海蓝宝石	7.5～8
菱锰矿	3～5	葡萄石	6～6.5	托帕石	8

续附表 7 - 1

珠宝玉石名称	H_M	珠宝玉石名称	H_M	珠宝玉石名称	H_M
孔雀石	3.5～4	独山玉	6～7	黝帘石	8
萤石	4	柱晶石	6～7	尖晶石	8
鱼眼石	4～5	硼铝镁石	6～7	人造钇铝榴石	8
菱锌矿	4～5	斧石	6～7	金绿宝石	8～8.5
蓝晶石	4～5、6～7	符山石	6～7	塔菲石	8～9
透视石	5	绿帘石	6～7	合成立方氧化锆	8.5
磷灰石	5～5.5	蓝锥矿	6～7	刚玉	9
榍石	5～5.5	人造钆镓榴石	6～7	合成碳硅石	9.25
欧泊	5～6	锡石	6～7	钻石	10
玻璃	5～6	合成金红石	6～7		
方钠石	5～6	夕线石	6～7.5		

附录八　珠宝玉石矿物解理表

珠宝玉石矿物解理如附表 8-1 所示。

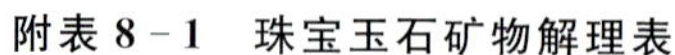

附表 8-1　珠宝玉石矿物解理表

珠宝玉石名称	解理
闪锌矿	平行菱形十二面体面{110}6 组完全解理
钻石	平行八面体{111}4 组完全解理
合成钻石	4 组完全解理
萤石	平行八面体{111}4 组完全解理
方解石	平行菱面体{10$\bar{1}$1}3 组完全解理
透视石	平行{01$\bar{1}$1}3 组完全解理
大理石	方解石具 3 组完全解理
白云石	白云石具平行{10$\bar{1}$1}3 组完全解理
菱锌矿	3 组完全解理,集合体通常不见
菱锰矿	平行{10$\bar{1}$1}3 组完全解理,集合体通常不见
长石	2 组完全解理
柱晶石	2 组完全解理
辉石	2 组完全解理
重晶石	平行{001}和{210}2 组完全解理,夹角 90°
天青石	平行{001}和{210}2 组完全解理,夹角 90°
磷铝锂石	{100}解理完全,{110}解理中等
翡翠	硬玉具{110}2 组完全解理,夹角 87°,集合体可见微小的解理面闪光
软玉	透闪石具{110}2 组完全解理,夹角 124°和 56°,集合体通常不见
阳起石	平行{110}2 组完全解理,夹角 124°和 56°,集合体通常不见
蔷薇辉石	蔷薇辉石具 2 组完全解理,夹角 92°50′,集合体通常不见
榍石	平行{110}2 组中等解理

续附表 8－1

珠宝玉石名称	解理
托帕石	平行{001}1 组完全解理
黝帘石	平行{100}1 组完全解理
绿帘石	平行{001}1 组完全解理
堇青石	平行{010}1 组完全解理
鱼眼石	平行{001}1 组完全解理
夕线石	平行{010}1 组完全解理
蓝晶石	1 组{100}解理完全，1 组{010}中等解理
葡萄石	平行{001}1 组完全—中等解理，集合体通常不见
钠长石玉	钠长石具 1 组{001}完全解理，集合体通常不可见
红柱石	平行{110}1 组中等解理
斧石	平行{010}1 组中等解理
磷铝钠石	平行{010}1 组中等解理
方柱石	2 组解理，{100}解理中等，{110}解理不完全
硅铍石	2 组解理，$\{11\bar{2}0\}$解理中等，$\{10\bar{1}1\}$解理不完全

注：刚玉无解理，但具 3 组裂理，{0001}和$\{10\bar{1}1\}$常见，$\{11\bar{2}0\}$偶见。

附录九　珠宝玉石色散值表

珠宝玉石色散值如附表 9－1 所示。

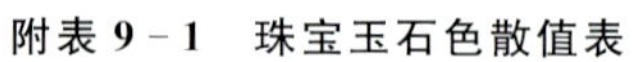

附表 9－1　珠宝玉石色散值表

珠宝玉石名称	色散值	珠宝玉石名称	色散值	珠宝玉石名称	色散值
萤石	0.007	方解石	0.017	人造钇铝榴石	0.028
玻璃	0.009～0.098	方柱石	0.017	绿帘石	0.030
正长石	0.012	堇青石	0.017	菱锌矿	0.037
磷灰石	0.013	碧玺	0.017	白钨矿	0.038
水晶	0.013	锂辉石	0.017	锆石	0.038
海蓝宝石	0.014	红、蓝宝石	0.018	蓝锥矿	0.044
绿柱石	0.014	符山石	0.019	钻石	0.044
祖母绿	0.014	柱晶石	0.019	人造钆镓榴石	0.045
托帕石	0.014	塔菲石	0.019	榍石	0.051
磷铝钠石	0.014	蓝晶石	0.020	钙铁榴石	0.057
硅铍石	0.015	橄榄石	0.020	合成立方氧化锆	0.060
金绿宝石	0.015	尖晶石	0.020	锡石	0.071
赛黄晶	0.016	坦桑石	0.021	合成碳硅石	0.104
蓝柱石	0.016	镁铝榴石	0.022	闪锌矿	0.156
红柱石	0.016	铁铝榴石	0.024	人造钛酸锶	0.190
硅硼钙石	0.016	锰铝榴石	0.027	合成金红石	0.330
硼铝镁石	0.017	钙铝榴石	0.028		

附录十 珠宝玉石译文名称查询表

珠宝玉石译文名称如附表 10－1 所示。

附表 10－1 珠宝玉石译文名称查询表

英文名称	中文名称	英文名称	中文名称
actinolite	阳起石	charoite	查罗石
albite jade	钠长石玉	chicken－blood stone	鸡血石
almandite(almandine)	铁铝榴石	chrysoberyl	金绿宝石
amazonite	天河石	chrysocolla	硅孔雀石
amber	琥珀	coral	珊瑚
amblygonite	磷铝锂石	corundum	刚玉
andalusite	红柱石	danburite	赛黄晶
andradite	钙铁榴石	datolite	硅硼钙石
apatite	磷灰石	diamond	钻石
apophyllite	鱼眼石	diopside	透辉石
aquamarine	海蓝宝石	dioptase(dioptasite)	透视石
augite	普通辉石	dolomite	白云石
axinite	斧石	dushan yu	独山玉
barite	重晶石	emerald	祖母绿
benitoite	蓝锥矿	enstatite	顽火辉石
beryl	绿柱石	epidote	绿帘石
btazilianite	磷铝钠石	euclase(euclasite)	蓝柱石
calcite	方解石	fluorite	萤石
cassiterite	锡石	gadolinium gallium garnet	人造钆镓榴石
celestite(celestine)	天青石	garnet	石榴石
chalcedony	玉髓	glass	玻璃

续附表 10－1

英文名称	中文名称	英文名称	中文名称
grossularite(grossular)	钙铝榴石	pyrope	镁铝榴石
hematite	赤铁矿	pyroxene	辉石
howlite	羟硅硼钙石	qingtian stone	青田石
hydrogrossular	水钙铝榴石	quartzite	石英岩
idocrase(vesuvianite)	符山石	quartz	石英
iolite(cordierite)	堇青石	rhodochrosite	菱锰矿
ivory	象牙	rhodonite	蔷薇辉石
jadeite	翡翠	ruby	红宝石
jet	煤精	sapphire	蓝宝石
kornerupine	柱晶石	scapolite	方柱石
kyanite	蓝晶石	serpentine	蛇纹石
labradorite	拉长石	shell	贝壳
lapis lazuli(lazurite)	青金石	silicified asbestos	木变石
larderite(tian huang)	寿山石	sillimanite	夕线石
lazulite	天蓝石	sinhalite	硼铝镁石
malachite	孔雀石	smithsonite	菱锌矿
marble	大理石	sodalite	方钠石
moonstone	月光石	spessartite(spessartine)	锰铝榴石
natural glass	天然玻璃	sphene	榍石
nephrite	软玉	spinel	尖晶石
opal	欧泊	spodumene	锂辉石
pearl	珍珠	strontium titanate	人造钛酸锶
peridot	橄榄石	sunstone	日光石
pertrified wood	硅化木	synthetic cubic zirconia	合成立方氧化锆
phenakite	硅铍石	synthetic moissanite	合成碳硅石
plastic	塑料	synthetic rutile	合成金红石
prehnite	葡萄石	taaffeite	塔菲石

续附表 10-1

英文名称	中文名称	英文名称	中文名称
talc	滑石	uvarovite	钙铬榴石
topaz	托帕石	yttrium aluminium garnet	人造钇铝榴石
tortoise shell	龟甲	zircon	锆石
tourmaline	碧玺	zoisite	黝帘石
turquoise	绿松石		

「注」:附录一—附录十的内容均引自《系统宝石学》(张蓓莉,2006)。